普通高等教育计算机系列教材

大学计算机

（Windows 10+Office 2016）

李永胜　卢凤兰　主　编

韦修喜　吴淑青
葛丽娜　曲良东　副主编

電子工業出版社

Publishing House of Electronics Industry

北京 • BEIJING

内 容 简 介

本书根据教育部高等学校大学计算机课程教学指导委员会对计算机基础教学的基本要求而编写，探索将"线上"+"线下"混合式教学的最新教学改革思想融入教材之中，使学生逐步掌握利用计算思维、计算工具分析和解决问题的方法。本书以 Windows 10 和 Microsoft Office 2016 为主要教学软件平台，适应日新月异的计算机技术发展。

全书共 8 章，内容包括计算机概述、计算机系统组成、操作系统、文字处理、电子表格、多媒体技术、网络与信息安全、人工智能。本书主要作为线上教学的教材，其配套线下教学指导书是《大学计算机实验指导与习题集（Windows 10+Office 2016）》（贺忠华、黄银娟主编）。

本书按照线上教学模式的特点归纳知识点，设计案例内容丰富、层次清晰、图文并茂、通俗易懂，既可作为本科院校非计算机专业的公共计算机基础的线上教学教材，也可作为高职高专类或成人类院校的计算机基础课程线上教学教材，还适用于其他读者自学。

本书获广西民族大学教材建设基金出版资助。

图书在版编目（CIP）数据

大学计算机：Windows 10+Office 2016 / 李永胜，卢风兰主编. —北京：电子工业出版社，2020.8
ISBN 978-7-121-39352-5

Ⅰ. ①大… Ⅱ. ①李… ②卢… Ⅲ. ①Windows 操作系统－高等学校－教材②办公自动化－应用软件－高等学校－教材 Ⅳ. ①TP316.7②TP317.1

中国版本图书馆 CIP 数据核字（2020）第 144515 号

责任编辑：徐建军　　文字编辑：赵云峰
印　　刷：涿州市般润文化传播有限公司
装　　订：涿州市般润文化传播有限公司
出版发行：电子工业出版社
　　　　　北京市海淀区万寿路 173 信箱　邮编 100036
开　　本：787×1 092　1/16　印张：15.75　字数：403.2 千字
版　　次：2020 年 8 月第 1 版
印　　次：2023 年 3 月第 11 次印刷
定　　价：55.00 元

凡所购买电子工业出版社图书有缺损问题，请向购买书店调换。若书店售缺，请与本社发行部联系，联系及邮购电话：（010）88254888，88258888。

质量投诉请发邮件至 zlts@phei.com.cn，盗版侵权举报请发邮件至 dbqq@phei.com.cn。

本书咨询联系方式：（010）88254570，xujj@phei.com.cn。

前言
Preface

本书根据教育部高等学校大学计算机课程教学指导委员会及广西高校计算机基础教学与考试指导委员会对计算机基础教学的基本要求而编写。大学计算机基础是面向高校非计算机专业的计算机基础教育课程，是培养信息时代大学生综合素质和创新能力不可或缺的重要环节。

随着经济社会的发展，各行各业的信息化进程加速，社会进入"互联网+"时代，我国高校的计算机基础教育进入新的发展阶段。高校各专业对学生的计算机应用能力提出了更高的要求，计算机基础教育更加注重满足不同知识层次、不同知识背景的学生学习需求，以互联网技术为支撑的大规模线上教育（如 MOOC 等）在国内外兴起并对传统的教育模式带来巨大的冲击。为了适应这种快速发展变化的要求，许多高校重新探讨新条件下的教学模式和教学方法，课程内容不断推陈出新，各种优质的教学课程和资源也源源不断地以 MOOC 和 SPOC 等形式推向互联网这个大平台来服务学生。构建线上理论学习为主，线下重点培养实践能力，线上、线下相互融合的计算机基础教学体系已成为许多高校计算机基础课程教学改革的重要方向。

本书假定大部分学生在中学时已学习过《信息技术》课程，使用过文字处理等办公应用软件，能够浏览网页，对计算机应用有一定的感性认识。本书主要作为线上教学的教材，其配套线下教学指导书是《大学计算机实验指导与习题集（Windows 10+Office 2016）》（贺忠华、黄银娟主编）。本书按照线上教学模式的特点归纳知识点，设计案例内容丰富、层次清晰、图文并茂、通俗易懂，既可作为本科院校非计算机专业的公共计算机基础的线上教学教材，也可作为高职高专类和成人类院校的计算机基础课程线上教学教材，还适用于其他读者自学。

参加本书编写工作的都是多年从事计算机基础教学、有着丰富一线教学经验的教师。本书由李永胜、卢凤兰担任主编，韦修喜、吴淑青、葛丽娜、曲良东担任副主编。参与本书编写和审校工作的还有贺忠华、黄银娟、李熹等老师。此外，在本书编写的过程中参阅了大量的教材和文献资料，在此向这些教材和文献的作者一并表示衷心的感谢！

为了方便教师教学，本书配有电子教学课件及相关资源，请有此需要的教师登录华信教育资源网（www.hxedu.com.cn）免费注册后进行下载，如有问题可在网站留言板留言或与电子工业出版社联系（E-mail:hxedu@phei.com.cn）。

由于编者水平有限，编写时间仓促，书中难免存在疏漏和不足之处，恳请同行专家和读者给予批评和指正。

编　者

目录
Contents

第1章 计算机概述

教学目标：

通过学习本章内容，读者可以理解计算机的工作原理和特点，了解计算机的发展、应用及分类，理解计算机中的数制与编码知识，掌握二进制数与十进制数之间的转换。

教学重点和难点：

- 计算机的工作原理。
- 计算机的特点、应用及分类。
- 二进制数与十进制数之间的转换。

目前，人类社会已经进入到信息时代，计算机已广泛应用于社会的各行各业，并极大地推动了社会的进步与发展。

1.1 计算机的发展

1.1.1 计算机的产生

远古时代，人类的祖先用石子和绳结来计数。随着社会的发展，需要计算的问题越来越多，石子和绳结已不能适应社会的需要，于是人们发明了计算工具。世界上最早的计算工具是算筹。随着科学的发展，在研究中遇到大量繁重的计算任务，促使科学家们对计算工具进行了改进。17 世纪以后，计算工具在西方呈现出较快的发展趋势。具有代表意义的计算机工具有：

- 帕斯卡的加法机：1642 年，法国数学家、物理学家和思想家布莱斯·帕斯卡开始研制机械加法机，借助精密的齿轮传动原理，帕斯卡制造出了世界上第一台能自动进行加减法运算的加法机，如图 1-1 所示。

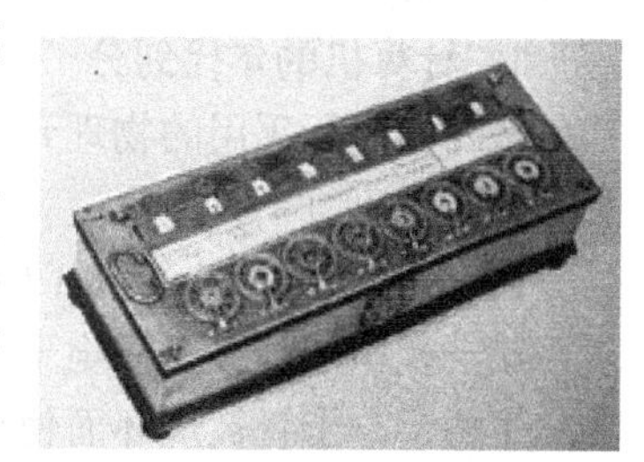

图 1-1　帕斯卡的加法机

- 莱布尼茨的乘法机：1674 年，德国数学家莱布尼茨制成了第一台可以进行加、减、乘、除运算的乘法机。

- 巴贝奇的差分机和分析机：1822 年，英国人巴贝奇制成了差分机，如图 1-2 所示。所谓“差分”就是把函数表示的复杂算式转化为差分运算。1834 年，巴贝奇又完成了分析机的设计方案，其设计思想与现代计算机非常接近，从结构上来看大致与现代电子计算机相似，但巴贝奇没有在他的有生之年制造出分析机。
- 霍勒瑞斯的穿孔制表机：这台机器大约在 1880 年由美国统计学家霍勒瑞斯发明。穿孔制表机的发明使计算工具开始从机械时代向电子时代迈进，计算机技术进入萌芽时期。

第二次世界大战期间，美国军方为了解决大量军用数据需要计算的难题，由美国宾夕法尼亚大学莫尔学院物理学家莫克利（John W. Mauchly）和工程师埃克特（J. Presper Eckert）领导的科研小组于 1946 年 2 月 14 日研制成功世界上第一台电子数字积分计算机（Electronic Numerical Integrator And Computer，ENIAC），如图 1-3 所示。它由 17 000 多根电子管、7 000 多个电阻器、10 000 多个电容器以及 6 000 多个开关组成，占地面积约 170m^2，整个机器质量为 30 多吨，运算速度只有每秒 300 次混合运算或 5 000 次加法运算。尽管 ENIAC 有许多不足之处，但它毕竟是计算机的始祖，拉开了计算机时代的序幕。

图 1-2　差分机

图 1-3　第一台电子数字积分计算机 ENIAC

1.1.2　计算机的发展阶段

从第一台计算机诞生至今已过去了 70 多年，在此期间，计算机以惊人的速度发展着，首先是晶体管取代了电子管，继而是微电子技术的发展，处理器和存储器上的元器件越做越小，计算机的体积越来越小、功能越来越强、价格越来越低、应用越来越广泛。1975 年，美国 IBM 公司推出了个人计算机（Personal Computer，PC），从此，人们对计算机不再陌生，计算机开始深入到人类生活的各个方面。

1. 计算机的年代划分

按计算机所采用的物理元器件来划分，可以将计算机的发展划分为 4 代，其特点如表 1-1 所示。

1）第一代电子计算机（1946—1958 年）

第一代电子计算机以电子管为逻辑元件。电子管的寿命最长只有 3 000h，计算机运行时常常发生由于电子管被烧坏而使计算机死机的现象，因此这一代电子计算机寿命短、体积大、耗电量大、成本高。

2）第二代电子计算机（1959—1964 年）

第二代电子计算机以晶体管为逻辑元件。由于晶体管在体积上比电子管小很多，所以第二代电子计算机体积小、质量小、能耗低、成本低，计算机的可靠性和运算速度均得到提高。

3）第三代电子计算机（1965—1970 年）

第三代电子计算机采用中小规模集成电路，因此计算机的体积更小、质量更小、耗电量更少、寿命更长、成本更低、可靠性更高、运算速度更快。

4）第四代电子计算机（1971 年至今）

第四代电子计算机采用大规模集成电路和超大规模集成电路，使计算机进入一个新时代。

表 1-1 四代计算机的特点

特点 \ 年代	第一代 1946—1958 年	第二代 1959—1964 年	第三代 1965—1970 年	第四代 1971 年至今
逻辑元件	电子管	晶体管	中小规模集成电路	大规模和超大规模集成电路
内存储器	延迟线	磁心	半导体存储器	集成度很高的半导体存储器
外存储器	磁鼓、磁带	磁带、磁盘	磁盘	磁盘、光盘、闪存盘、移动硬盘等
运算速度	几千次/s 至几万次/s	几万次/s 至几十万次/s	几十万次/s 至几百万次/s	几百万次/s 至千万亿次/s
软件	机器语言和汇编语言	汇编语言和高级语言	高级语言不断发展，出现了操作系统	操作系统不断完善，开发了应用软件
应用领域	军事和科学计算	扩大到数据处理和过程控制	扩大到企业管理和辅助设计等领域	各行各业

近年来，业内有部分人士提出第五代计算机的概念，其采用超大规模集成电路和其他新型物理元件作为电子元器件，具有推论、联想、智能会话等功能，是一种更接近人脑的计算机，又称为人工智能计算机。

2. 我国计算机的研究成果

我国计算机的研制工作虽然起步较晚，但是发展较快。1958 年，中科院计算所研制出我国第一台小型电子管通用计算机——103 机（八一型），标志着我国第一台电子计算机诞生。1965 年，中科院计算所研制出第一台大型晶体管计算机——109 乙机，之后又研制出 109 丙机。20 世纪 90 年代以来，计算机进入快速发展阶段。目前我国已具备自行研制国际先进水平超级计算机系统的能力，并形成了神威、银河、曙光、联想和浪潮等几个自己的产品系列和研究队伍。

2009 年，在国家相关政策的支持下，我国高性能计算机的研发和应用跨入世界先进行列，摆脱了在高性能计算领域对国外技术的依赖。2009 年 11 月 18 日正式发布的第 34 届全球超级计算机前 500 强排行榜上，我国首台千万亿次计算机“天河一号”名列世界第五，亚洲第一。在排行榜公布的全球前 10 台最快的超级计算机中，它是唯一的非美国产品，中国也成为继美国之后世界上第二个能够研制千万亿次超级计算机的国家。2016 年 6 月，中国已经研发出了当时世界上最快的超级计算机“神威·太湖之光”，落户在位于无锡的中国国家超级计算机中心。该超级计算机的浮点运算速度是世界第二快超级计算机“天河二号”（同样由中国研发）的 2 倍，运算速度达 9.3 亿亿次每秒。

2018 年 7 月 22 日，我国自主研发的新一代百亿亿次超级计算机——“天河三号 E 级原型机系统”（见图 1-4）已在国家超级计算天津中心完成研制部署。2019 年 1 月 17 日，超级计算机“天河三号”原型机已为中科院、中国空气动力研究与发展中心、北京临近空间飞行器系统工程研究所等 30 余家合作单位完成了大规模并行应用测试，涉及大飞机、航天器、新型发动机、新型反应堆、电磁仿真、生物医药等领域 50 余款大型应用软件。“天河三号”E 级原型机是中国“E 级计算机研制”国家重点研发计划的第一阶段成果，其有望在 2020 年研制成功，运算能力将比“天河一号”提高 200 倍，实现质的飞跃。

“神威・太湖之光”超级计算机是由国家并行计算机工程技术研究中心研制、安装在国家超级计算无锡中心的超级计算机（见图 1-5）。

“神威・太湖之光”超级计算机安装了 40 960 个中国自主研发的“申威 26 010”众核处理器，该众核处理器采用 64 位自主申威指令系统，峰值性能为 12.5 亿亿次/s，持续性能为 9.3 亿亿次/s。

2016 年 6 月 20 日，在法兰克福世界超算大会上，国际 TOP500 组织发布的榜单显示，“神威・太湖之光”超级计算机系统登顶榜单之首，不仅速度比第二名“天河二号”快出近两倍，其效率也提高 3 倍。

图 1-4　天河三号 E 级原型机

图 1-5　神威・太湖之光

1.1.3　计算机的发展趋势

计算机技术是当今世界发展最快的科学技术之一，未来的计算机将向巨型化、微型化、网络化和智能化这 4 个方向发展。

1. 巨型化（或功能巨型化）

巨型化是指计算机向高速度、大容量、高精度和多功能的方向发展，其运算速度一般在每秒百亿次以上。

2. 微型化（或体积微型化）

微型化是指利用微电子技术和超大规模集成电路技术，把计算机的体积进一步缩小，价格进一步降低，计算机的微型化已成为计算机发展的重要方向。目前市场上已出现的各种笔记本式计算机、膝上型和掌上型计算机都是向这一方向发展的产品。

3. 网络化

计算机联网可以实现计算机之间的通信和资源共享。网络化能够充分利用计算机的宝贵资源，为用户提供可靠、及时、广泛和灵活的信息服务。

4. 智能化

智能化是指使计算机具有模拟人的感觉和思维过程的能力。智能化的研究包括自然语言的生成和理解、博弈、自动证明定理、自动程序设计、专家系统、学习系统和智能机器人等。目前已研制出多种具有人的部分智能的“机器人”，可以代替人在一些危险的工作环境上工作。

1.1.4　未来新型计算机

1. 光子计算机

光子计算机是一种由光信号进行数字运算、逻辑操作、信息存储和处理的新型计算机。光子计算机的基本组成元件是集成光路。与传统硅芯片的计算机不同，它是用光束代替电子进行数据运算、传输和存储。光的并行和高速决定了光子计算机的并行处理能力很强，并且具有很高的运算速度，可以对复杂度高和计算量大的任务进行快速的并行处理。光子计算机将使运算速度在目前基础上呈指数上升。

光子计算机具有很多优点，主要表现在以下几个方面：

（1）具有超高的运算速度。电子的传播速度是593km/s，而光子的传播速度却达3×10^5km/s，光子计算机的运算速度要比电子计算机快得多，对使用环境条件的要求也比电子计算机低得多。

（2）具有超大规模的信息存储容量。光子计算机具有极为理想的光辐射源——激光器，光子的传导可以不需要导线，即使在相交的情况下，它们之间也不会互相影响。

（3）能量消耗低，散发热量少，是一种节能型产品。光子计算机的驱动只需要同类规格的电子计算机驱动能量的一小部分，从而降低了电能消耗，并且减少了散发的热量，为光子计算机的微型化和便携化的研制提供了便利的条件。

2. 生物计算机

科学家通过对生物组织体进行研究，发现组织体是由无数细胞组成的，细胞又由水、盐、蛋白质和核酸等物质组成。有些有机物中的蛋白质分子像开关一样，具有“开”与“关”的功能，因此人们可以利用遗传工程技术仿制出这种蛋白质分子，用来作为元件制成计算机，科学家把这种计算机叫作生物计算机。生物计算机的主要原材料是生物工程技术产生的蛋白质分子，并以此作为生物芯片，利用有机化合物存储数据，通过控制DNA分子间的生物化学反应来完成运算。

生物计算机具有很多优点，主要表现在以下几个方面：

（1）体积小。在1mm^2面积上可容纳数亿个电路，比目前的集成电路小得多，用它制成的计算机体积小，已经不像现在计算机的形状了。

（2）具有永久性和很高的可靠性。生物计算机的内部芯片出现故障时，不需要人工修理就能自我修复，这就如同人们在运动中不小心碰伤了身体，有的人不必使用药物，过几天伤口就愈合了，这是因为人体具有自我修复功能。生物计算机也具有自我修复功能，所以生物计算机具有永久性和很高的可靠性。

（3）需要很少的能量就可以工作。生物计算机的元件是由有机分子组成的生物化学元件，它们是利用化学反应工作的，所以只需要很少的能量就可以工作。

目前，生物芯片仍处于研制阶段，但在生物元件，特别是在生物传感器的研制方面已取得很多的实际成果，这将促使计算机、电子工程和生物工程这3个学科的专家通力合作，加快研究开发生物芯片的速度，早日研制出生物计算机。

3. 超导计算机

超导现象是指某些物质在低温条件下呈现电阻趋于零和排斥磁力线的现象，这种物质称为超导体。超导计算机是利用超导技术生产的计算机。

超导计算机的优点主要表现在以下两个方面：

（1）运算速度快。目前制成的超导开关元件的开关速度已达到几皮秒（10^{-12}s）的高水平，这是当今所有电子、半导体和光电元件都无法比拟的，比集成电路要快几百倍。超导计算机的运算速度比现在的电子计算机快 100 倍。

（2）耗电少。一台超导计算机只需一节干电池就可以工作。

小知识： 超导现象被发现以后，超导研究进展一直不快。其原因是实现超导的温度太低，要制造出这种低温，消耗的电能远远超过超导节省的电能。目前，科学家还在为此奋斗，试图寻找出一种高温超导材料，甚至一种室温超导材料。一旦找到这些材料，人们就可以利用它制成超导开关元件和超导存储器，进而利用这些元件制成超导计算机。

4. 量子计算机

量子计算机与传统计算机的原理不同，它建立在量子力学的基础上，用量子位存储数据。它的优点主要表现在以下两个方面：

（1）能够进行量子并行计算。

（2）具有与大脑类似的容错性。当系统的某部分发生故障时，输入的原始数据会自动绕过损坏或出错的部分进行正常运算，并不影响最终的计算结果。

2019 年 8 月，中国量子计算研究获重要进展：科学家领衔实现高性能单光子源。

1.2 计算机的工作原理

计算机的基本工作原理是存储程序与程序控制。这一原理最初由美籍匈牙利数学家冯 • 诺依曼（见图 1-6）提出，并成功将其运用于计算机的设计中。根据这一原理制造的计算机称为冯 • 诺依曼体系结构计算机。

图 1-6 冯 • 诺依曼

存储程序是指人们事先把计算机的指令序列（即程序）及运行中所需的数据通过一定的方式输入并存储在计算机的存储器中。

程序控制是指计算机运行时能自动地逐一取出程序中的一条条指令，然后加以分析并执行规定的操作。计算机具有内部存储能力，可以将指令事先输入到计算机中存储起来，在计算机开始工作以后，从存储单元中依次取指令，用来控制计算机的操作，从而使人们不必干预计算机的工作，实现操作的自动化，这种工作方式称为程序控制方式。

时至今日，尽管计算机已经出现了 4 代，并且软、硬件技术得到了飞速发展，但计算机本身的体系结构并没有明显的突破，仍属于冯 • 诺依曼体系结构。

1.3 计算机的特点

总的来说，计算机具有如下特点：

1. 自动运行程序，实现操作自动化

计算机在程序控制下自动连续地进行高速运算。因为计算机采用程序控制的方式，所以一旦输入编写好的程序，就能自动地执行下去直至任务完成，实现操作的自动化。这是计算机最突出的特点。

2. 运算速度快

计算机的运算速度通常用每秒执行定点加法的次数或平均每秒执行指令的条数来衡量。计算机内部承担运算的元件是由一些数字逻辑电路构成的，运算速度远非其他计算工具所能比拟的。计算机运算速度快，使得许多过去无法处理的问题都能得以解决。例如，天气预报要分析大量的资料，如用手摇计算机需要计算一两个星期，就失去了预报的意义，而使用计算机不到1min 就可以完成。

3. 精确度高

计算机可以满足计算结果的任意精确度要求。例如，圆周率的计算从古至今已有 1 000 多年的历史。我国古代数学家祖冲之只算出π值小数点后 8 位；德国人鲁道夫用了一生的精力把π值精确到 35 位；法国的谢克斯花了 15 年时间，把π值精确到了 707 位。1946 年，数学家弗格森发现谢克斯计算的π值在第 528 位上出了错，当然，528 位以后都错了。1948 年 1 月弗格森和伦奇两人共同发表了 808 位正确小数的 π 值，这是人工计算π值的最高纪录。计算机问世后，π值的人工计算宣告结束。1949 年第一台电子计算机包括准备和整理时间在内仅用了 70h，就把 π 值精确到 2 035 位。现在，电子计算机已把π值计算到 10 亿位以上。

4. 具有记忆（存储）能力

计算机的存储性是计算机区别于其他计算工具的重要特征。计算机的存储器可以把原始数据、程序、中间结果和运算指令等存储起来，以备随时调用。例如，一台计算机能将一个图书馆的全部图书资料信息存储起来，读者能迅速查到所需的资料，这使从浩如烟海的资料中查找所需要的信息成为一件容易的事情。

5. 具有逻辑判断能力

计算机不仅能进行算术运算和逻辑运算，还能对文字和符号进行判断或比较，进行逻辑推理和定理证明。借助于逻辑运算让计算机做出逻辑判断，分析命题是否成立，并可根据命题成立与否做出相应的对策。例如数学中著名的四色问题，它是指任意复杂的地图，要使相邻区域的颜色不同，最多只需 4 种颜色。100 多年来不少数学家一直想去证明它或者推翻它，却一直没有结果，成了数学中著名的难题。1976 年，两位美国数学家阿佩尔与哈肯使用计算机进行了非常复杂的逻辑推理，用了 1 200h 终于验证了这个著名的猜想，轰动了全世界。

1.4　计算机的分类

计算机从 1946 年诞生发展到今天，种类繁多，可以从不同的角度对计算机进行分类。

1. 按信息表示形式和处理方式的不同进行分类

1）数字计算机

数字计算机内部的信息用数字“0”和“1”来表示。数字计算机精度高，存储量大，通用性强，能胜任科学计算、信息处理、实时控制和智能模拟等方面的工作。人们通常所说的计算机就是指电子数字计算机。

2）模拟计算机

模拟计算机是用连续变化的模拟量来表示信息的。模拟计算机解题速度极快，但计算精度较低，应用范围较窄，目前已很少生产。

3）数字模拟混合计算机

数字模拟混合计算机是综合了上述两种计算机的长处设计出来的。它既能处理数字量，又能处理模拟量。但是这种计算机结构复杂，设计困难，造价昂贵，目前已很少生产。

2. 按照计算机的用途进行分类

1）通用计算机

通用计算机是为了能解决各种问题，并具有较强的通用性而设计的计算机。一般的数字计算机多属此类。

2）专用计算机

专用计算机是为解决一个或一类特定问题而设计的计算机。它的硬件和软件的配置依据解决特定问题的需要而定，并不求全。专用计算机功能单一，配有解决特定问题的固定程序，能高速可靠地解决特定问题。

3. 按照计算机的规模与性能进行分类

计算机按运算速度的快慢、存储数据量的大小、功能的强弱以及软、硬件的配套规模等不同，分为巨型计算机、大中型计算机、小型计算机、微型计算机、工作站与服务器，具体介绍如下：

1）巨型计算机

巨型计算机是所有计算机类型中价格最贵和功能最强的一类计算机。其主要应用于天文、气象、核技术、航天飞机和卫星轨道计算等尖端科学技术领域。巨型计算机的技术水平是衡量一个国家科学技术和工业发展水平的重要标准，它推动计算机系统结构、硬件及软件的理论和技术、计算数学以及计算机应用等多个科学分支的发展。

2）大中型计算机

大中型计算机也有很高的运算速度和很大的存储量。它在量级上不及巨型计算机，结构上也较巨型计算机简单一些，价格相对巨型计算机便宜，因此使用的范围较巨型计算机广泛，是事务处理、商业处理、信息管理、大型数据库和数据通信的主要支柱。

3）小型计算机

小型计算机结构简单，其规模和运算速度比大中型计算机要差，但具有体积小、价格低和性能价格比高等优点，适合中小企业和事业单位应用于工业控制、数据采集、分析计算、企业管理以及科学计算等，也可作为巨型计算机或大中型计算机的辅助机。

4）微型计算机

微型计算机简称微机，是当今使用最普遍且产量最大的一类计算机，具有体积小、功耗低、成本低和性能价格比明显高于其他类型计算机等优点，因而得到了广泛应用。

1.5 计算机在信息社会中的应用

目前计算机的应用已渗透到社会的各行各业，改变着传统的工作、学习和生活方式，推动着社会的发展。计算机的主要应用领域如下：

1. 科学计算

科学计算是指利用计算机来完成科学研究和工程技术中提出的数学问题的计算。随着现代科学技术的进一步发展，经常遇到许多数学问题，这些问题用传统的计算工具难以完成，有时人工计算需要几个月甚至几年，而且不能保证计算准确性，使用计算机则只需要几天、几小时甚至几分钟就可以精确地计算出来。例如，天气预报数据的分析和计算、人造卫星飞行轨迹的计算、火箭和宇宙飞船的研究设计都离不开计算机。利用计算机的高速计算、大容量存储和连续运算的能力，可以实现人工无法解决的各种科学计算问题。

2. 数据处理（或信息处理）

在科学研究和工程技术中会得到大量的原始数据，其中包括图片、文字和声音等。数据处理是对各种数据进行收集、排序、分类、存储、整理、统计和加工等一系列活动的统称。目前数据处理已广泛应用于人口统计、办公自动化、邮政业务、机票订购、医疗诊断、企业管理、情报检索、图书管理和电影电视动画设计等领域。数据处理已成为当代计算机的主要任务，是现代化管理的基础，在计算机应用中数据处理所占的比重最大。

3. 计算机辅助技术

计算机辅助技术包括计算机辅助设计、计算机辅助制造和计算机辅助教学等。

1）计算机辅助设计

计算机辅助设计（Computer Aided Design，CAD）是指利用计算机系统辅助设计人员进行工程或产品设计，以实现最佳设计效果的一种技术。CAD 技术已广泛应用于飞机、船舶、建筑、机械和大规模集成电路设计等领域。例如，在建筑设计过程中，可以利用 CAD 技术进行力学计算、结构计算和绘制建筑图纸等。使用 CAD 技术可以提高设计质量，缩短设计周期，提高设计自动化水平。

2）计算机辅助制造

计算机辅助制造（Computer Aided Manufacturing，CAM）是指利用计算机通过各种数值控制生产设备，完成产品的加工、装配、检测和包装等生产过程的技术。例如，在产品的制造过程中，通过计算机控制机器的运行，处理生产过程中所需要的数据，控制和处理材料的流动以及对产品进行检测等。使用 CAM 技术可以提高产品质量，降低成本和降低劳动强度，缩短生产周期，提高生产率和改善劳动条件。

目前有些国家已把 CAD、CAM、CAT（Computer Aided Test，计算机辅助测试）及 CAE（Computer Aided Engineering，计算机辅助工程）组成一个集成系统，使设计、制造、测试和管理有机地组成一体，形成高度的自动化系统，实现了自动化生产线和“无人工厂”或“无人车间”。

3）计算机辅助教学

计算机辅助教学（Computer Aided Instruction，CAI）是指将教学内容、教学方法以及学生的学习情况等存储在计算机中，用计算机来辅助完成教学计划或模拟某个实验过程，帮助学生轻松地学习所需要的知识。CAI 的主要特色是交互教育、个别指导和因人施教。CAI 不仅能减轻教师的负担，还能激发学生的学习兴趣，提高教学质量，为培养现代化高质量人才提供有效的方法，在现代教育技术中起着相当重要的作用。

除了上述计算机辅助技术外，还有其他的辅助功能，如计算机辅助出版、计算机辅助排版、计算机辅助管理和计算机辅助绘图等。

4. 过程控制（或实时控制）

过程控制是指利用计算机及时采集检测数据，按最佳值迅速地对控制对象进行自动调节或自动控制。采用计算机进行过程控制，不仅可以大大提高控制的自动化水平，而且可以提高控制的及时性和准确性，从而降低生产成本和劳动强度，改善劳动条件，提高产品质量及合格率。目前计算机过程控制已在机械、冶金、石油、化工、纺织、水电和航天等领域得到广泛的应用。

计算机过程控制还在国防和航空航天领域中起决定性作用。例如，人造卫星、无人驾驶飞机和宇宙飞船等飞行器的控制都是通过计算机来实现的，因此计算机是现代国防和航空航天领域的神经中枢。

5. 多媒体技术应用

多媒体技术借助普及的高速信息网实现信息资源共享。目前多媒体技术已经应用在医疗、教育、商业、银行、保险、行政管理、工业、咨询服务、广播和出版等领域。随着计算机技术和通信技术的发展，多媒体技术已成为现代计算机技术的重要应用领域之一。

6. 人工智能（或智能模拟）

人工智能是指用计算机模拟人类的智能活动，如判断、理解、学习、图像识别和问题求解等。它涉及计算机科学、信息论、神经学、仿生学和心理学等诸多学科，在医疗诊断、定理证明、语言翻译和机器人等方面已经有了显著的成效。例如，我国已开发成功一些中医专家诊断系统，用于模拟名医给患者诊病、开处方。

小知识：机器人是计算机人工智能的典型例子，它的核心是计算机。机器人的应用前景非常广阔，目前世界上有许多机器人工作在各种恶劣环境中，如高温、低温、高辐射和剧毒等。第一代机器人是机械手；第二代机器人对外界信息能够反馈，有一定的视觉、触觉和听觉能力；第三代机器人是智能机器人，具有感知和理解周围环境的能力，能够使用语言，具有推理、规划和操纵工具的技能，可以模仿人完成某些动作。

7. 网络应用

计算机技术与现代通信技术的结合构成了计算机网络。硬件资源的共享可以提高设备的利用率，避免设备的重复投资，如利用计算机网络建立网络打印机。软件资源和数据资源的共享可以充分利用已有的信息资源，减少软件开发过程中的劳动，避免大型数据库的重复设置。用户还可以通过计算机网络传送电子邮件、发布新闻消息和进行电子商务活动。计算机网络已在工业、农业、交通运输、邮电通信、商业、文化教育、国防和科学研究等各个领域及各个行业获得了越来越广泛的应用。

1.6 数制与编码

现实生活中数据的表现形式多种多样，包括数值、文字、图形、图像和视频等各种数据形式。对数据进行计算和加工处理是计算机最基本的功能。

计算机所使用的数据可分为数值数据和字符数据。数值数据表示数的大小，有确定的值，如正数和负数。字符数据也叫非数值数据，用于表示一些符号或标记。例如，英文字母、标点符号，以及作为符号使用的阿拉伯数字、汉字、声音和图形等。

在计算机内部一律采用二进制数表示数据，即任何形式的数据进入计算机都必须进行 0 和 1 的二进制编码转换。

本节主要介绍常用数制及二进制数与十进制数之间的转换、西文字符及中文字符的编码方法。

1.6.1 计算机为什么采用二进制数编码

二进制数并不符合人们的习惯，但是计算机内部仍采用二进制数表示信息，其主要原因有以下 4 个方面：

1. 电路简单，容易实现

计算机是由逻辑电路组成的，逻辑电路通常只有两个状态。例如，开关的接通与断开、电压电平的高与低等。这两种状态正好用来表示二进制数的两个数码——0 和 1。

2. 可靠性强

两个状态代表的两个数码在数字传输和处理中不容易出错，分工明确，因而电路更加可靠。

3. 简化运算

二进制数运算法则简单，运算速度大大提高。例如，二进制数的求积运算法则只有 3 条，而十进制数的求积运算法则（九九乘法表）共有 45 条，让计算机去实现相当麻烦。

4. 逻辑性强

计算机的工作是建立在逻辑运算的基础上的，逻辑代数是逻辑运算的理论依据。计算机中有两个数码，正好代表逻辑代数中的“真”与“假”。

1.6.2 数制的概念

人们在生产实践和日常生活中创造了各种表示数的方法，这些数的表示方法和规则称为数制。凡是按照进位方式进行计数的数制称为进位计数制。例如，十进制、二进制和十六进制等。*R* 进制数用 *R* 个数码（0，1，2，…，*R*-1）表示数值，*R* 称为该数制的基数。表 1-2 所示为计算机中常用的几种进位计数制。

表 1-2 各种进制数的表示

进　　制	数　　码	进位规则	基　　数
十进制数	0，1，2，…，9	逢十进一	10
二进制数	0，1	逢二进一	2
八进制数	0，1，2，…，7	逢八进一	8
十六进制数	0，1，2，…，9，A，B，…，F	逢十六进一	16

对于任意一个 *R* 进制数 *N* 可以表示为：

$$
\begin{aligned}
(N)_R &= a_{n-1}a_{n-2}\cdots a_1a_0a_{-1}\cdots a_{-m} \\
&= a_{n-1}\times R^{n-1}+a_{n-2}\times R^{n-2}+\cdots+a_1\times R^1+a_0\times R^0+a_{-1}\times R^{-1}+\cdots+a_{-m}\times R^{-m} \\
&= \sum_{i=-m}^{n-1} a_i\times R^i
\end{aligned}
$$

其中，a_i 是数码，R 是基数，R^i 是权。不同的基数表示不同的进制数。

例如，在十进制数中，546 可表示为

$$546=5\times10^2+4\times10^1+6\times10^0$$

则 10^i 称为第 i 项的权。如 10^2、10^1、10^0 分别称为百位、十位、个位的权。

【实战 1-1】将下列各进制数写成按其权展开的多项式之和。

$(11101.101)_2 = 1\times2^4 + 1\times2^3 + 1\times2^2 + 0\times2^1 + 1\times2^0 + 1\times2^{-1} + 0\times2^{-2} + 1\times2^{-3}$

$(375)_8 = 3\times8^2 + 7\times8^1 + 5\times8^0$

$(ED)_{16} = 14\times16^1 + 13\times16^0$

1.6.3　二进制数与十进制数之间的转换

在计算机内部，只能识别二进制数编码的信息，而计算机中输入和输出的数据一般来说不是二进制数，这就要研究不同数制之间的转换规则。

1. 二进制数转换成十进制数

方法：将一个二进制数按位权展开成一个多项式，然后按十进制数的运算规则求和，即可得到该二进制数等值的十进制数。

【实战 1-2】将下列二进制数转换成十进制数。

$$(1101)_2=1\times2^3+1\times2^2+0\times2^1+1\times2^0=8+4+0+1=(13)_{10}$$

2. 十进制数转换成二进制数

方法：将十进制整数除以基数 2，取余数，把得到的商再除以基数 2，取余数，以此类推，这个过程一直继续进行下去，直到商为 0，然后将所得余数以相反的次序排列，就得到对应的二进制数。

【实战 1-3】将$(30)_{10}$转换成二进制数。

取余数

2 | 30
2 | 15 ... 0
2 | 7 ... 1
2 | 3 ... 1
2 | 1 1
0 1

因此：$(30)_{10}=(11110)_2$

1.6.4　字符数据的编码

计算机除了能处理数值数据外，还能处理非数值数据。对于英文字符、汉字和特殊符号等非数值数据在计算机中也要转换为二进制编码的信息。为了便于计算机应用的推广，非数值数据必须用统一的编码方法来表示。下面介绍两种重要编码，即西文字符的编码和汉字编码。

1. 西文字符的编码

目前在国际上广泛采用美国标准信息交换码表示英文字符、标点符号和作为符号使用的阿拉伯数字等。American national Standard Code for Information Interchange（美国国家信息交换标准码，ASCII 码）用 7 位二进制编码，见附录 A。

ASCII 码表中，第 000～001 列共 32 个字符，称为控制字符，它们在传输、打印或显示输出时起控制作用。第 010～111 列共有 94 个可打印或显示的字符，称为图形字符，这些字符有确定的结构形状，可在显示器或打印机等输出设备上输出，在计算机键盘上能找到相应的键，按键后就可将对应字符的二进制编码送入计算机内。此外，图形字符集的首尾还有 2 个字符也可归入控制字符，即 SP（空格符）和 DEL（删除符）。

1）ASCII 码的编码规则

（1）ASCII 码用 7 位二进制数来表示一个字符，由于 $2^7=128$，所以共有 128 种不同的组合，可以表示 128 个不同的字符，7 位编码的取值范围为 0000000～1111111。其中包括数码 0～9、26 个大写英文字母、26 个小写英文字母以及各种运算符号、标点符号及控制字符等。

（2）在计算机内，每个字符的 ASCII 码用 1 个字节（8 位）来存放，字节的最高位为校验位，通常用“0”来填充，后 7 位为编码值。

2）ASCII 码的特点

（1）使用列 3 位，行 4 位，即 7 位 0 和 1 代码串来编码。

例如，大写字母 A 字符的编码为 1000001；大写字母 B 字符的编码为 1000010。

（2）相邻字符的 ASCII 码值后面比前面大 1。

例如，A 为 65（ASCII 码转换为十进制数），B 为 66（ASCII 码转换为十进制数）。

（3）常用的数字字符、大写英文字母字符、小写英文字母字符的 ASCII 码值按从小到大的顺序依次为数字字符、大写英文字母字符、小写英文字母字符。

小知识：ASCII 码字符集包括 128 个字符，称为标准的 ASCII 码字符集。

2. 中文字符的编码

ASCII 码只是给出了英文字母、数字和其他特殊字符编码的规则，不能用于汉字的编码。用计算机来处理汉字，也必须先对汉字进行编码。汉字编码主要有汉字输入码、汉字机内码、汉字地址码和汉字字形码等。汉字信息在系统内传送的过程就是汉字编码转换的过程。下面分别对各种汉字编码进行介绍。

1）汉字输入码

汉字输入码是为了通过键盘把汉字输入到计算机中而设计的一种编码。输入码因编码方式不同而不同。输入英文时，想输入什么字符便按什么键，输入码和机内码一致。输入汉字时可能要按几个键才能输入一个汉字。目前汉字输入方案已有几百个，不管操作者使用哪种输入码输入汉字，到计算机内后都会转换成统一的机内码。不管采用什么样的编码输入法来输入一个汉字，其机内码都是相同的。汉字输入方案大致可分为音码、形码和音形码 3 种类型。

- 音码：以汉语拼音为基础的编码方案，如全拼、双拼等。其优点是容易掌握，但重码率高。
- 形码：以汉字字形结构为基础的编码方案，如五笔字型输入法、郑码输入法等。其优点是重码少，但不容易掌握。
- 音形码：将音码和形码结合起来的编码方案，如智能 ABC 输入法、自然码输入法等。其优点是能减少重码率，并提高汉字输入速度。

2）国标码

我国原国家标准总局于 1981 年 5 月公布了《信息交换用汉字编码字符集——基本集》，即 GB 2312—1980，称为国标码，也称汉字交换码，简称 GB 码，它给出了每个汉字的二进制编码的国家标准。该标准规定了汉字交换用的基本汉字字符和一些图形字符，共计 7 445 个，其中汉字有 6 763 个，这些汉字按其使用频率和用途，又可分为一级常用汉字 3 755 个，二级次常用汉字 3 008 个。其中一级汉字按拼音字母顺序排列，二级汉字按偏旁部首排列。

GB 2312—1980 规定每个汉字的二进制数编码占 2 个字节，每个字节均采用 7 位二进制数编码表示，习惯上称第一个字节为“高字节”，第二个字节为“低字节”。GB 2312—1980 代码表（局部）如图 1-7 所示。

第一字节	第二字节	1	2	3	4	5	6	7	8
	b_7	0	0	0	0	0	0	0	0
	b_6	1	1	1	1	1	1	1	1
	b_5	0	0	0	0	0	0	0	0
	b_4	0	0	0	0	0	0	0	1
	b_3	0	0	0	1	1	1	1	0
	b_2	0	1	1	0	0	1	1	0
	b_1	1	0	1	0	1	0	1	0
b_7 b_6 b_5 b_4 b_3 b_2 b_1	区＼位	1	2	3	4	5	6	7	8
…	…	…	…	…	…	…	…	…	…
0 1 1 0 0 0 0	16	啊	阿	埃	挨	哎	唉	哀	皑
0 1 1 0 0 0 1	17	薄	雹	保	堡	饱	宝	抱	报
0 1 1 0 0 1 0	18	病	并	玻	菠	播	拨	钵	波
0 1 1 0 0 1 1	19	场	尝	常	长	偿	肠	厂	敞

图 1-7　GB 2312—1980 代码表（局部）

国标码中的行称为区，列称为位，共有 94 个区和 94 个位，由区号和位号构成了区位码。区位码的区号和位号都用两位十进制数表示，不足两位的前面补零。例如，“啊”位于第 16 区 1 位，区位码为 1601。

区位码也是汉字输入法之一，它的特点是无重码，一码一字，用 4 位十进制数表示一个编码，可以输入用其他汉字输入法无法输入的符号，但难以记忆。

3）汉字机内码

汉字处理系统要保证中西文的兼容，当系统中同时存在 ASCII 码和汉字国标码时，将会产生二义性。例如，有两个字节的内容为 30H 和 21H，它既可表示汉字“啊”的国标码，又可表示西文“0”和“!”的 ASCII 码。因此，应对国标码加以适当的处理和变换，即将国标码的每个字节最高位上由“0”变为“1”，变换后的国标码称为汉字机内码。首位上的“1”就可以作为识别汉字代码的标志，计算机在处理到首位是“1”的代码时把它理解为汉字的信息，在处理到首位是“0”的代码时把它理解为 ASCII 码。汉字的机内码是计算机处理汉字信息时使用的编码。

4）汉字字形码

汉字字形码又称为汉字字模，用于汉字的输出，汉字输出有显示和打印两种方式。目前，汉字信息处理系统中大多数以点阵方式形成汉字字形。以点阵表示字形时，汉字字形码是指确定一个汉字字形点阵的编码。

输出汉字时都采用图形方式，无论汉字的笔画多少，每个汉字都可以写在同样大小的方块中。所谓点阵就是将字符（包括汉字图形）看成一个矩形框内一些横竖排列的点的集合，有笔画的位置用黑点表示，无笔画的位置用白点表示。在计算机中用一组二进制数表示点阵，用 0

表示白点，用 1 表示黑点。根据输出汉字的要求不同，点阵的多少也不一样。一般的汉字系统中简易型汉字为 16×16 点阵，普通型汉字为 24×24 点阵，提高型汉字为 32×32 点阵。一般来说，表现汉字时使用的点阵越大，则汉字字形的质量也越好，打印质量也就越高，每个汉字点阵所需的存储量也越大。图 1-8 所示为“庆”字的 16×16 点阵字形示意图。

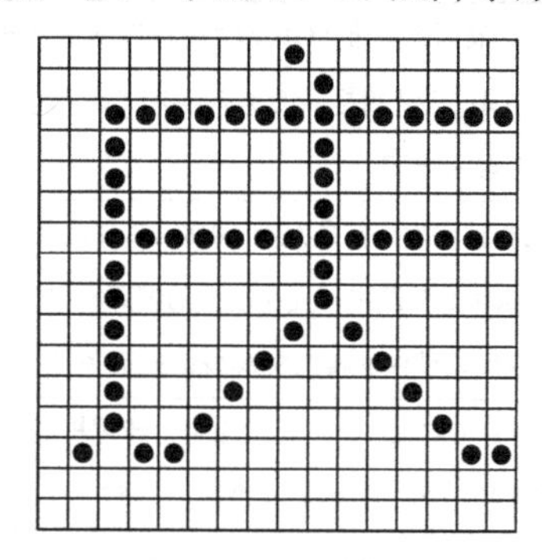

图 1-8 “庆”字的 16×16 点阵字形示意图

已知汉字点阵的大小，就可以计算出存储一个汉字所需占用的字节空间。如用 16×16 点阵表示一个汉字，就是将每个汉字用 16 行，每行 16 个点表示，一个点须用 1 位二进制代码，16 个点须用 16 位二进制代码（即 2 字节），所以需要 16 行×2 字节/行=32 字节（Byte），即 16×16 点阵表示一个汉字，字形码须用 32B，即字节数=点阵行数×（点阵列数/8）。这 32B 中的信息是汉字的点阵代码，即汉字字形码（或汉字字模）。汉字字模按国标码的顺序排列，以二进制文件形式存放在存储器中，构成汉字字形库（或汉字字模库），称为汉字库。汉字库分为软字库和硬字库。软字库以文件的形式存放在硬盘上，现多用这种方式。硬字库则将字库固化在一个单独的存储芯片中，再和其他必要的器件组成接口卡，并插接在计算机上，通常称为汉卡。硬字库目前已很少使用。

小知识： 汉字的点阵字形的缺点是放大后会出现锯齿现象，很不美观。中文版 Windows 系统中广泛采用 TrueType 类型的字形码，它采用数学方法来描述一个汉字的字形码，可以实现无限放大而不产生锯齿现象。

5）汉字地址码

汉字地址码是指汉字库（主要指字形的点阵字模库）中存储汉字字形信息的逻辑地址码。在汉字库中，字形信息都是按一定的顺序（大多数按国标码中汉字的排列顺序）连续存放在存储介质上，所以汉字地址码大多是连续有序的。当向输出设备输出汉字时，要通过地址码才能在汉字库中取到所需的字形码，最后在输出设备上形成可见的汉字字形，实现汉字的显示或打印输出。

6）各种汉字代码之间的关系

汉字的输入、处理和输出的过程实际上是汉字的各种代码之间的转换过程。汉字信息处理中各种编码及转换流程如图 1-9 所示，其中虚线框中的编码是相对国标码而言的。

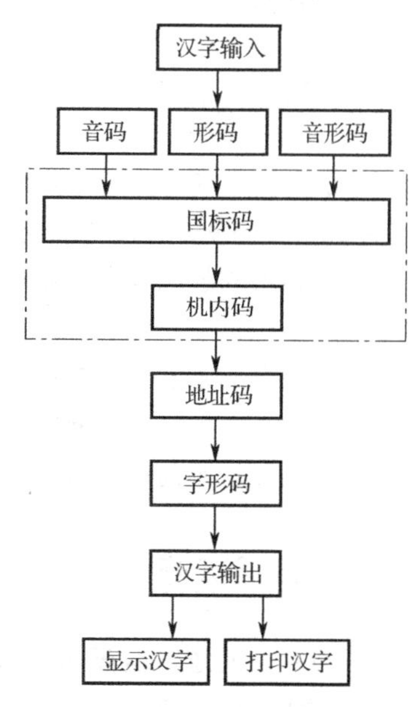

图 1-9 汉字信息处理系统的模型

（7）其他内码

为了统一表示全世界各国、各地区的文字，方便全世界的信息交流，各级组织公布了各种内码。表 1-3 所示为几种内码。

表 1-3　几种内码

汉字内码	内容简介
GBK 码	GBK 编码是中文编码扩展国家标准（GB 即“国标”，K 是“扩展”的汉语拼音第一个字母），全称为《汉字内码扩展规范》，是对 GB 2312 国标码的扩充，共收录 21 003 个汉字和 883 个符号，并提供 1 894 个造字码位，简体字和繁体字融为一库
GB 18030 码	GB 18030 是在国标码和汉字内码扩展规范 GBK 1.0 规范基础上的扩充。它采用单字节、双字节、四字节混合编码，共收录了 27 000 多个汉字，且在统一的编码框架下，为未来的扩充提供了充足的空间。该标准的实施将为制定统一的应用软件中文接口标准规范创造条件
BIG 5 码	BIG 5 码是一个繁体字编码方案，它广泛地应用于计算机和网络中。它是一个双字节编码方案，包括 440 个符号，一级常用汉字 5 401 个，二级次常用汉字 7 652 个，共计 13 000 多个汉字
UCS 码	UCS 码（universal multiple-octet coded character set，通用多八位编码字符集）是国际标准化组织（ISO）为各种语言字符制定的编码标准。所谓“八位”就是一个字节，“多八位”就是多个字节
Unicode 码	Unicode 码是可以容纳世界上所有文字和符号的字符编码方案。它为每种语言中的每个字符设定了统一并且唯一的二进制编码，以满足跨语言、跨平台进行文本转换和处理的要求。在创造 Unicode 之前，没有一种编码可以包含足够的字符。即使是一种语言，例如英语，也没有哪一个编码可以适用于所有的字母、标点符号和常用的技术符号。目前许多操作系统和其他产品都支持它。Unicode 标准的出现和支持工具的存在是近年来全球软件技术最重要的发展趋势

1.7　计算机的基本运算

计算机的“计算”可以分为数值计算和非数值计算两大类。无论哪一种计算，都是通过一些基本运算来实现的。数值基本运算是四则运算，非数值基本运算是基本逻辑运算。

1.7.1　四则运算

乘法可以由加法实现，除法可以由减法实现。在计算机中减法通过补码的方式可由加法实现，由此可见，除法也可由加法实现。所以说，计算机只要做加法运算就可以完成各种数值运算。

二进制数的加法运算规则如下：

0+0=0　　1+0=1　　0+1=1　　1+1=10

二进制数的乘法运算规则如下：

0×0=0　　1×0=0　　0×1=0　　1×1=1

以上运算规则简单，容易在计算机上实现。

1.7.2　逻辑运算

任何复杂的逻辑运算都可以由 3 种基本逻辑运算来实现，即逻辑与（AND）、逻辑或（OR）、逻辑非（NOT），简称与、或、非。逻辑变量的取值和运算结果只有“真（True）”和“假（False）”

两个值。在计算机中，可用 1 表示“真”，用 0 表示“假”。

基本的逻辑运算规则如下：

1. “与”运算规则

“与”运算用 AND 或“・”表示，如 A AND B 或 A・B。A、B 的取值为 0 或 1。

运算规则如下：

0 AND 0=0　　0 AND 1=0　　1 AND 0=0　　1 AND 1=1

或表示为：

0・0=0　　0・1=0　　1・0=0　　1・1=1

上面 4 条规则表示只有当两个命题 A、B 都为“真”时，A“与”B 运算的结果才为“真”，其余情况运算的结果都为“假”。

2. “或”运算规则

“或”运算用 OR 或“+”表示，如 A OR B 或 A+B。A、B 的取值为 0 或 1。

运算规则如下：

0 OR 0=0　　0 OR 1=1　　1 OR 0=1　　1 OR 1=1

或表示为：

0 + 0=0　　0 + 1=1　　1 + 0=1　　1 + 1=1

上面 4 条规则表示只有当两个命题 A、B 都为“假”时，A“或”B 运算的结果才为“假”，其余情况运算的结果都为“真”。

3. “非”运算规则

“非”运算用 NOT 或“$\overline{A}$”表示，如 NOT A 或 $\overline{A}$。

运算规则为：NOT 0=1，NOT 1=0。

上面两条规则表示当命题 A 为“假”时，“非”A 运算结果为“真”；当命题 A 为“真”时，“非”A 运算结果为“假”。

归纳以上运算规则并将其列成表，称为基本逻辑运算的真值表，表示逻辑变量取值与逻辑运算结果之间的关系，如表 1-4 所示。

表 1-4　基本逻辑运算真值表

A	B	A AND B	A OR B	NOT A
0	0	0	0	1
0	1	0	1	1
1	0	0	1	0
1	1	1	1	0

1.8　计算思维

1.8.1　什么是计算

1. 计算的概念

广义的计算包括数学计算、逻辑推理、数理统计、问题求解、图形图像的变换、网络安全、代数系统理论、上下文表示、感知与推理、智能空间等，甚至包括程序设计、机器人设计、建筑设计等设计问题。

传统的科学方法一般是指科学实验和逻辑演绎，现在认为计算是第 3 种科学方法。计算作为一种相对独立的方法出现在科学研究之中，天文学家发现海王星就是一个典型的实例，而且成为一种典型的科学方法。海王星不是直接通过观测发现的，而是数学计算的结果。1845 年，英国剑桥大学的约翰·柯西·亚当斯和法国天文学家勒威耶分别独立在理论上计算出这颗海王星的轨道。勒威耶在得到结果后就立即联系当时的柏林天文台副台长、天文学家 J·G·伽勒。伽勒在收到信的当晚向预定位置观看，就看到了这颗较暗的太阳系第 8 颗行星。

2. 新的计算模式

1）普适计算

随着计算机及相关技术的发展，通信能力和计算能力的获得正变得越来越容易，其相应的设备所占用的体积也越来越小，各种新形态的传感器、计算/联网设备蓬勃发展；同时由于对生产效率、生活质量的不懈追求，人们希望能随时、随地、无困难地享用计算能力和信息服务，由此引发了计算模式的新变革，这就是计算模式的第 3 个时代——普适计算时代。

普适计算的思想是由 Mark Weiser 在 1991 年提出的。他根据所从事的研究工作，预测计算模式将来会发展为普适计算模式。在这种模式中，人们能够在任何时间（anytime）、任何地点（anywhere）以任何方式（anyway）访问到所需要的信息。

普适计算将计算机融入人们的生活，形成一个“无时不在、无处不在、不可见”的计算环境。在这种环境下，所有具备计算能力的设备都可以联网，通过标准的接口提供公开的服务，设备之间可以在没有人的干预下自动交换信息，协同工作，为终端用户提供一项服务。

2）网格计算

网格计算是伴随着互联网技术而迅速发展起来的，是专门针对复杂科学计算的新型计算模式。这种计算模式是利用互联网把分散在不同地理位置的计算机组织成一个“虚拟的超级计算机”，其中每一台参与计算的计算机就是一个“结点”，而整个计算是由成千上万个“结点”组成的“一张网格”，所以这种计算方式称为网格计算。这样组织起来的“虚拟的超级计算机”有两个优势：一是数据处理能力超强；二是能充分利用网上的闲置处理能力。简单地讲，网格是把整个网络整合成一台巨大的超级计算机，实现计算资源、存储资源、数据资源、信息资源、知识资源、专家资源的全面共享。

网格计算研究如何把一个需要非常巨大的计算能力才能解决的问题分成许多小的部分，然后把这些部分分配给许多低性能的计算机来处理，最后把这些计算结果综合起来从而攻克了难题。

3）云计算

计算模式大约每 15 年就会发生一次变革。至今，计算模式经历了主机计算、个人计算、网格计算，现在云计算也被普遍认为是计算模式的一个新阶段。20 世纪 60 年代中期是大型计算机的成熟时期，这时的主机－终端模式是集中计算，一切计算资源都集中在主机上；1981 年 IBM 推出个人计算机（Personal Computer，PC）用于家庭、办公室和学校，推进信息技术发展进入 PC 时代，此时变成了分散计算，主要计算资源分散在各个 PC 上；1995 年随着浏览器的成熟，以及互联网时代的来临，使分散的 PC 连接在一起，部分计算资源虽然还分布在 PC 上，但已经越来越多地集中到互联网；直到 2010 年，云计算概念的兴起实现了更高程度的集中，它可将分布在世界范围内的计算资源整合为一个虚拟的统一资源，实现按需服务、按量计费，使计算资源的利用犹如电力和自来水般快捷和方便。

云计算的核心思想是将大量用网络连接的计算资源进行统一管理和调度，从而构成一个计算资源池向用户按需服务。提供资源的网络被称为“云”。“云”中的资源在使用者看来是可以无限扩展的，并且可以随时获取、随时扩展、按需使用、按需付费。

继个人计算机变革、互联网变革之后，云计算被看作第3次IT浪潮，它意味着计算能力也可作为一种商品通过互联网进行流通。

1.8.2　什么是思维

思维是一种复杂的高级认识活动，是人脑对客观现实进行间接的、概括的反映过程，它可以揭露事物的本质属性和内部规律性。经过人的思维加工，就能够更深刻、更完全、更正确地认识客观事物。一切科学概念、定理、法则、法规、法律都是通过思维概括出来的，思维是一种高级认识过程，包括理论思维、实验思维、计算思维3种类型。

1. 理论思维

理论思维又称推理思维，以推理和演绎为特征，以数学学科为代表。理论思维支撑着所有的学科领域，正如数学一样，定义是理论思维的灵魂，定理和证明是理论思维的精髓，公理化方法是最重要的理论思维方法。

2. 实验思维

实验思维又称实证思维，以观察和总结自然规律为特征，以物理学科为代表。实验思维的先驱是意大利科学家伽利略，他被人们誉为“近代科学之父”。与理论思维不同，实验思维往往需要借助于某些特定的设备，并用它们来获取数据以供以后分析。

3. 计算思维

计算思维又称构造思维，以设计和构造为特征，以计算机学科为代表。计算思维运用计算机科学的基础概念进行问题求解、系统设计等工作。

1.8.3　计算思维的概念

1. 计算思维产生的背景

2006年3月，美国卡内基·梅隆大学计算机科学系系主任周以真（Jeannette M. Wing）教授在美国计算机权威期刊《*Communications of the ACM*》杂志上首次提出了计算思维（Computational Thinking）的概念。周教授认为：计算思维是运用计算机科学的基础概念进行问题求解、系统设计，以及人类行为理解等涵盖计算机科学之广度的一系列思维活动。

2007年美国国家科学基金会制定了“振兴大学本科计算教育的途径（CPATH）”计划。该计划将计算思维的学习融入计算机、信息科学、工程技术和其他领域的本科教育中，以增强学生的计算思维能力，促成造就具有基本计算思维能力的、在全球有竞争力的美国劳动大军，确保美国在全球创新企业的领导地位。

2011年度美国国家科学基金会又启动了“21世纪计算教育”计划，计划建立在CPATH项目成功的基础上，其目的是提高中小学和大学一、二年级教师与学生的计算思维能力。

2. 计算思维的定义

国际上广泛认同的计算思维定义来自周以真教授：计算思维是人们运用计算机科学的基础概念去求解问题、设计系统、以及理解人类行为。它包括了涵盖计算机科学之广度的一系列思维活动。

计算思维融合了数学思维、工程思维和科学思维。它如同所有人都具备的“读、写、算”能力一样，是必须具备的思维能力。

计算思维本身并不是新的东西，长期以来都在被不同领域的人们自觉或不自觉地采用。为什么现在需要特别强调？这与人类社会的发展直接相关。我们现在所处的时代，称为“大数据”时代，人类社会方方面面的活动从来没有像现在这样被充分的数字化和网络化。人们在商场的消费信息，就会实时地在国家信用中心的计算机系统中反映出来。移动通信运营商原则上可以随时知道每个人的地理位置。呼啸在京广线上的高铁列车的状态，随时被传给指挥控制中心。也就是说，对于任何现实的活动，都伴随着相应数据的产生。数据成为现实活动所留下的“痕迹”。现实活动难以重演，但数据分析可以反复进行。对数据的分析研究实质上就是计算，这就是计算思维的用武之地。

3. 计算思维的本质

抽象和自动化是计算思维的本质。计算思维中的抽象完全超越物理的时空观，并完全用符号来表示。与数学和物理科学相比，计算思维中的抽象显得更为丰富，也更为复杂。

计算思维通过约简、嵌入、转化和仿真等方法，把一个困难的问题表示为求解它的算法，可以通过计算机自动执行，所以具有自动化的本质。

1.8.4 计算思维的方法

计算思维是每个人的基本技能，不仅只属于计算机科学家。因此每个学生在培养解析能力时不仅应掌握阅读、写作和算术（Reading, wRiting, and aRithmetic，3R），还要学会计算思维，用计算思维方法对问题进行求解。

计算思维方法很多，周以真教授将其阐述成以下几大类：

（1）计算思维通过约简、嵌入、转化和仿真等方法，把一个困难的问题重新阐释成一个如何求解它的问题。

（2）计算思维是一种递归思维，是一种并行处理，是一种把代码译成数据又能把数据译成代码的方法。

（3）计算思维采用抽象和分解的方法来控制复杂的任务或进行巨型复杂系统的设计，基于关注点分离的方法（SOC 方法）。由于关注点混杂在一起会导致复杂性大大增加，把不同的关注点分离开来分别处理是处理复杂性任务的一个原则。

（4）计算思维选择合适的方式对一个问题的相关方面进行建模，使其易于处理，在不必理解每一个细节的情况下就能够安全地使用、调整和影响一个大型复杂系统。

（5）计算思维采用预防、保护及通过冗余、容错、纠错的方法，从最坏情形进行系统恢复。

（6）计算思维是一种利用启发式推理来寻求解答的方法，即在不确定的情况下进行规划、学习和调度。

（7）计算思维是一种利用海量数据来加快计算，在时间和空间之间，在处理能力和存储容量之间进行折中处理的方法。

1.8.5 计算思维在中国

计算思维不是今天才有的，它早就存在于中国的古代数学之中，只不过周以真教授使之清晰化和系统化了。

中国古代学者认为，当一个问题能够在算盘上解算的时候，这个问题就是可解的，这就是中国的“算法化”思想。

随着以计算机科学为基础的信息技术的迅猛发展，计算思维的作用日益凸显。正像天文学有了望远镜，生物学有了显微镜，音乐产业有了麦克风一样，计算思维的力量正在随着计算机速度的快速发展而被加速地放大。

计算思维的重要作用引起了中国学者与美国学者的共同注意。

由李国杰院士任组长的中国科学院信息领域战略研究组撰写的《中国至 2050 年信息科技发展路线图》指出：长期以来，计算机科学与技术这门学科被构造成一门专业性很强的工具学科。“工具”意味着它是一种辅助性学科，并不是主业，这种狭隘的认知对信息科技的全民普及极其有害。针对这个问题，报告认为计算思维的培育是克服“狭义工具论”的有效途径，是解决其他信息科技难题的基础。

孙家广院士在“计算机科学的变革”一文中明确指出：（计算机科学界）最具有基础性和长期性的思想是计算思维。

国家自然科学基金委员会信息科学部刘克教授特别强调大学推进计算思维这一基本理念的必要性。

中国科学院计算技术研究所研究员徐志伟认为：计算思维是一种本质的、所有人都必须具备的思维方式，就像识字、做算术一样；在 2050 年以前，地球上每一位公民都应具备计算思维的能力。

中科院自动化所王飞跃教授率先将国际同行倡导的“计算思维”引入国内，并翻译了周以真教授的“计算思维”一文，撰写了相关的论文“计算思维与计算文化”。他认为：在中文里，计算思维不是一个新的名词。在中国，从小学到大学教育，计算思维经常被朦朦胧胧地使用，却一直没有提高到周以真教授所描述的高度和广度，以及那样的新颖、明确和系统。

教育部高等学校计算机基础课程教学指导委员会对计算思维的培育非常重视。2010 年 7 月，在西安会议上，发布了《九校联盟（C9）计算机基础教学发展战略联合声明》，确定了以计算思维为核心的计算机基础课程的教学改革。

2012 年 7 月，由教育部高等学校计算机基础课程教学指导委员会主办、西安交通大学和高等教育出版社共同承办的第一届“计算思维与大学计算机课程教学改革研讨会”在西安交通大学召开。来自全国 120 多所高校分管计算机基础课程教学的院长、主任及骨干教师 260 余名代表参加了本次会议。陈国良院士、李廉教授、徐志伟研究员等介绍了近年来计算思维研究的问题及进展情况。2013 年 5 月，教育部高等学校大学计算机课程教学指导委员会发表了旨在大力推进以计算思维为切入点的计算机教学改革宣言，进一步明确了以计算思维为导向的计算机教学改革方向。

1.8.6 计算思维与科学发现和技术创新

计算思维改变大学计算机教育仍然沿袭几十年的教学模式，能够培养造就具有计算思维能力的、训练有素的科技人才、劳动大军和现代公民，是大学计算机教育振兴的途径。

计算思维在其他学科中有着越来越深刻的影响。计算生物学正在改变着生物学家的思考方式，计算博弈理论改变着经济学家的思考方式，纳米计算改变着化学家的思考方式，量子计算改变着物理学家的思考方式。融合多学科方法，通过计算思维对计算概念、方法、模型、算法、工具与系统等的改进和创新，使科学与工程领域产生新理解、新模式，从而可创造出革命性的研究成果。

计算思维代表着人们的一种普遍的认识和一类普适的能力，不仅是计算机科学家，而是每一个人都应该热心地学习和运用它，用计算思维方法去思考和解决问题。

思考与练习

1. 计算机的发展经历了哪几个阶段？各阶段的主要特征是什么？
2. 计算机的工作原理是什么？有哪些特点？
3. 计算机与计算器的本质区别是什么？
4. 计算机如何分类？
5. 计算机主要应用于哪些方面？
6. 未来计算机的发展方向是什么？
7. 为什么计算机采用二进制数表示数据？
8. 将二进制数 10011 转换成十进制数。
9. 将十进制数 100 转换成二进制数。
10. 将二进制数 11100 转换成十进制数。
11. 什么是计算思维？

第2章 计算机系统组成

教学目标：

通过本章的学习，读者可以掌握计算机系统的基本构成，计算机硬件系统的主要组成部分和软件的分类，存储器的基本原理及计算机的指令、指令系统和程序等概念，了解 CPU、内存、外存等硬件的作用及计算机的主要性能指标，为计算机操作打下良好的基础。

教学重点和难点：

- 计算机系统组成概述。
- 计算机硬件系统的构成。
- 存储器原理。
- 输入/输出设备。
- 软件分类。
- 微型计算机的性能指标。

一个完整的计算机系统由硬件系统和软件系统两部分组成，同时有软硬件的计算机才能正常地开机和工作。硬件是软件建立和依托的基础，离开硬件，软件无法运行；软件是硬件功能的扩充和完善，硬件和软件协同工作，缺一不可。

2.1 计算机系统组成概述

计算机系统是由硬件和软件两大部分组成。计算机的硬件系统是计算机系统中由电子、机械和光电元件等组成的各种物理装置的总称，是人们看得见、摸得着的实体部分。计算机软件系统是指在计算机中运行的各种程序及其相关的数据及文档。计算机系统组成如图 2-1 所示。

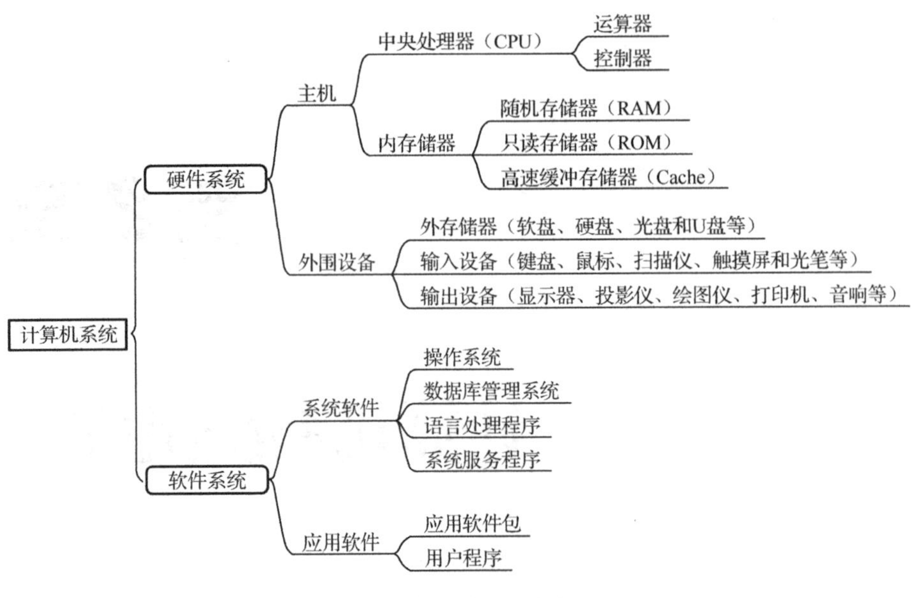

图 2-1　计算机系统的基本组成

2.2　计算机硬件系统的构成

计算机硬件是构成计算机的实体部分，是由设备组装而成的一组装置，并将这些设备作为一个统一整体协调运行，故称其为硬件系统。它是计算机工作的物质基础，是计算机的躯壳。计算机中的 CPU、内存、硬盘、显示器、键盘和鼠标等都属于计算机的硬件。从 1946 年世界第一台电子计算机 ENIAC 的诞生到现在，计算机的功能不断增强，应用不断扩展，外形上也发生了很大的变化，但在基本硬件结构方面还是大同小异，都属于冯·诺依曼体系结构计算机，都由五大功能部件组成。

计算机的硬件由运算器、控制器、存储器、输入设备、输出设备五大部件组成的。它们之间的关系如图 2-2 所示。

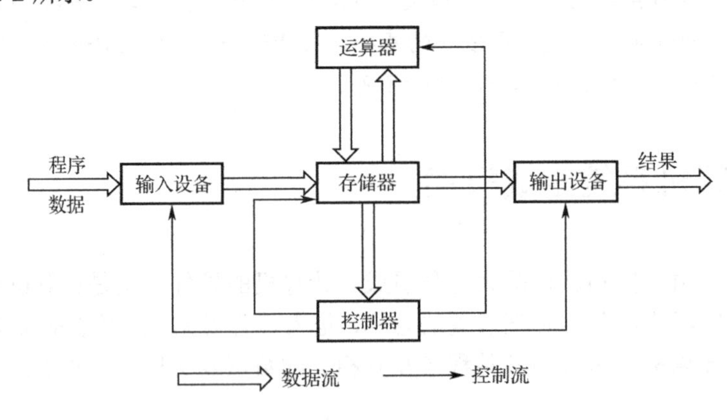

图 2-2　计算机硬件系统的构成

计算机的简单工作流程是用户通过输入设备将数据和程序送入存储器，并发出运行程序的命令，系统接收到运行程序的命令后，运算器在控制器的帮助下，从内存储器中读取和使用数据进行分析，执行完成后再从存储器中取出下一条指令进行分析，再执行该指令，周而复始地重复“取指令—分析指令—执行指令”的过程，直到程序中的全部指令执行完毕。最后将运行结果传输给输出设备。

1. 控制器

控制器是对输入的指令进行分析，并统一控制和指挥计算机其他部件协同完成任务的部件，是计算机的控制中心，用来控制计算机各部件协调工作，并使整个处理过程有条不紊地进行。控制器一般由指令寄存器、状态寄存器、指令译码器、时序电路和控制电路组成。在控制器的控制下，计算机能够自动、连续地按照人们编制好的程序，实现一系列指定的操作，完成指定的任务。

2. 运算器

运算器又称为算术逻辑部件（ALU），主要功能是在控制器的帮助下进行算术运算和逻辑运算，从而实现对数据的加工和处理，是计算机中负责执行各种运算的部件。运算器的主要功能是在控制器的控制下，从内存中提取数据进行计算，运算完成后再把结果送回存储器中。

运算器和控制器通常集成在一块芯片上，构成中央处理器（Central Processing Unit，CPU）。中央处理器是计算机的核心部件，它的功能主要是解释计算机指令和处理计算机软件中的数据。

3. 存储器

存储器具有记忆功能，是计算机用来存放程序和数据的部件。计算机的存储器分为内存储器和外存储器两大类，内存的大小影响计算机处理的速度。常见的存储器有内存条、硬盘、光盘和 U 盘等。

CPU、内存储器构成了计算机的主机，是计算机硬件系统的主体。

4. 输入设备

输入设备是向计算机输入数据和信息的设备，可以将各种外部信息和数据转换成计算机可以识别的电信号，从而使计算机成功接收信息。它是计算机与用户或其他设备通信的桥梁。常见的输入设备有键盘、鼠标、扫描仪和数码相机等。

5. 输出设备

输出设备是用来输出计算机处理结果的设备。其主要功能是把计算机处理的数据、计算结果等内部信息以数字、字符、图像、声音等形式表示出来。常见的输出设备有显示器、打印机、绘图仪等。

输入设备、输出设备和外存储器等在计算机主机以外的硬件设备通常称为计算机的“外围设备”，简称“外设”。外围设备对数据和信息起着传输、转送和存储的作用，是计算机系统中的重要组成部分。

2.3 微型计算机硬件构成

微型计算机也称为个人计算机（Personal Computer，PC），它有着体积小、灵活性大、造价低、使用方便等主要特点，是应用最广泛的一种计算机。常见的微型计算机有台式机、笔记本电脑、智能手机、平板电脑和桌面一体机等，图 2-3 为各种类型的微型计算机的外观。

图 2-3 微型计算机的外观

一台典型的微型计算机由主机、磁盘驱动器、键盘、鼠标、显示器、打印机等部分构成，如图 2-4 所示。本节主要以台式机为例介绍微型计算机的硬件系统。

图 2-4 台式计算机的外观

2.3.1 中央处理器

中央处理器是计算机的运算控制中心，是用超大规模集成电路（VLSI）工艺制成的芯片。CPU 由运算器、控制器和寄存器以及实现它们之间联系的数据、控制和状态总线构成。寄存器是有限存储容量的高速存储部件，它们可用来暂存指令、数据和地址。在中央处理器的控制部件中，包含的寄存器有指令寄存器（IR）和程序计数器（PC）。在中央处理器的算术及逻辑部件中，寄存器有累加器（ACC）。CPU 是计算机最重要的部件，不仅控制着数据的处理、交换，还指挥计算机各部件之间协调工作。

CPU 是计算机的核心部件，其性能的优劣直接影响整个计算机的性能。CUP 有两个重要的性能指标，即主频和字长。主频就是主时钟频率，即 CPU 运算时的工作频率（1 秒内发生的同步脉冲数），单位 MHz。主频是用来衡量一款 CPU 性能的关键指标之一，一般而言，主频越高，计算机工作速度越快。主频受到外频和倍频系数的影响，外频指的是 CPU 和主板之间同步运行的速度，倍频是指主频与外频之比的倍数，主频=外频×倍频系数。字长即 CPU 的位宽，指的是微处理器一次执行指令的数据带宽。字长越长，计算精度越高，运算速度也越快。处理器的寻址位宽增长很快，从 4、8、16、32 位寻址，到现在 64 位寻址浮点运算已经逐步成为 CPU 的主流产品。除此之外，CPU 的性能还和前端总线频率（FSB）、缓存、制造工艺、核心电压等方面相关。

目前微型计算机的 CPU 主要有 Intel 公司的酷睿（Core）、赛扬、奔腾等系列产品及 AMD

公司的 A10、FX、A8、羿龙、速龙等系列产品。如图 2-5 所示为 Intel 公司的 Core i9 CPU 。

图 2-5　Core i9 CPU

2.3.2　主板

主板又叫主机板（Mainboard）、系统板（Systemboard）或母板（Motherboard），是计算机系统中最大的一块集成电路板，如图 2-6 所示，它安装在机箱内，是微型计算机最基本、最重要的部件之一。主板是计算机主机与外围设备连接的通道，主板上布置有和各部件联系的总线（Bus）电路，满足各部件之间的通信需求。它为 CPU、内存和各种功能卡提供安装插槽，为各种存储设备、I/O 设备以及媒体和通信设备提供接口。主板的核心是识别、连接和控制各种设备，布满很多元器件。主板上通常安装有 CPU 插槽、芯片组、存储器插槽、扩充插槽、BIOS 芯片等元器件。扩展插槽是主板上用于固定扩展卡并将其连接到系统总线上的插槽，也叫扩展槽、扩充插槽。扩展槽是一种添加或增强电脑特性及功能的方法。例如，不满意主板集成显卡的性能，可以添加独立显卡以增强显示性能；不满意板载声卡的音质，可以添加独立声卡以增强音效；不支持 USB 2.0 或 IEEE 1394 的主板可以通过添加相应的 USB 2.0 扩展卡或 IEEE 1394 扩展卡以获得该功能等。

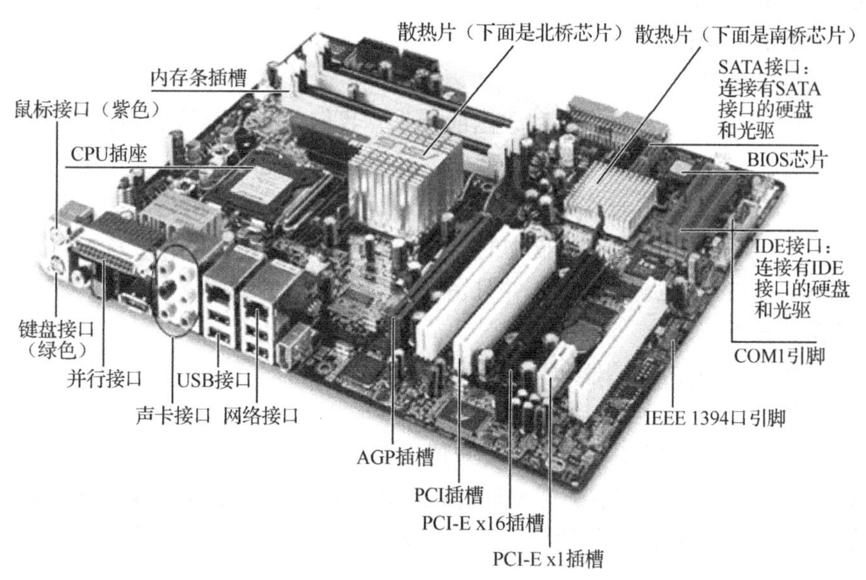

图 2-6　主板

计算机运行时对系统内存、存储设备和其他 I/O 设备的操作和控制都必须通过主板来完成，因此计算机的整体运行速度和稳定性在相当大的程度上取决于主板的性能。主板中最重要的指标是前端总线频率和外频频率，频率越高则主板性能越好。前端总线频率是指 CPU 与内存之间的数据传输速率，它反映了 CPU 与内存之间的数据传输量或者说带宽。外频是指 CPU 与主板之间同步运行的速度。

小知识：主板的南桥芯片和北桥芯片，芯片组是固定在主板上的一组超大规模集成电路芯片的总称，是主板的核心部件，芯片组的功能决定着主板的功能。芯片组按功能分为南桥芯片和北桥芯片两种。南桥芯片主要负责 IDE 设备的控制、I/O 接口电路的控制及高级能源管理等。北桥芯片主要负责管理 CPU、控制内存、AGP 和 PCI 的数据传输等。

2.3.3 存储器

存储器（Memory）是现代信息技术中用于保存信息的记忆设备。存储器的主要功能是存储程序和各种数据，并能在计算机运行过程中高速、自动地完成程序或数据的存取。计算机中的全部信息，包括输入的原始数据、计算机程序、中间运行结果和最终运行结果都是以二进制数的形式保存在存储器中。有了存储器，计算机才有记忆功能，才能保证正常工作。

1. 存储原理

存储器可容纳的数据总量称为存储容量，存储容量的大小决定存储器所能存储内容的多少。存储器中最小的存储单位（也称为记忆单元）是二进制数的一个数位，称为“位”（bit）。计算机通常把 8 位二进制数作为一个整体存入或取出，称为一个字节（Byte，简写为“B”），字节是计算机中数据处理和存储容量的基本单位。此外，常用的存储容量单位还有 KB、MB、GB、TB（可分别简称为 K、M、G、T）等，它们之间的换算关系为：

1Byte=8bit

$1KB=2^{10}B=1024B$

$1MB=2^{10}KB=1024KB$

$1GB=2^{10}MB=1024MB$

$1TB=2^{10}GB=1024GB$

为了便于对存储器进行数据存入和取出的操作，我们习惯把存储器划分成大量存储单元，每个存储单元存放 1 个字节的信息。为了区分不同的存储单元，按一定的规律和顺序给每个存储单元分配一个编号，这个编号称为存储单元的地址（Address）。由地址寻找数据，从对应地址的存储单元中访存数据，就像存放货物的仓库一样，人们在仓库中存放货物时为了便于存放和拿取，通常对货物的位置进行编号，并且留有存放及拿取的通路。

2. 存储器的分类

计算机的存储器分为内存储器和外存储器两大类。

1）内存储器

内存储器又称为主存储器，简称内存，一般用来存放当前正在使用或即将使用的数据和程序，它可以直接与 CPU 交换信息。微型计算机的内存通常采用半导体存储器，存取速度快而容量相对较小。微型计算机内存从使用功能上分为三种：随机存储器、只读存储器和高速缓冲存储器。

（1）随机存储器（Random Access Memory，简称 RAM）。RAM 是用来存放当前正在使用或使用的程序和数据，且存取时间与存储单元的物理位置无关。RAM 的特点：可以写入，也可以读出。读出不会破坏原有的存储信息，写入才会修改原来的存储信息。断电后，存储内容立即丢失，即具有易失性。随机存储器主要充当高速缓冲存储器和主存储器。

根据数据存储原理的不同，RAM又可分为动态随机存取存储器（Dynamic RAM，DRAM）和静态随机存取存储器（Static RAM，SRAM）。DRAM是最为常见的系统内存，DRAM使用电容存储信息，由于电容会放电，如果存储单元没有被刷新，存储的信息就会丢失，所以必须周期性地对其进行刷新。DRAM集成度高、功耗小、价格较低，一般用于微型计算机中的内存条。常见的内存条种类有DDR、DDR2、DDR3、DDR4等，如图2-7所示。

DDR2 内存条

DDR3 内存条

DDR4 内存条

图 2-7 内存条

（2）只读存储器（Read Only Memory，简称ROM）。ROM是一种对其内容只能读出不能写入，且断电后信息不会丢失的存储器，即预先一次写入的存储器。ROM的电路比RAM的简单、集成度高、成本低，计算机通常用来存放固定不变的信息，如存储BIOS参数的CMOS芯片。

图 2-8 主板上的 BIOS ROM 芯片

（3）高速缓冲存储器（Cache）。Cache是一种集成在CPU内部的一种容量小但速度快的存储器，主要用来平衡CPU与内存速度不一致的问题。一般用来存放CPU立即要运行或刚使用过的程序和数据，CPU会优先访问高速缓冲存储器，从而大大减少了因RAM速度慢需要等待的时间，提高系统的运算速度。

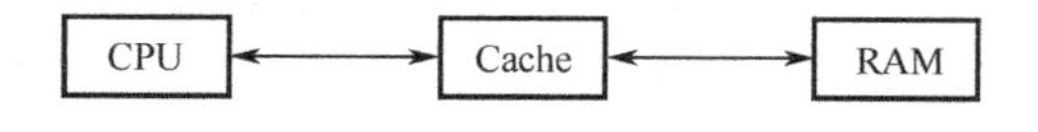

图 2-9 Cache 工作示意图

2）外存储器

外存储器又称为辅助存储器，简称外存，用于长期存放暂时不处理的程序与数据。与内存相比较，外存的存取速度较慢而容量相对较大，价格便宜，断电后仍然能保存数据。CPU 不能直接访问外存，当需要运行存放在外存中的程序时，需要将所需内容成批地调入到内存中才能供 CPU 使用。常见的外存储器有硬盘、光盘和可移动存储设备等。

（1）硬盘

硬盘是微型计算机最主要的外存储设备。它的容量很大，微型计算机的操作系统及各种应用软件都存储在硬盘中。硬盘由磁头、盘片、主轴、传动手臂和控制电路等组成，它们全部密封在一个金属盒中，防尘性能好，可靠性高，对环境要求不高。硬盘的外观与内部结构如图 2-10 所示。

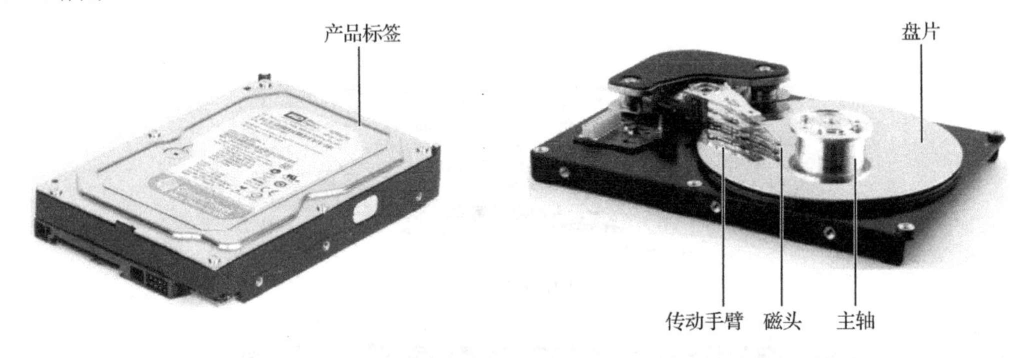

图 2-10　硬盘的外观与内部结构图

硬盘通常由多个盘片组成，盘片有上下两个面，都可以保存数据。每个盘片都固定在主轴上，并利用磁头进行盘片定位读写。盘片由外向里分成许多同心圆，每个同心圆称为一条磁道，每条磁道还要分成若干个扇区，不同盘片相同的磁道构成的圆柱面称为柱面。信息记录可表示为某个磁头（盘片）的某个磁道（柱面）的某个扇区。每个扇区能存储 512B 的数据，硬盘的存储容量=盘片数×磁道（柱面）数×扇区数×每扇区字节数。硬盘的存储结构如图 2-11 所示。

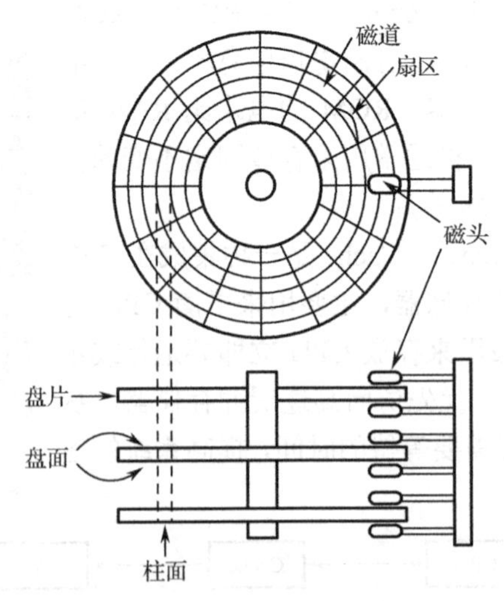

图 2-11　硬盘的存储结构图

硬盘在第一次使用时，首先必须进行格式化，格式化的主要作用是将磁盘进行分区，划分磁道与扇区，同时给磁道、柱面和扇区进行编号，设置目录表和文件分配表，检查有无坏磁道并给坏磁道标上不可用的标记。要注意的是，格式化操作命令会清除硬盘中原有的全部信息，所以对硬盘进行格式化操作之前一定要做好备份工作。

硬盘的主要性能指标有存储容量、转速、平均存取时间、Cache 容量和数据传输速率等。存取速度是其中一个很重要的指标。影响存取速度的因素主要有：平均寻道时间、数据传输率、盘片的旋转速度和缓冲存储器的容量等。一般情况下，转速越高，其平均寻道时间就越短，数据传输率也就越高，存取速度就越快。目前微型计算机的硬盘转速主要有 7 200RPM（转/分钟）和 5 400RPM 两种。随着硬盘技术的发展，硬盘的存储容量也越来越大，目前常用硬盘的容量有 500GB、640GB、750GB、1TB、2TB 等。与光盘相比，硬盘具有容量大、读写速度快的优点。

硬盘可分为固态硬盘、机械硬盘和混合硬盘三种。固态硬盘（Solid State Drives，SSD）是利用固态电子存储芯片阵列而制成的硬盘，由控制单元和存储单元组成。它最初使用高速的 SLC（Single Layer Cell，单层单元）快闪存储器（简称“闪存”）来制造。由于读写闪存不需要传统硬盘磁头的机械式移动，固态硬盘有着读写速度快、质量轻、能耗低、体积小等优点。但是，固态硬盘受 SLC 闪存容量小的限制，造价比普通硬盘高出很多，导致固态硬盘的售价远不如传统硬盘般平民化。如图 2-12 所示为 SSD 硬盘。机械硬盘（Hard Disk Drive，HDD）是电脑主要的存储媒介之一，由一个或者多个铝制或者玻璃制的碟片组成。这些碟片外覆盖有铁磁性材料，被永久性地密封固定在硬盘驱动器中。混合硬盘是把磁性硬盘和闪存集成到一起的一种硬盘。混合硬盘与传统磁性硬盘相比，大幅提高了性能，成本上升不太大。

图 2-12　固态硬盘

小知识：在使用硬盘时要轻拿轻放，避免震动和受到外力的撞击，杜绝硬盘在工作时移动电脑。因为在硬盘读写时，盘片处于高速旋转状态中，若此时强行关掉电源或产生震动，会使磁头与盘片撞击摩擦，导致盘片数据区损坏或擦伤表面磁层，以致丢失硬盘内的文件信息；此外，尽量不要让硬盘靠近强磁场，如音箱、CRT 显示器等，以免硬盘里所记录的数据因磁化而受到破坏。

（2）光盘和光驱

光盘是一种利用激光技术写入和读取信息的设备。光盘按其信息读写特性可分为只读光盘 CD-ROM、一次性可写入光盘 CD-R（需要光盘刻录机完成数据的写入）和可重复擦写光盘 CD-RW 等；按其存储容量可分为 CD 光盘、DVD 光盘和蓝光光盘等。光盘具有存储容量大、价格低廉、耐磨损、携带方便、信息保存时间长等特点，适用于保存声音、图像、动画、视频、电影等多媒体信息，是用户对硬盘存储容量不足的补充。

光盘主要分为五层：基板、记录层、反射层、保护层、印刷层等。在写入原始信息时，先用激光束对在基板上涂的有机染料进行烧录，直接刻录成不同形状的凹坑，并用此凹凸形式存储数据信息。读出光盘中的信息时需将光盘插入光盘驱动器中，驱动器中的激光光束照射在凹凸不平的盘面上，被反射后的强弱不同光束经解调后，即可得到相应的不同数据并输入到计算机中。如图 2-13 所示为光盘的基本存储原理图。

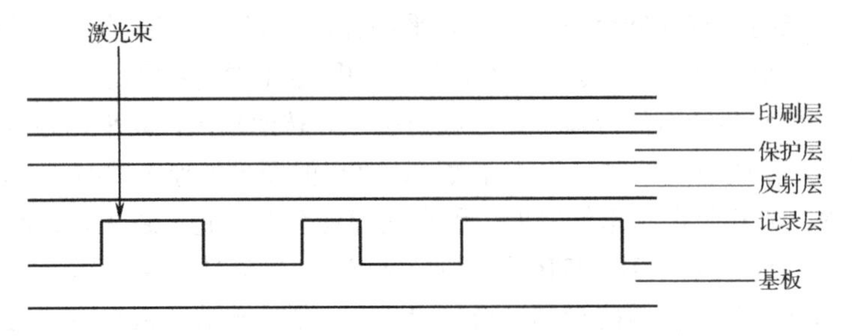

图 2-13　光盘的基本存储原理

光驱，即光盘驱动器，是计算机用来读写光盘文件的硬件设备。光驱是硬盘之外计算机上最常用到的存储设备，用来读写各种规格的光盘。常见的光驱有 CD-ROM 光驱、DVD-ROM 光驱、COMBO 光驱、DVD 刻录机和蓝光光驱等。CD-ROM 光驱只能读取 CD 光盘的信息；DVD-ROM 光驱只能读取 CD 和 DVD 光盘的信息；COMBO 光驱又称为康宝，集合了 CD、DVD 的读取和 CD 的刻录；DVD 刻录机包括了 CD、DVD 的读取和 CD、DVD 的刻录；蓝光光驱能读取蓝光光盘的信息。衡量光驱的技术指标主要有数据传输率、平均寻道时间、CPU 占用时间和接口类型等。其中数据传输率是以单倍速为基准，单倍速光驱每秒存取 150KB 的数据，24 倍速的光驱每秒读取的数据为 24×150KB。图 2-14 为光盘及光盘驱动器。

图 2-14　光盘和光盘驱动器

3）可移动存储设备

目前广泛使用的移动存储设备有 U 盘、移动硬盘、闪存卡等。

（1）U 盘是 USB（Universal Serial Bus）盘的简称，采用的存储介质为闪存芯片（Flash Memory），存储介质和驱动器集成为一体。通过 USB 接口直接连接计算机，不需要驱动器，即插即用，使用非常方便。U 盘的体积小、重量轻、存取速度快，在断电的情况下不丢失数据，并且具有很强的抗震和防潮特性，数据保存安全性高。U 盘的这种易用性、实用性、稳定性，使得它的应用非常广泛。图 2-15 为常见 U 盘的外观。

图 2-15　U 盘

（2）当需要传输较大数据量的情况下，U盘的容量已经无法满足了，此时需要用到移动硬盘。移动硬盘是以硬盘为存储介质，便于计算机之间交换大容量数据，是强调便携性的存储设备。移动硬盘一般由硬盘体加上带有USB的配套硬盘盒构成，具有容量大、存取速度快、兼容性好、抗震性能良好等特点。图2-16为硬盘的外观。

图2-16　移动硬盘

（3）闪存卡也称为“存储卡”，是利用闪存技术实现存储电子信息的存储器，一般应用在手机、数码相机，MP3等小型数码产品中作为存储介质，一般是卡片的形态，所以称之为闪存卡。闪存卡具有体积小巧、携带方便、兼容性良好、使用简单的优点，便于在不同的数码产品之间交换数据。根据不同的生产厂商和不同的应用，闪存卡分为SD卡、CF卡、记忆棒、MMC卡、XD卡和微硬盘等种类。这些闪存卡虽然外观、规格不同，但是技术原理都是相同的。图2-17为常见的闪存卡。

图2-17　闪存卡

2.3.4　总线与接口

1. 总线

在计算机系统中，各部件之间是通过一条公共的信息通路连接起来的，这条信息通路被称为总线。微型计算机采用总线连接CPU、存储器和外围设备等各个功能部件，这种连接方式具有组合灵活、扩展方便等特点。按照总线内所传输的信息总类，可将总线分为数据总线、控制总线和地址总线。图2-18所示为总线与CPU、存储器、输入/输出设备等部件的连接。

1）数据总线（Data Bus）

数据总线主要负责在CPU、内存及输入或输出设备之间传递信息（包括指令、数据等）。数据的传送是双向的，所以数据总线为双向总线。数据总线的位数反映了CPU一次可接收数据能力的大小。

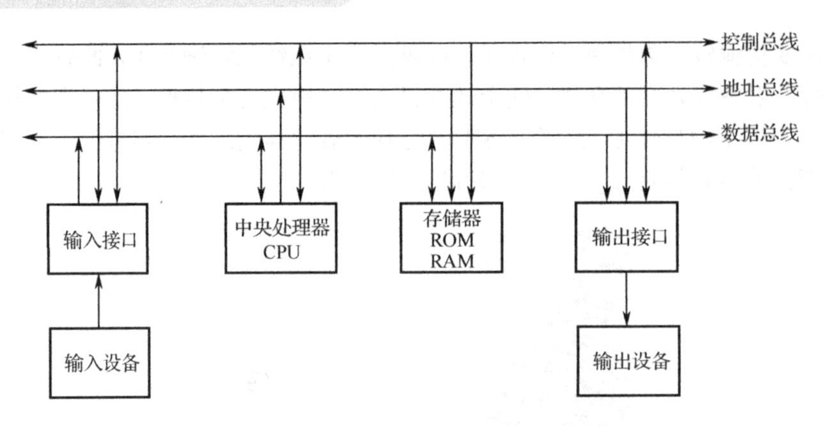

图 2-18　微型计算机总线化硬件结构图

2）地址总线（Address Bus）

地址总线用来指示欲传数据的来源地址或目的地址的信息。地址即存储器单元号或输入/输出端口的编号。由于地址信息只能从 CPU 传向外部存储器或输入/输出端口，所以地址总线总是单向三态的，地址总线的位数限制了 PC 系统的最大内存容量。不同的 CPU 芯片，地址总线的位数不同。

3）控制总线（Control Bus）

控制总线用于在各部件之间传送各种控制和应答信号。它传送的信号基本上分为两类，一类是由 CPU 向内存或外设发送的控制信号；另一类是由外设或有关接口电路向 CPU 送回的反馈信号，包括内存的应答信号。

计算机硬件系统各个部件都是通过系统总线有效传输各种信息实现通信与控制的，总线的主要技术指标包括总线的带宽、位宽、工作频率等。

2. 接口

接口是总线末端与外部设备连接的界面。CPU 与外部设备、存储器的连接和数据交换都需要通过接口来实现，前者被称为 I/O 接口，而后者则被称为存储器接口。存储器通常在 CPU 的同步控制下工作，接口电路比较简单，而 I/O 设备品种繁多，与其相应的接口电路也各不相同；因此，习惯上说到接口只是指 I/O 接口。不同的外部设备与主机相连都要配备不同的接口。目前常见的接口类型有并行接口、串行接口、硬盘接口、USB 接口等。图 2-19 为微型计算机常用的接口。

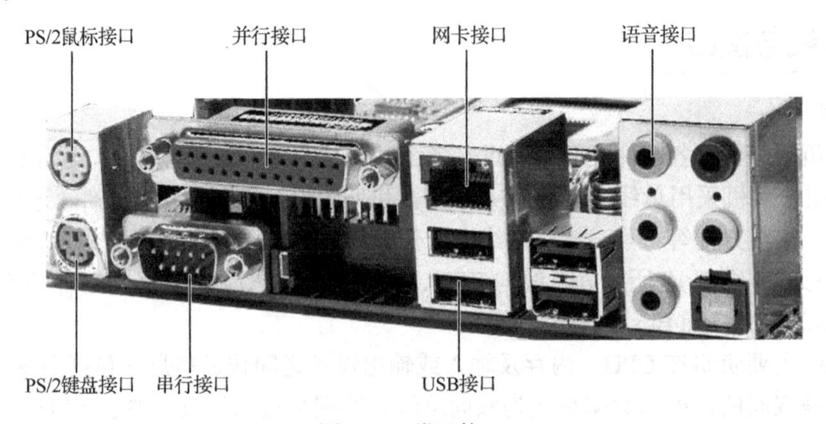

图 2-19　常见接口

1）并行接口

并行接口又称为并口，主要连接的设备有打印机、外置光驱和扫描仪等。微型计算机中一般配置一个并行端口，采用的是25针D形接头，一般被称为LPT接口或打印接口。所谓“并行”是指8位数据同时通过并行线进行传送，这样数据传送速度大大提高，但并行传送的线路会受到长度的限制，因为长度增加，干扰就会增强，数据也就容易出错。

2）串行接口

计算机中采用串行通信协议的接口称为串口。一般微型计算机有两个串口 COM1 和 COM2。串行口不同于并行口之处在于它的数据和控制信息是一位接一位地传送出去的。虽然这样速度会慢一些，但传送距离较并行口更长，因此若要进行较长距离的通信时，应使用串口。串口一般用于连接鼠标、键盘和调制解调器等，但目前新配置的微型计算机已开始取消该接口，一般都使用USB接口。

3）硬盘接口

硬盘接口是硬盘与主机系统之间的连接部件，其作用是在硬盘缓存和主机内存之间传输数据。不同的硬盘接口决定着硬盘与计算机之间的连接速度，在整个系统中，硬盘接口的优劣直接影响着程序运行的快慢和系统性能的优劣。目前常用的硬盘接口有IDE、SCSI、SATA、SAS等，SATA是目前微型计算机的主流硬盘接口。主板上常见的硬盘接口如图2-20所示。

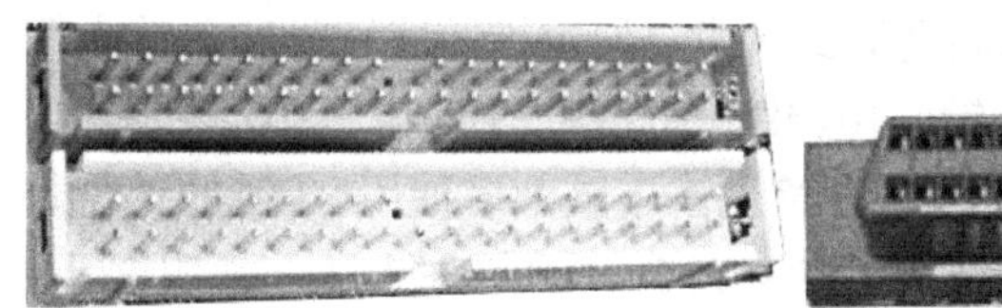

IDE接口

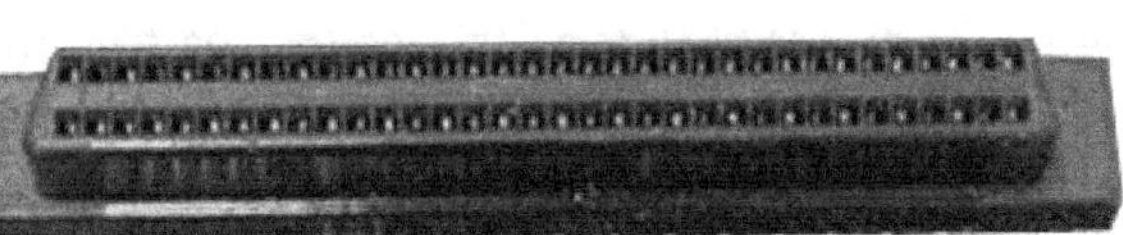

SCSI接口

SATA接口

图2-20　主板上硬盘接口

4）USB接口

最新的USB串行接口标准是由Microsoft、Intel、Compaq、IBM等大公司共同推出，它支持设备的热插拔和即插即用连接。USB接口可用于连接鼠标、键盘、打印机、扫描仪、电话系统、数字音响等。

2.3.5 输入设备

用来向计算机输入各种原始数据和程序的设备叫作输入设备。输入设备把各种形式的信息，如文字、声音、图像等转换为数字形式的“编码”，即计算机能够识别的二进制数代码（实际上是电信号），并存储到计算机内部。常见的输入设备有键盘、鼠标器、扫描仪、数码照相机、数码摄像机、光笔、摄像头、条形码阅读器等。

1. 键盘

键盘（Keyboard）是常用的输入设备，它由一组开关矩阵组成，包括数字键、字母键、符号键、功能键及控制键等，每一个按键在计算机中都有它的唯一代码。通过键盘，可以将各种程序和数据输入到微型计算机中，每个键相当于一个开关，当按下键时，电信号接通，键盘接口将该键的二进制数代码送入计算机主机中，并将按键字符呈现在显示器上；当松开键时，弹簧把键弹起，电信号断开。图 2-21 为常见的键盘外观及分区。

图 2-21　键盘

按工作原理，键盘可分为机械式键盘、塑料薄膜式键盘、导电橡胶式键盘和无接点静电电容键盘等。键盘的按键数有 83 键、87 键、93 键、101 键、102 键、104 键、107 键等，目前绝大部分 PC 使用标准 101 键、104 键、107 键的键盘，笔记本电脑大多使用 83 键的键盘。

键盘与主机相连接的接口有多种形式，通常采用 PS/2 接口或 USB 接口。

2. 鼠标

鼠标（Mouse）也是我们平时使用最多的输入设备。鼠标是由美国加州斯坦福大学 Douglas Englebart 博士于 1968 年 12 月 9 日发明的，设计鼠标的初衷是为了使计算机的操作更加简便，来代替键盘烦琐的指令。鼠标的工作原理是当它在平面移动时，其底部传感器把运动的方向和距离检测出来，从而控制光标做相应运动。

按工作原理，鼠标可分为机械式鼠标和光电式鼠标、光机鼠标、光学鼠标等。按鼠标按键，可分为两键鼠标、三键鼠标和滚轮鼠标。按接口类型可分为串行鼠标、PS/2 鼠标、总线鼠标、USB 鼠标四种。图 2-22 为常见鼠标的外观与内部结构图。

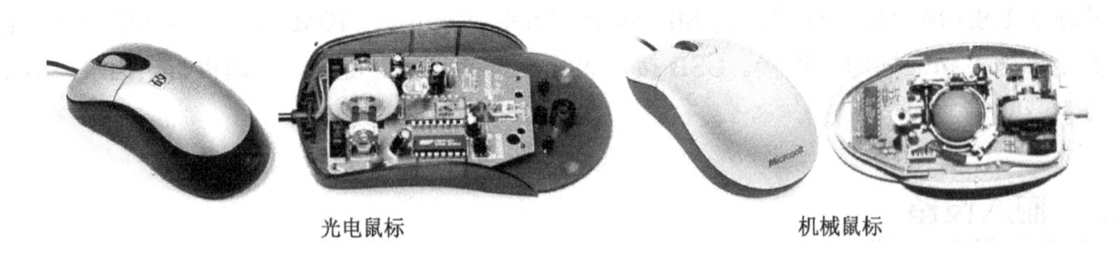

图 2-22　鼠标的外观与内部结构图

3. 扫描仪

扫描仪是最常用的图像输入设备，其功能是把实在的图像划分成成千上万个点，变成一个点阵图，然后给每个点编码，得到它们的灰度值或者色彩编码值。也就是说，把图像通过光电部件变换为一个数字信息的阵列，使其可以存入计算机并进行处理。通过扫描仪可以把整幅的图形或文字材料快速地输入到计算机，如图画、照片、报刊或书籍上的文章等。图 2-23 为常见扫描仪的外观。

图 2-23 扫描仪

2.3.6 输出设备

输出设备是用来输出计算机处理结果的设备。其主要功能是把计算机处理的数据、计算结果等内部信息按人们需要的形式输出。微型计算机常见的输出设备有显示器、打印机、绘图仪、音箱、投影机等。

1. 显示器

显示器又称监视器，是计算机必备的输出设备。其功能是将表示信息的电信号转换为可视的字符、图形或图像等。它可以在荧屏上显示用户输入的各种数据、程序或命令，并输出计算机的运行结果。

显示器根据制造材料的不同，可分为阴极射线管显示器（CRT），等离子显示器（PDP），液晶显示器（LCD）等。目前，微型计算机大多采用 LCD 液晶显示器，CRT 显示器开始逐渐退出市场。图 2-24 为常见的显示器的外观。

LCD 显示器

CRT 显示器

图 2-24 显示器

显示器的主要技术指标有分辨率、屏幕尺寸、刷新频率、响应时间、色彩位数等。分辨率是指全屏幕可显示的水平像素数×垂直像素数，如 1280×800。屏幕尺寸是用对角线长度表示，常用的有 12～29in（英寸）等。刷新频率是指单位时间内扫描整个屏幕内容的次数，按照人的视觉生理，刷新频率大于 30Hz 时才不会感到闪烁，通常显示器的刷新频率在 60～120Hz 之间。响应时间是指液晶显示器各像素点对输入信号反应的速度，响应时间越小越好。一般的液晶显示器的响应时间在 5～10ms 之间，响应时间太长有可能会使液晶显示器在显示动态图像时产生尾影拖曳的感觉。色彩位数是指每一个像素点表示色彩的二进制数位数，位数越多，表示的颜色数量越多，色彩层次越丰富。

2. 打印机

打印机是计算机的输出设备之一，可以将计算机的处理结果（如各种文本、图形、图像或报表等）打印到相关介质上，以方便阅读或备份。常见的打印机有针式打印机、喷墨打印机和激光打印机等。图 2-25 为常见的打印机外观。

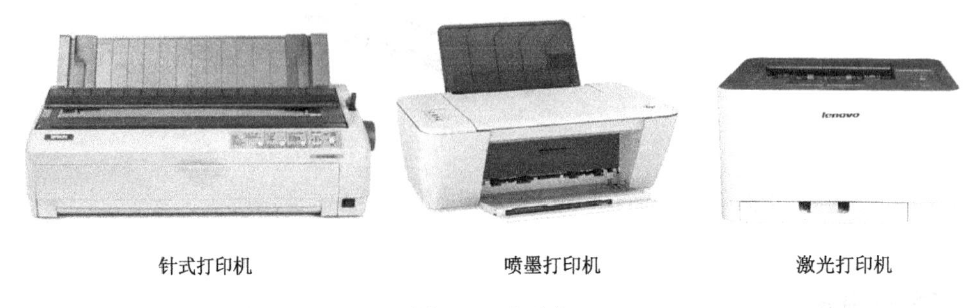

图 2-25　打印机

针式打印机又称点阵式打印机，是通过安装在打印头上的数根“打印针”打击色带产生打印效果的。常见的有 9 针单排排列的（称为 9 针打印机）和 24 针双排错落排列的（24 针打印机）两种。针式打印机价格便宜，耗材成本低，但打印速度较慢，质量不高，工作噪声大。常用于银行、超市打印票据。

喷墨打印机利用很细的喷嘴将墨盒中的墨水喷到纸张上，以达到打印文字或影像的效果。喷墨打印机较便宜，且工作时没有产生击打，故在工作过程中几乎没有声音，而且打印纸也不受机械压力，打印效果较好，打印速度较快，在打印图形、图像时（与点阵打印机相比）效果更为明显，但所用耗材较贵。

激光打印机利用激光在感光滚轮上产生正负静电，当感光滚轮经过墨粉时，感光部分就吸附上墨粉，然后将墨粉转印到纸上，纸上的墨粉经加热熔化形成永久性的字符和图形。由于激光束极细，能够在硒鼓上产生非常精细的效果，所以激光打印机的输出质量很高。激光打印机打印质量好、速度快、噪声低、性价比高，一般家用和办公所用多为激光打印机。

2.4　计算机软件系统

计算机的硬件与软件之间是紧密联系、相辅相成、缺一不可的。硬件是软件存在的物质基础，是软件功能的体现；软件对计算机功能的发挥起决定性作用，软件可以充分发挥计算机硬件资源的效益，为用户使用计算机提供方便。没有配备任何软件的计算机称为“裸机”，不能独立完成任何具有实际意义的工作。计算机硬件、软件及用户之间的关系如图 2-26 所示。

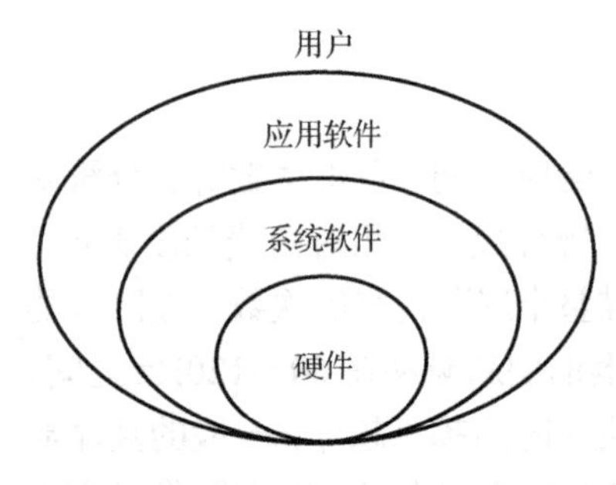

图 2-26　硬件、软件和用户的关系

2.4.1　软件的概念

计算机软件简称软件，是指计算机系统中为运行、管理与维护计算机而编制的程序、数据及相关文档的集合。程序是计算任务的处理对象和处理规则的描述，是按照一定顺序执行的、能够完成某一任务的指令集合。文档则是为了便于了解程序所需的说明性资料。软件是用户与硬件之间的接口界面，用户主要是通过软件去使用计算机的硬件。

2.4.2　硬件和软件的关系

硬件和软件是完整的计算机系统互相依存的两大部分，它们的关系主要体现在以下几个方面。

（1）硬件和软件互相依存。一方面硬件是软件赖以工作的物质基础，另一方面软件的正常工作是硬件发挥作用的唯一途径。计算机系统必须要配备完善的软件系统才能正常工作，且充分发挥其硬件的各项功能。

（2）硬件和软件无严格界限。计算机硬件和软件在逻辑功能上是等效的，即某些操作可以用软件实现，也可以用硬件实现。换言之，计算机的硬、软件从一定意义来说没有绝对严格的界限，而是受实际应用需要以及系统性能比所支配。

（3）硬件和软件协同发展。计算机软件跟随硬件技术的快速发展而发展，而软件的不断发展与完善又促进硬件的更新。

2.4.3　软件的分类

根据用途的不同，可将计算机系统的软件分为系统软件和应用软件两大类。

1. 系统软件

系统软件是指控制和协调计算机内/外部设备、支持应用软件开发和运行的软件。系统软件是计算机系统正常运行必不可少的软件，是应用软件运行的基础，所有应用软件都是在系统软件上运行的。系统软件主要包括操作系统、数据库管理系统、语言处理程序和系统服务程序等。

1）操作系统（Operating System，OS）

操作系统是计算机系统中最重要的系统软件，它负责管理和控制计算机系统的软、硬件资源，合理组织计算机各部分协调工作，并为用户使用计算机提供良好的工作环境。操作系统与硬件密切相关，它实现了对硬件的首次扩充，并为上层软件提供服务，其他所有软件都是基于操作系统的基础上运行的。

从用户角度看，OS 管理计算机系统的各种资源，扩充硬件的功能，控制程序的执行。从人机交互看，OS 是用户与机器的接口，提供良好的人机界面，方便用户使用计算机，在整个计算机系统中具有承上启下的地位。从系统结构来看，OS 是一个大型软件系统，其功能复杂，体系庞大，采用层次式、模块化的程序结构。计算机常见的操作系统有 UNIX、Linux、Windows、Mac OS、Android 等。其中 Windows 是微型计算机的主流操作系统。

2）数据库管理系统

数据库管理系统（DataBase Management System，DBMS）是位于用户与操作系统之间的一层数据管理软件，它为用户或应用程序提供了访问数据的方法，包括数据库的建立，对数据的操纵、检索和控制，还包括与网络中其他软件系统的通信功能。常用的数据库系统有 Access、SQL Server、MySQL、Oracle 等。

3）语言处理程序

语言处理程序是把用汇编语言/高级语言编写的程序翻译成可执行的机器语言程序。使用汇编语言或高级语言编写的程序称为源程序，使用机器语言编写的程序称为目标程序。尽管用汇编语言和高级语言编写的源程序更易于理解，更具有可读性，可维护性更强，可靠性更高，但是计算机只能识别使用机器语言编写的目标程序，因此需要有一种程序能够将源程序翻译成目标程序，具有这种翻译功能的程序就是语言处理程序。

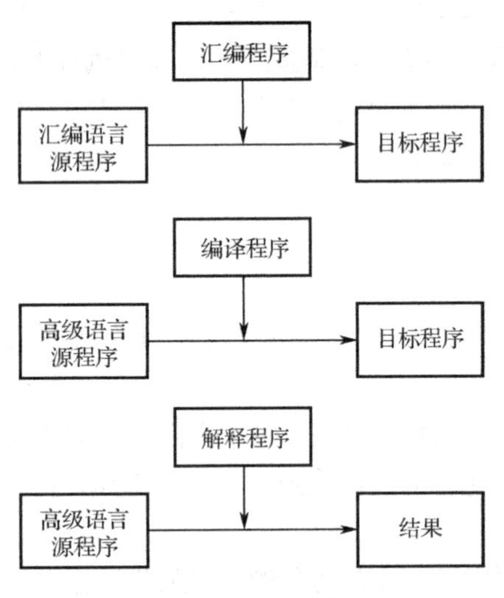

图 2-27　语言处理程序的处理过程

语言处理程序共有三种：汇编程序、解释程序和编译程序。它们的处理过程如图 2-27 所示。

汇编程序的作用是将汇编语言源程序翻译成能被计算机识别的目标程序。不同类型的计算机有不同的汇编程序。

编译程序是将高级语言源程序整体编译成目标程序，然后通过连接程序将目标程序连接为可执行程序后交给计算机运行。这种方式类似于翻译人员的笔译。

解释程序是将高级语言源程序逐行逐句解释，解释一句执行一句，可以立即得到运行的结果，不产生目标程序。这种方式类似于翻译人员的口译。

4）系统服务程序

系统软件中还有各种服务性程序，如机器的调试、故障检测和诊断程序等。此外，接口软件、工具软件、支持用户使用计算机的环境、提供开发工具等，也可认为是系统软件的一部分。

2. 应用软件

应用软件是为了解决用户的各种实际问题而开发的软件。应用软件的种类非常多，例如办公自动化软件、多媒体应用软件、安全防护软件、娱乐休闲软件等，表 2-1 列出了常用的应用软件。应用软件通常不能独立地在计算机上运行，必须要有系统软件的支持。

表 2-1　常用的应用软件

类　别	功　能	流行软件举例
办公自动化软件	用于日常办公，包括文字处理排版、电子表格数据处理和演示文稿的制作等	Microsoft Office、WPS Office 等
多媒体应用软件	图形处理、图像处理、动画设计等	Photoshop、Flash 等
辅助设计软件	建筑设计、机械制图、服装设计等	AutoCAD、Protel 等
网络应用软件	网页浏览、通信、电子商务等	QQ、IE 等
安全防护软件	防范、查杀病毒，保护计算机和网络安全等	瑞星杀毒软件、360 杀毒软件等
数据库应用软件	财务管理、学籍管理、人事管理等	学籍管理系统、超市管理系统等
娱乐休闲软件	游戏和娱乐	QQ 游戏、DotA 等

2.4.4　指令与指令系统

指令是指示计算机执行某种操作的命令。计算机指令是一组二进制代码，通常，一条指令由两部分组成：

操作码	操作数地址码

操作码表明该指令进行何种操作？例如，加法、减法、乘法、除法、取数、存数等操作。操作数地址码则指明操作对象或操作数据在存储器中的存放位置。

通常一条指令对应于一种基本操作，许多条指令的集合实现了计算机复杂的功能。计算机能执行的全部指令称为计算机的指令系统，指令系统决定了一台计算机的基本功能。不同类型的计算机，指令系统有所不同，但无论是何种类型的计算机，指令系统一般都具有数据传输、运算、程序控制、输入/输出等四类指令。

2.4.5　程序设计语言

人们日常沟通所使用的语言称为自然语言，由字、词、句、段、篇等构成。人们利用计算机来解决问题时，与计算机沟通就衍生了一种新的语言：计算机语言，也称为程序设计语言，由单词、语句、函数和程序文件等组成。

程序设计语言是用户与计算机之间进行交互的工具，要让计算机按照人的意愿进行工作，就必须利用程序设计语言编写符合用户意图和程序语言规范的程序，并交由计算机执行才能最终解决问题。程序设计语言一般分为机器语言、汇编语言和高级语言三类。

1. 机器语言

机器语言是由“0”和“1”组成的二进制数代码编写的，是能被计算机直接识别和执行的语言。

例 2.1　计算“A=8+12”的机器语言程序如下：

```
10110000   00001000        ;把 8 放入累加器 A 中
00101100   00001100        ;12 与累加器 A 中的值相加，结果仍放入 A 中
11110100                   ;结束，停机
```

从此例可以看出，机器语言是一系列的二进制数代码，不需要翻译就能直接被计算机识别，占用内存少，执行速度快，效率高。用机器语言编写的能被计算机直接执行的程序称为目标程序。不同型号的计算机具有不同的机器语言，针对一种计算机编写的机器语言程序，无法在另一种计算机上执行。在计算机发展的初期，人们用机器语言编写程序，由于机器语言难以记忆，理解困难，编写程序时易出错且难修改，目前绝大多数的程序员已经不再使用机器语言来编写程序了。

2. 汇编语言

由于机器语言存在难记忆、难理解等问题，为克服这些缺点，而产生了汇编语言。汇编语言用英文助记符来表示指令和数据，是一种由机器语言符号化而成的语言。

例 2.2　上述计算“A=8+12”的汇编语言程序如下：

```
MOV A，8            ;把 8 放入累加器 A 中
```

```
ADD A，12          ;12 与累加器 A 中的值相加，结果仍放入 A 中
HLT                ;处理器暂停执行指令
```

从此例可以看出，汇编语言与机器语言相比有了较大的进步，编写程序更为直观，易于理解和记忆，使用起来更方便。用汇编语言编写的程序计算机不能直接识别，必须由语言处理程序将其翻译为计算机能直接识别的目标程序才能执行。汇编语言的每条指令对应一条机器语言代码，所以，汇编语言和机器语言一样都是面向机器的语言，无法在不同类型的计算机之间移植。

3. 高级语言

为了克服机器语言和汇编语言依赖于机器、通用性差的缺点，提高编写和维护程序的效率，从而产生了高级语言。高级语言是一种接近自然语言和数学表达式的计算机程序设计语言。

例 2.3 上述计算“A=8+12”的高级语言程序如下：

```
A=8+12        //8 与 12 相加的结果放入 A 中
PRINT A       //输出 A
END           //程序结束
```

从此例可以看出，高级语言更易于被人们所理解，它有着易学、易用、易维护的特点，人们可以更有效、更方便地用它来编制各种用途的计算机程序。此外，高级语言与具体的计算机硬件无关，通用性强，具有可移植性。用高级语言编写的源程序，计算机也不能直接执行，要经过语言处理程序的“翻译”变为目标程序，计算机才能执行。相对于机器语言和汇编语言，高级语言所编写的程序所占存储空间相对较大，执行速度相对较慢。

目前绝大多数的程序员使用高级语言来编写程序。当前流行的高级语言程序有：C、C++、C#、Java、Visual Basic、PHP、Python 等。

2.4.6 程序设计

当我们需要用计算机解决某个具体的问题时，必须事先设计好解决这个问题所采用的方法和步骤，把这些步骤用计算机能够识别的指令编写出来并送入计算机执行，计算机才能按照人的意图完成指定的工作。我们把指挥计算机实现某一特定功能的指令序列称为程序，而编写程序的过程称为程序设计。程序设计是利用程序设计语言来表述出要解决问题的方法和步骤并送入计算机执行的过程。

程序设计包括分析问题、设计算法、编写代码、调试运行程序等过程，它可以描述为：

程序设计=数据结构+算法

数据结构是指相互之间存在一种或多种特定关系的数据元素的集合，是计算机存储、组织数据的方式。计算机算法是由计算机执行的、为解决某个问题所采取的方法和步骤。

程序设计方法主要有面向过程的结构化程序设计方法和面向对象的程序设计方法两大类。

1. 面向过程的结构化程序设计方法

面向过程的结构化程序设计最早由 E.W.Dijkstra 在 1965 年提出，是软件发展的一个重要的里程碑。结构化程序设计的基本思想是“自顶向下、逐步求精”及“单入口单出口”的控制结构。按照结构化程序设计的观点，任何程序都可由顺序、分支、循环三种基本控制结构构成，如图 2-28 所示。

面向过程的结构化程序设计方法有很大的局限性，如开发软件的生产效率低下、无法应付庞大的信息量和多样的数据类型、难以适应新环境等。

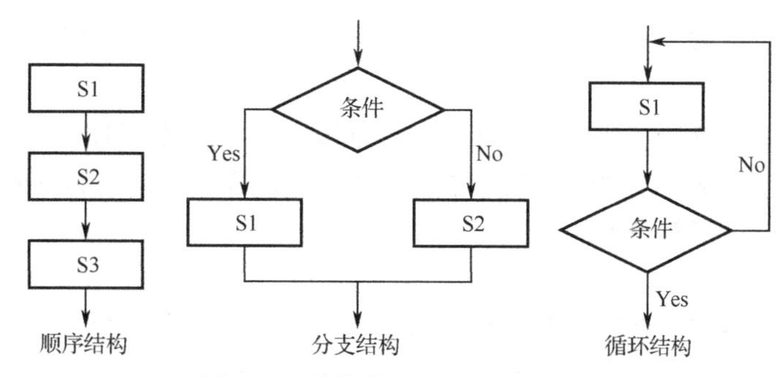

图 2-28 结构化程序设计基本结构

2. 面向对象的程序设计方法

面向对象程序设计是建立在结构化程序设计基础之上的程序设计方法，是目前比较流行的软件开发方法，面向对象技术的实质是：把程序要处理的任务分解成若干“对象”，并对其进行程序设计，再将相关对象组合在一起构成程序。面向对象程序设计方法以客观世界中的对象为中心，采用符合人们思维方式的分析和设计思想，分析和设计的结果与客观世界的实际比较接近，容易被人们接受。

对象是面向对象程序设计中的一个重要概念。所谓“对象”是对客观存在事物的一种表示，是包含现实世界物体特征的抽象实体，是物体属性和行为的一个组合体。从程序设计的角度看，对象是指将数据和使用这些数据的一组基本操作封装在一起的统一体，它是程序的基本运行单位，具有一定的独立性。

面向对象程序设计中的另一个重要概念是类。类是具有相同行为和相同属性的对象的抽象。对象是某个类的具体实现。面向对象程序设计以类作为构造程序的基本单位，具有封装、数据抽象、继承、多态性等特征。

2.5 计算机主要性能指标和基本配置

2.5.1 计算机主要性能指标

计算机的性能涉及体系结构、软/硬件配置、指令系统等多种因素，一般来说主要有下列技术指标。

1. 字长

字长是指计算机在单位时间内能作为一个整体参与运算、处理和传送的二进制数的位数，决定了计算机的运算精度和存储单元数据位数。字长通常由计算机系统总线中数据总线的根数或 CPU 中寄存器的位数来衡量。字长越长，表明计算机的运算能力越强，运算精度越高，速度也越快。通常字长是 8 的整数倍，如 8 位、16 位、32 位、64 位等。

2. 主频

主频是 CPU 内核工作时的时钟频率，决定计算机的运算速度，单位为 MHz、GHz。它反映了计算机的工作速度。一般而言，主频越高，计算机工作速度越快。

3. 运算速度

运算速度是指计算机每秒钟能够执行的指令条数，单位为 MIPS（每秒百万条指令）；它更能直观地反映微机的速度。运算速度通常与主频、字长、计算机体系结构紧密相关。

4. 存取速度

存储器连续进行读/写操作所允许的最短时间间隔被称为存取周期，用来衡量存储器的访问/操作速度。存取周期越短，则存取速度越快，它是反映存储器性能的一个重要参数。通常，存取速度的快慢决定了运算速度的快慢。

5. 内存容量

内存容量是指内存储器能够存储信息的总字节数。它反映了计算机即时存储信息的能力。内存容量越大，能处理的数据量就越大，其处理数据能力就越强。

6. 外存容量

外存容量指外存储器所能容纳的总字节数，是反映计算机存储数据能力强弱的一项技术指标。外存容量越大，可存储的信息就越多。

除了以上的各项指标外，计算机的兼容性、可靠性、可维护性，所配置的外围设备的性能指标及所配置的系统软件等也是衡量计算机性能的指标。计算机是由各个部件共同组成的一个系统，仅提高某个性能指标对计算机的整体性能改善有限，往往需要提高多个性能指标才能显著改善计算机的整体性能。由于性能与价格有着直接的关系，因此，在关注性能的前提下尚需顾及价格，以“性能价格比”作为综合指标才是合理的。

2.5.2 微型计算机基本配置

微型计算机主要由主机、显示器、键盘、鼠标等部件组成，主机又包括机箱、电源、主板、CPU、内存、硬盘驱动器、显卡、声卡等。不同用途、不同档次的微型计算机的配置不完全一致。表 2-2 所示为两款计算机的配置清单。

表 2-2 两款个人计算机的配置清单

基 本 参 数	联想扬天 T4900C 台式机	华硕 FL8700F 笔记本式计算机
处理器	Intel Core i7-4790/四核/3.6GHz/L3 8M	Intel Core i7-8565U/四核/1.8GHz/L8M
显卡	独立显卡，1GB	独立显卡，2GB
内存	DDR3，4GB	DDR4，4GB
硬盘	1TB，7 200r/min SATA 硬盘	256GB，SSD 固态硬盘
光驱	DVD 刻录机	无内置光驱
显示器	19.5 英寸 1 600 × 900 LED 宽屏	15.6 英寸 16:9 1 920x1 080 FHD，LED 背光
网卡	1 000Mbps 以太网卡	1 000Mbps 以太网卡，支持 802.11b/g/n 无线协议
操作系统	Windows 7 Home Basic 64bit	Windows 10 Home Basic 64bit
电源	180W 电源适配器	2 芯锂电池，100V-240V 65W 自适应交流电源适配器
其他	2×USB2.0,4×USB3.0；1×耳机输出接口；1×麦克风输入接口；1×VGA；1×RJ45（网络接口）；1×PCI；1×COM 串口；1×电源接口，立式机箱，375.3×160×422.5mm，内置声卡，有线键盘，有线鼠标	长度 360.23mm，宽度 234.85mm，厚度 23.4mm，外壳材质复合材质；数据接口 2×USB2.0+1×USB3.1，USB Type-C 接口；视频接口 HDMI;耳机/麦克风二合一接口；1×电源接口；VGA 网络摄像头,美声大师音效技术，立体声扬声器，内置麦克风
售后服务	整机 3 年	2 年全球联保，1 年电池保修
价格	¥4 699.00 元	¥4 899.00 元

目前微型计算机的购置有两种选择：一种是购买品牌机，品牌机是具有一定规模和技术实力的计算机厂商生产，注册商标，有独立品牌的计算机。品牌机出厂前经过严格的兼容性测试，性能稳定，品质有保证，具有完整的售后服务，但往往价格较高，配置不够好，搭配不灵活。另外一种选择是组装计算机，就是购买计算机配件，如CPU、主板、内存、硬盘、显卡、机箱等，经过自己或者是计算机技术人员组装起来，成为一台完整的计算机。与品牌机不同的是，组装机可以自己买硬件组装，也可以到配件市场组装，可根据用户要求，随意搭配，升级方便，价格便宜，性价比高。用户可根据自己对计算机知识掌握的程度，购买计算机的用途及经济能力等自行选择。

思考与练习

1．微型计算机的硬件系统由哪几个部分组成？
2．计算机的存储器可分为几类？它们的主要区别是什么？
3．什么是ROM和RAM？它们各有什么特点？
4．简述计算机中数据的存储单位。
5．计算机中常见的输入/输出设备有哪些？
6．什么是计算机的总线，按照总线内所传输的信息种类，可将总线分为哪几种类型？
7．简述软件的分类。
8．什么是计算机指令，什么是计算机指令系统？
9．简述机器语言、汇编语言、高级语言的特点。
10．语言处理程序的作用是什么？简述编译方式和解释方式的区别。
11．计算机的主要性能指标有哪些？

第3章 Windows 10 操作系统

教学目标：

通过本章的学习，读者可以掌握计算机操作系统的基本知识，掌握文件和文件夹的管理方法，学习控制面板、设置应用程序、附件以及常用工具的使用方法。

教学重点和难点：

- 操作系统概述。
- Windows 10 操作系统的基本操作。
- Windows 10 的个性化设置。
- 文件与文件夹管理。
- 常用工具的使用。

操作系统经历了从无到有，从简单的监控程序到目前可以并发执行的多用户、多任务的高级系统软件的发展变化过程，在计算机科学的发展过程中起着重要的作用，为人们建立各种各样的应用环境奠定了重要基础。

3.1 操作系统概述

计算机技术发展到今天，操作系统已经成为现代计算机系统不可分割的重要组成部分，是计算机系统中最基本、最重要的系统软件。

3.1.1 操作系统的定义与功能

操作系统是用户和计算机之间的“桥梁”，负责安全有效地管理计算机系统的一切软、硬件资源，控制程序运行。操作系统是计算机硬件与其他软件的接口。操作系统的作用如图 3-1 所示。

操作系统是一个庞大的管理控制程序，大致包括 4 个方面的管理功能，即处理器管理、存储管理、I/O 设备管理、文件管理。

（1）处理器管理：根据一定的策略将处理器交替地分配给系统内等待运行的程序。

（2）存储管理：管理内存资源，主要实现内存的分配与回收，存储保护以及内存扩充。

（3）I/O 设备管理：负责分配和回收外围设备，以及控制外围设备按用户程序的要求进行操作。

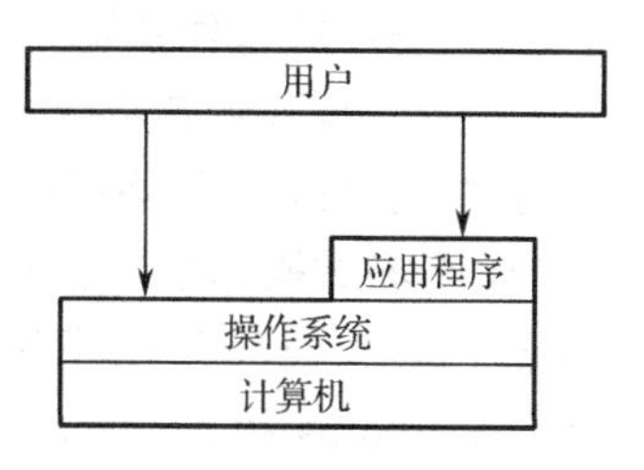

图 3-1　操作系统的作用

（4）文件管理：向用户提供创建文件、删除文件、读/写文件、打开和关闭文件等功能。

用户使用操作系统有两种方式，即命令行界面（Command-Line Interface，CLI）方式和图形界面（Graphical User Interface，GUI）调用方式。

3.1.2　操作系统的分类

操作系统种类很多，很难用单一的标准将它们统一分类。按照服务功能可把操作系统大致分成 6 类，即批处理操作系统、分时操作系统、实时操作系统、嵌入式操作系统、分布式操作系统和网络操作系统。

1. 批处理操作系统

批处理操作系统工作方式：用户将作业交给系统操作员，系统操作员将许多用户的作业组成一批作业，然后输入计算机中并在系统中形成一个自动转接的连续的作业流，启动操作系统后，系统会自动、依次执行每个作业，最后由操作员将作业结果交给用户。典型的批处理操作系统有 MVX 和 DOS 等。

2. 分时操作系统

分时操作系统是一种联机的多用户交互式的操作系统。工作方式如下：多个用户通过终端同时使用一台主机，各用户可以同时和主机进行交互操作而互不干扰。分时操作系统主要采用时间片轮转的方式使一台计算机为多个终端服务，对每个用户能保证足够快的响应时间，并提供交互会话能力。分时操作系统对用户要求应能快速响应，较适用于多用户小计算量的作业，如订票系统、银行系统、学生上机系统等。常见的通用操作系统是分时系统与批处理系统的结合，如 UNIX、Windows、XENIX 和 Mac OS 等。

3. 实时操作系统

实时操作系统是指计算机能及时响应外部事件的请求，在规定的严格时间内完成对该事件的处理，并控制所有实时设备和实时任务协调一致地工作的操作系统。实时操作系统的目标是对外部请求在严格时间范围内做出反应。实时操作系统具有高可靠性和完整性，如股市交易、天气预报等。典型的实时操作系统有 RTOS、RT Linux、iEMX 和 VRTX 等。

4. 嵌入式操作系统

嵌入式操作系统是运行在嵌入式系统环境中，对整个嵌入式系统以及它所操作、控制的各种部件装置等资源进行统一协调、调度、指挥和控制的系统软件。典型的嵌入式操作系统有 Linux、Palm OS、Windows CE 等，以及在智能手机和平板电脑上使用的 Android 和 iOS 等操作系统。

5. 分布式操作系统

分布式操作系统是指能直接对系统中的各类资源进行动态分配和管理，有效控制和协调任务的并行执行，允许系统中的处理单元无主次之分，并向用户提供统一的、有效的接口的软件集合。分布式操作系统的主要特点是分布式、并行性、透明性和可靠性。大量的计算机通过网络被连接在一起，可以获得较高的运算能力及广泛的数据共享。典型的分布式操作系统主要有Mach、Chorus和Amoeba等。

6. 网络操作系统

网络操作系统是基于计算机网络的，是在各种计算机操作系统上按网络体系结构协议标准开发的软件，包括网络管理、通信、安全、资源共享和各种网络应用。其主要目的是资源共享及相互通信。典型的网络操作系统有UNIX、Linux、NetWare、Windows NT、OS/2 Warp等。

3.1.3 常见操作系统

常见的操作系统有DOS、UNIX、Linux、Mac OS、Windows、Android、NetWare和Free BSD等，下面简要介绍其中常见的6种操作系统。

1. DOS

DOS最初是微软公司为IBM-PC开发的操作系统，因此它对硬件平台的要求很低，适用性较广。从1981年问世至今，DOS经历了7次大的版本升级，从1.0版到7.0版，并不断地改进和完善。但是，DOS系统的单用户、单任务、字符界面和16位的大格局没有变化，它对于内存的管理也局限在640 KB的范围内。常用的DOS有3种不同的品牌，它们是Microsoft公司的MS-DOS、IBM公司的PC-DOS以及Novell公司的DR DOS，这3种DOS中使用最多的是MS-DOS。

2. UNIX

UNIX系统是一种分时计算机操作系统，于1969在AT&TBell实验室诞生，最初是在中小型计算机上运用。最早移植到80286微机上的UNIX系统称为XENIX。XENIX系统的特点是系统开销小，运行速度快。UNIX能够同时运行多进程，支持用户之间共享数据。同时，UNIX支持模块化结构，安装UNIX操作系统时，只需要安装用户工作需要的部分。UNIX有很多种，许多公司都有自己的版本，如惠普公司的HP-UX，西门子公司的Reliant UNIX等。

3. Linux

Linux系统是一个支持多用户、多任务的操作系统，最初由芬兰人Linus Torvalds开发，其源程序在Internet上公开发布，由此引发了全球计算机爱好者的开发热情，许多人下载该源程序并按自己的意愿完善某一方面的功能，再发回网上，Linux也因此被雕琢成一个全球较稳定的、有发展前景的操作系统。Linux系统是目前全球较大的一款自由免费软件，是一个功能可与UNIX和Windows相媲美的操作系统，具有完备的网络功能，在源代码上兼容绝大部分UNIX标准，支持几乎所有的硬件平台，并广泛支持各种周边设备。

4. Mac OS

Mac OS是美国苹果计算机公司开发的一套运行于Macintosh系列计算机的操作系统，是首个在商用领域成功的图形用户界面。该机型于1984年推出，Mac率先采用了一些至今仍为人称道的技术，例如，图形用户界面、多媒体应用、鼠标等。Macintosh在影视制作、印刷、出版和教育等领域有着广泛的应用，Microsoft Windows系统至今在很多方面还有Mac的影子。

5. Windows

Windows 系统是由微软公司研发，是一款为个人计算机和服务器用户设计的操作系统，是目前世界上用户较多、并且兼容性较强的操作系统。第 1 个版本于 1985 年发行，并最终获得了世界个人计算机操作系统软件的垄断地位。它使 PC 开始进入所谓的图形用户界面时代。在图形用户界面中，每一种应用软件（即由 Windows 系统支持的软件）都用一个图标（Icon）来表示，用户只需把鼠标指针移动到某图标上，双击即可进入该软件，这种界面方式为用户提供了很大的方便，把计算机的使用提高到了一个新的阶段。常见的 Windows 系统的版本有 Windows 2000、Windows XP、Windows Vista、Windows 7、Windows 8 和 Windows 10 等。

6. Android

Android（中文名称为“安卓”）是一种基于 Linux 为基础的开放源代码操作系统，主要使用于便携设备。最初由 Andy Rubin 开发，主要用在手机设备上。2005 年由 Google 收购注资，并组建开放手机联盟对 Android 进行开发改良，逐渐扩展到平板计算机及其他领域上。2011 年第一季度，Android 在全球的市场份额首次超过塞班系统，跃居全球第一。目前 Android 占据全球智能手机操作系统市场份额非常大。

3.2 Windows 10 操作系统的基本操作

Windows 10 操作系统是由美国微软公司开发的应用于计算机和平板电脑的操作系统，于 2015 年 7 月发布正式版，是目前使用较为广泛的一套操作系统。主要包括家庭版、专业版、企业版、教育版、移动版、移动企业版和物联网核心版七个版本。本章将重点介绍中文版 Windows 10 专业版操作系统。

3.2.1 Windows 10 的启动及退出

1. Windows 10 的启动及登录

通常系统启动是需要在确保电源供电正常、各电源线、数据线及外部设备等硬件连接无误的基础上，按开机按钮，即可进入系统启动界面。系统进入登录界面后，用户输入账号和登录密码，密码验证通过后，Windows 10 即进入系统桌面。

2. Windows 10 的退出

在“开始”菜单中的“电源”选项中有睡眠、关机与重启等操作选项，如图 3-2 所示。

图 3-2 Windows 10“电源”选项

“关机”命令是指关闭操作系统并断开主机电源。

“重启”命令是指计算机在不断电的情况下重新启动操作系统。

“睡眠”命令自动将打开的文档和程序保存在内存中并关闭所有不必要的功能。睡眠的优点是只需几秒便可使计算机恢复到用户离开时的状态，且耗电量非常少。对于处于睡眠状态的计算机，可通过按键盘上的任意键、单击、打开笔记本式计算机的盖子来唤醒计算机或通过按下计算机电源按钮恢复工作状态。

小知识：关机时请注意保存好运行的程序或修改的文件，Windows 10 的关机操作没有再次确认的界面，一旦单击“关机”按钮，系统会立刻进行关机操作。

在桌面中按下“Alt+F4”组合键，弹出如图 3-3 所示的“关闭 Windows”对话框，有“切换用户”“注销”“睡眠”“关机”与“重启”操作选项。

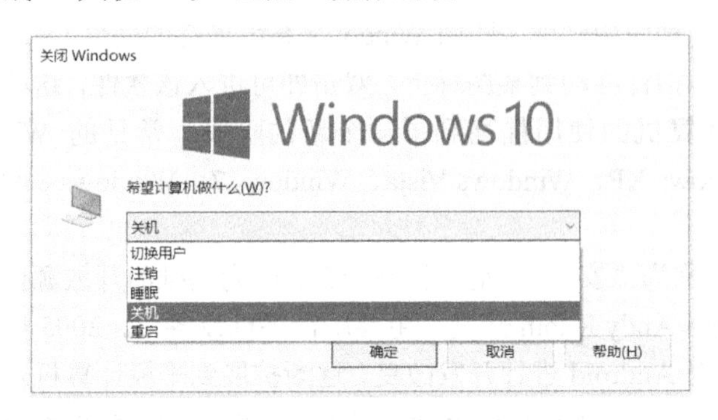

图 3-3　关闭 Windows 对话框

“注销”命令将退出当前账户，关闭打开的所有程序，但计算机不会关闭，其他用户可以登录计算机而无须重新启动计算机。注销不可以替代重新启动，只可以清空当前用户的缓存空间和注册表等信息。

若计算机上有多个用户账户，用户可使用“切换用户”命令在各用户之间进行切换而不影响每个账户正在使用的程序。

3.2.2　Windows 10 桌面

桌面是 Windows 操作系统和用户之间的桥梁，几乎 Windows 中的所有操作都是在桌面上完成的。Windows 10 的桌面主要由桌面背景、桌面图标、任务栏等部分组成，如图 3-4 所示。

图 3-4　Windows 10 的桌面

3.2.3 桌面图标

图标是代表文件、文件夹、程序和其他项目的小图片，双击图标或选中图标后按 Enter 键，即可启动或打开它所代表的项目。在新安装的 Windows 10 系统桌面中，往往仅存在一个回收站图标，用户可以根据需要将常用的系统图标添加到桌面上。

【实战 3-1】添加系统图标。

（1）在桌面空白处单击鼠标右键，在弹出的快捷菜单中选择“个性化”选项，打开“个性化”窗口。

（2）选择“主题”→“桌面图标设置”命令，弹出“桌面图标设置”对话框，如图 3-5 所示。

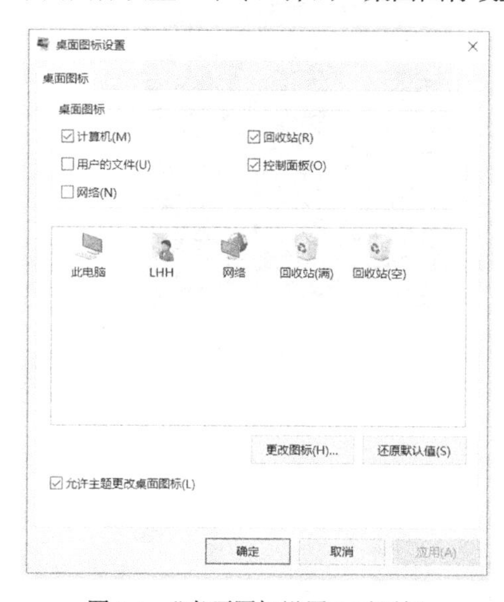

图 3-5 “桌面图标设置”对话框

（3）在打开的对话框中选择所需的系统图标，单击“确定”按钮完成设置。

桌面图标的排列顺序并非是一成不变的，用户可在桌面空白处右击，在弹出的快捷菜单中选择“排序方式”选项，即可调整桌面图标的排序方式。用户也可隐藏或显示桌面图标，在桌面的空白处右击，在弹出的快捷菜单中选择“查看”→“显示桌面图标”命令则可显示或隐藏桌面图标。

3.2.4 任务栏

默认情况下，任务栏位于桌面的最底端，如图 3-6 所示，由“开始”按钮、应用程序区、通知区域、操作中心、显示桌面按钮等部分组成。通过拖动任务栏可使它置于屏幕的上方、左侧或右侧，也可通过拖动栏边调节栏高。任务栏的主要作用是显示当前运行的任务、进行任务的切换等。

图 3-6 任务栏

用户可根据自己的操作习惯对任务栏的位置、外观、显示的图标等进行设置。右击任务栏空白处，在弹出的快捷菜单中选择图 3-7 所示的“任务栏设置”选项，将打开“任务栏设置”窗口，如图 3-8 所示。

图 3-7　任务栏快捷菜单

选中后，任务栏自动隐藏在屏幕下方，当鼠标指针经过屏幕下边缘时会自动弹出

图 3-8 “任务栏设置”窗口

Windows 10 允许用户把程序图标固定在任务栏上。启动应用程序，右击位于任务栏的该程序图标，然后在弹出如图 3-9 所示的菜单中选择“固定到任务栏”命令，完成上述操作之后，即使关闭该程序，任务栏上仍显示该程序图标。另外，也可以直接从桌面上拖动快捷方式到任务栏上进行固定。

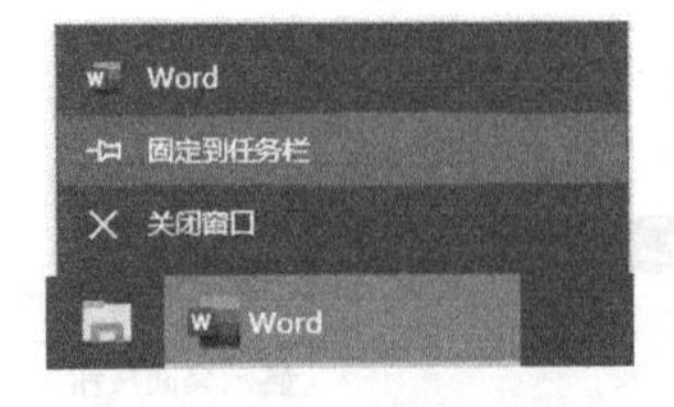

图 3-9　将程序固定到任务栏

小知识：任务栏右侧的“操作中心”可以给用户提供一些

信息及操作，起到指引的作用。操作中心分为 2 个部分。上部分显示的是通知，操作系统根据内容会智能地进行分类通知用户。操作中心的最底部是系统相应的设置分类按钮。鼠标单击某个分类，就可以对相应的分类进行设置操作。

3.2.5 “开始”菜单

“开始”按钮位于任务栏最左端，单击“开始”按钮即可打开“开始”菜单。“开始”菜单是运行 Windows 10 应用程序的入口，是执行程序常用的方式。Windows 10 的“开始”菜单整体可以分成两个部分，左侧为应用程序列表、常用项目和最近添加使用过的项目；右侧则是用来固定图标的开始屏幕。通过“开始”菜单，用户可以打开计算机中安装的大部分应用程序，还可以打开特定的文件夹，例如文档、图片等。

用户能把经常用到的应用项目，固定到右侧的开始屏幕中，方便快速查找和使用。右击“开始”菜单左侧某一项目，在弹出如图 3-10 所示的快捷菜单中，选择“固定到开始屏幕”选项，应用图标就会固定到右侧的开始屏幕中。

图 3-10 固定项目到开始屏幕

小知识：“开始”菜单使用小技巧：

- 按“Ctrl+Esc”组合键或 Windows 键可以显示或隐藏“开始”菜单。
- 将鼠标移动到开始菜单的边缘，可调整开始菜单大小。
- 单击“开始”菜单左侧的#按钮，即可进入分类页面，快速定位到我们需要的应用。

3.2.6 窗口、对话框及菜单的基本操作

1. 窗口

Windows 所使用的界面叫作窗口，对 Windows 中各种资源的管理也就是对各种窗口的操作。Windows 10 默认采用类似于 Office 2010 的功能区界面风格，如图 3-11 所示，这个界面让

文件管理操作更加方便、直观。窗口一般由标题栏、功能选项卡、地址栏、导航窗格、工作区、状态栏、滚动条等组成。当前所操作的窗口是已经激活的窗口，而其他打开的窗口是未激活的窗口。激活窗口对应的程序称为前台程序，未激活窗口对应的程序称为后台程序。

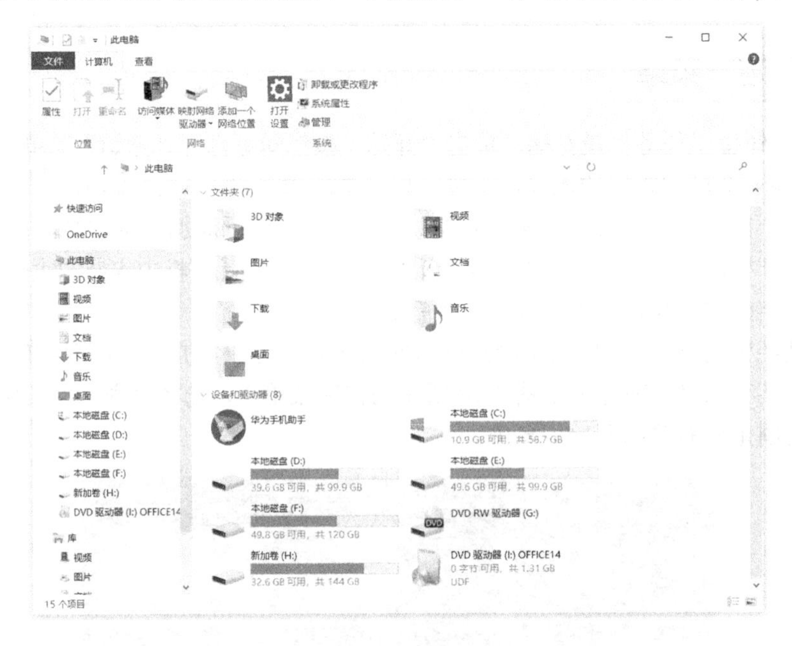

图 3-11　窗口

窗口的基本操作主要包括以下几个方面：

（1）打开窗口：在 Windows 10 中，双击应用程序图标，就会弹出窗口，此操作叫作打开窗口。另外，用户也可在图标上右击，在弹出的快捷菜单中选择“打开”命令，也可以打开窗口。

（2）关闭窗口：单击窗口右上角的“关闭”按钮，即可关闭当前打开的窗口。用户可以使用“Alt+F4”组合键进行窗口的关闭操作，也可右击位于任务栏的该窗口图标，在弹出的快捷菜单中选择“关闭窗口”命令。

（3）调整窗口的大小：包括窗口的最大化、最小化和窗口还原，改变窗口的大小等。

用户可以单击标题栏右侧的“最大化”“最小化”按钮来调节窗口的大小。双击标题栏也可以在最大化与还原窗口之间进行切换。在 Windows 10 中，用户可以按住标题栏拖动窗口到屏幕顶端，窗口会以气泡形状显示将被最大化。此时，松开鼠标即可完成窗口的最大化操作。

如果用户想根据实际应用任意改变窗口的大小，只需将鼠标移至窗口四个角的任意一个角上，当鼠标变成双向箭头，按住鼠标拖动到满意位置后松开鼠标即可。如果将鼠标移动到窗口四条边的任意一条边上时，出现双向箭头，按住鼠标拖动即可改变窗口的宽度或者高度。

（4）窗口的切换：单击窗口任意位置或任务栏上对应的任务按钮可进行窗口的切换。

（5）移动窗口：拖动窗口的标题栏可移动窗口。

（6）窗口排列：当用户打开了多个窗口时，桌面会变得混乱。用户可以对窗口进行不同方式的排列，方便用户对窗口的浏览与操作，提高工作效率。在任务栏空白处右击，在弹出的快捷菜单中选择“层叠窗口”“堆叠显示窗口”或“并排显示窗口”命令，可按指定方式排列所有打开的窗口。

2. 对话框

对话框是人机交互的一种重要手段，当系统需要进一步的信息才能继续运行时，就会打开对话框，让用户输入信息或做出选择，如图 3-12 所示。

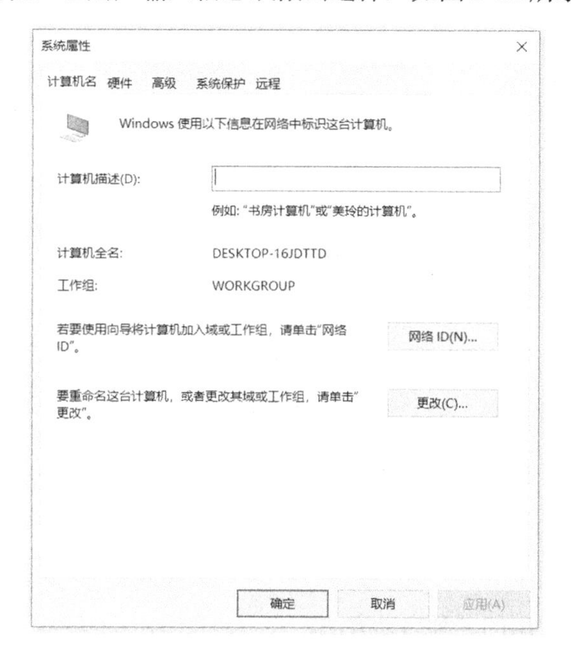

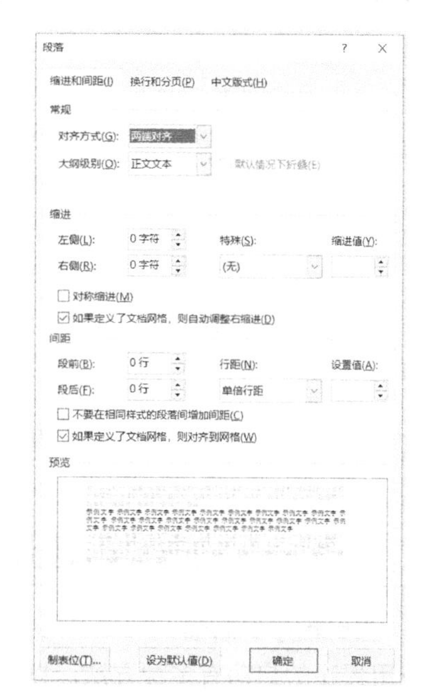

图 3-12 对话框

对话框中通常有命令按钮、文本框、下拉列表框、单选按钮、复选框等基本元素。

（1）命令按钮：用来确认选择执行某项操作，如“确定”和“取消”按钮等。

（2）文本框：用来输入文字或数字等。

（3）下拉列表框：提供多个选项，单击右侧的下拉按钮可以打开下拉列表框，从中选择一项。

（4）复选框：用来决定是否选择该项功能，通常前面有一个方框，方框中带有对号表示被选中，可同时选择多项。

（5）单选按钮：一组选项中只能选择一个，通常前面有一个圆圈，圆圈中带有圆点表示被选中。

（6）微调按钮：一种特殊的文本框，其右侧有向上和向下两个三角形按钮，用于调整数值。

（7）选项卡：将功能类似的所有选项集中用一个界面呈现，单击标签切换选项卡。

3. 菜单

在 Windows 系统中执行命令最常用的方法之一就是选择菜单中的命令，菜单主要有“开始”菜单、下拉菜单和快捷菜单几种类型。在 Windows 10 中，>、▼标记常表示包含下级子菜单。

1）“开始”菜单

单击任务栏最左端“开始”按钮即可打开“开始”菜单，“开始”菜单在前面已经做介绍，在这里不再重复。

2）下拉菜单

单击窗口中的菜单栏选项就会出现下拉菜单，如图 3-13 所示。

3）快捷菜单

在某一个对象上右击，弹出的菜单称为快捷菜单，如图3-14所示。在不同的对象上右击，弹出的快捷菜单内容也不同。

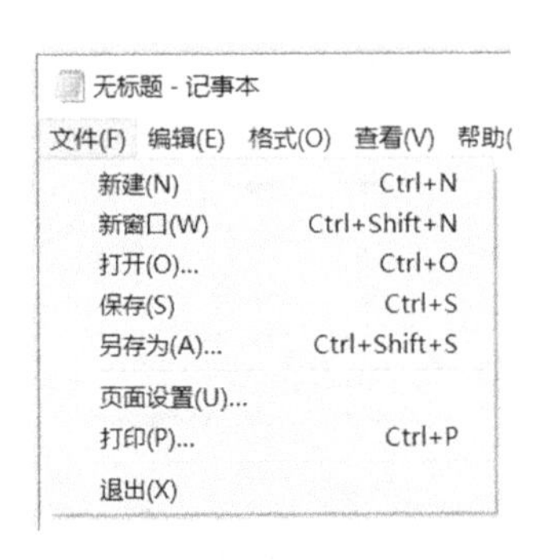

图3-13　下拉菜单

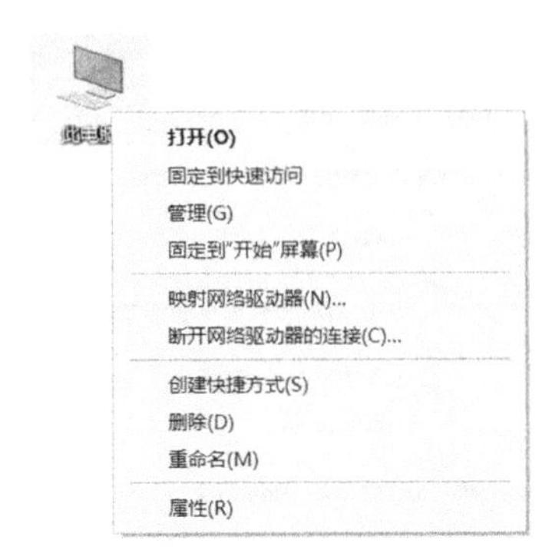

图3-14　快捷菜单

3.2.7　应用程序的启动和退出

1. 应用程序的启动

应用程序的启动有多种方法，以下为常用的三种启动方法。

1）通过快捷方式

如果该对象在桌面上设置有快捷方式，直接双击快捷方式图标即可运行软件或打开文件。

2）通过“开始”菜单

一般情况下，软件安装后都会在“开始”菜单中自动生成对应的菜单项，用户可通过单击菜单项快速运行软件。

3）通过可执行文件

通常情况下，软件安装完成后将在Windows注册表中留下注册信息，并且在默认安装路径C:\Program Files或Program Files（x86）中生成一系列文件夹和文件。例如，Word的主程序文件默认存储路径是C:\Program Files (x86)\Microsoft Office\root\Office16\Winword.exe，用户直接双击Winword.exe可执行文件启动Word软件。

2. 应用程序的退出

Windows10是一款支持多用户、多任务的操作系统，能同时打开多个窗口，运行多个应用程序。应用程序使用完之后，应及时关闭退出，以释放它所占用的内存资源，减小系统负担。退出应用程序有以下几种方法：

（1）单击程序窗口右上角的“关闭”按钮×。

（2）在程序窗口中选择“文件”→“关闭”命令。

（3）在任务栏上右击对应的程序图标，在弹出的快捷菜单中选择“关闭窗口”命令。

（4）对于出现未响应，用户无法通过正常方法关闭的程序，可以在任务栏空白处右击，在弹出的快捷菜单中选择“任务管理器”命令，通过强制终止程序或进程的方式进行关闭操作。

3.2.8 帮助功能

在 Windows 10 中获取帮助有多种方法，以下是获取帮助的 3 种方法：

1. F1 键

F1 键是寻找帮助的原始方式，在应用程序中按下 F1 键通常会打开该程序的帮助菜单，对于 Windows 10 本身，该按钮会在用户的默认浏览器中执行 Bing 搜索以获取 Windows 10 的帮助信息。

2. 在“使用技巧”应用中获取帮助

Windows 10 内置了一个“使用技巧”应用，通过它我们可以获取到系统各方面的帮助和配置信息。“使用技巧”窗口的右上角有搜索按钮，用户可以通过搜索关键词快速找到相关帮助信息。选择“开始”→“使用技巧”命令，则可打开如图 3-15 所示的“使用技巧”窗口。

3. 向 Cortana 寻求帮助

Cortana 是 Windows 10 中自带的虚拟助理，它不仅可以帮助用户安排会议、搜索文件，回答用户问题也是其功能之一。右击任务栏空白处，在打开的快捷菜单中选择“显示 Cortana 按钮”命令，可在任务栏中显示 Cortana 按钮，单击该按钮则可打开 Cortana 助手寻求帮助。

图 3-15 “使用技巧”窗口

3.3 Windows 10 文件管理

文件是计算机存储和管理信息的基本形式，是相关数据的有序集合。文件的内容多种多样，可以是文本、数值、图像、视频、声音或者可执行的程序等，也可以是没有任何内容的空文件。

3.3.1 文件的基本概念

1. 文件名

文件名用来标识每一个文件，在计算机中，任何一个文件都有文件名。为了标识不同的文件，Windows 10 使用文件基本名与扩展名的组合来进行命名。例如，在 test.txt 文件名中，test 是基本名，.txt 是扩展名。文件基本名与扩展名之间用“.”隔开。不同的操作系统其文件名命名规则有所不同，Windows 10 操作系统的文件命名规则如表 3-1 所示。

表 3-1 Windows 10 系统的文件命名规则

命名规则	规则描述
文件名长度	包括扩展名在内最多 255 个字符的长度，不区分大小写
不允许包含的字符	\、/、?、:、”、<、>、|、*
不允许命名的文件名	由系统保留的设备文件名、系统文件名等。例如： Aux、Com1、Com2、Com3、Com4、Con、Lpt1、Lpt2、Lpt3、Prn、Nul
其他限制	必须要有基本名；同一文件夹下不允许同名的文件存在

另外，为文件命名时，除了要符合规定外，还要考虑使用是否方便。文件的基本名应反映文件的特点，并易记易用，顾名思义，以便用户识别。

小知识：为了方便使用，操作系统把一些常用的标准设备也当作文件看待，这些文件称为设备文件，如 Com1 表示第一串口，Prn 表示打印机等。操作系统通过对设备文件名的读/写操作来驱动与控制外围设备，显然，不能用这些设备名去命名其他文件。

2. 文件类型

文件的扩展名用来区别不同类型的文件，当双击某一个文件时，操作系统会根据文件的扩展名决定调用哪一个应用软件来打开该类型的文件。表 3-2 所示为 Windows 10 系统的常用文件扩展名。

表 3-2 Windows10 系统的常用文件扩展名

扩展名	文件类型
.exe、.com	可执行程序文件
.docx、.xlsx、.pptx	Microsoft Office 文件
.bak	备份文件
.bmp、.jpg、.gif、.png	图像文件
.mp3、.wav、.wma、.mid	音频文件
.rar、.zip	压缩文件
.html、.aspx、.xml	网页文件
.bat	可执行批处理文件
mp4、avi、wmv、mov	视频文件
.sys、.ini	配置文件
.obj	目标文件

续表

扩 展 名	文 件 类 型
.bas、.c、.cpp、.asm	源程序文件
.txt	文本文件

在默认情况下，Windows 10 系统中的文件是隐藏扩展名的，如果希望所有文件都显示扩展名，可使用以下方法进行设置：

（1）在桌面上双击“此电脑”图标，打开“资源管理器”窗口。

（2）选择“查看”选项卡，选择“文件扩展名”复选框，如图 3-16 所示，即可查看文件扩展名。

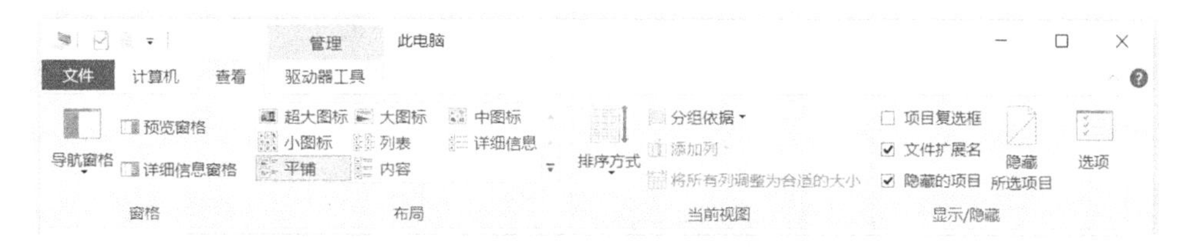

图 3-16 查看文件扩展名

3. 文件通配符

文件通配符是指“*”和“?”符号，“*”代表任意一串字符，“?”代表任意一个字符，利用通配符“?”和“*”可使文件名对应多个文件，如表 3-3 所示，便于查找文件。

表 3-3 文件通配符

文 件 名	含 义
*.docx	表示以.docx 为扩展名的所有文件
.	表示所有文件
A*.txt	表示文件名以 A 开头，以.txt 为扩展名的文件
A*.*	以 A 开头的所有文件
??T*.*	第三个字符为 T 的所有文件

3.3.2 文件目录结构和路径

1. 文件目录结构

为了方便管理和查找文件，Windows 10 系统采取树形结构对文件进行分层管理。每个硬盘分区、光盘、可移动磁盘都有且仅有一个根目录（目录又称文件夹），根目录在磁盘格式化时创建，根目录下可以有若干子目录，子目录下还可以有下级子目录。文件的树形结构如图 3-17 所示。

2. 路径

操作系统中使用路径来描述文件存放在存储器中的具体位置。从当前（或根）目录到达文件所在目录所经过的目录和子目录名，即构成“路径”（目录名之间用反斜杠\分隔）。从根目录开始的路径方式属于绝对路径，比如 C:\myfile\bak\student\class01.xlsx。而从当前目录开始到达文件所经过的一系列目录名则称为相对路径。如图 3-17 所示，假设当前目录为 C:\myfile\bak\student，则 class02.xls 文件的绝对路径表示为 C:\myfile\bak\student\class02.xls 或者 \myfile\bak\student\class02.xls；class02.xls 文件的相对路径表示为..\student\class02.xls。

类似 C:\myfile\bak\student\class01.xls 这种详细的文件描述方式又称文件说明。文件说明是文件的唯一性标识，是对文件完整的描述。

Windows 10 系统存放操作系统主要文件的目录称为主目录，这个文件夹的路径通常是 C:\Windows。

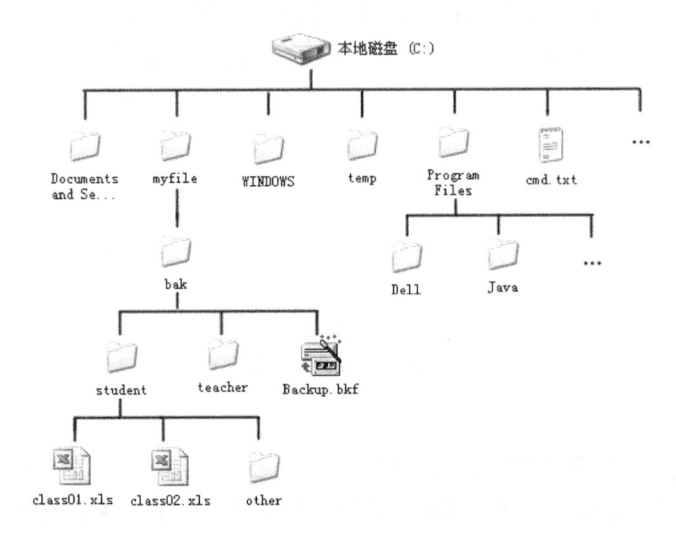

图 3-17　文件的树形结构

3.3.3　资源管理器基本操作

1. 资源管理器

资源管理器是 Windows 系统的重要组件，利用“资源管理器”可完成创建文件夹、查找、复制、删除、重命名、移动文件或文件夹等文件管理工作。Windows 10 资源管理器布局清晰，如图 3-18 所示，由标题栏、功能选项卡、地址栏、搜索栏、导航窗格、工作区、状态栏等组成。用户可通过双击桌面上的“此电脑”图标或单击任务栏上的“资源管理器”图标打开资源管理器。

（1）标题栏：标题栏主要显示了当前目录的名称，如果是根目录，则显示对应的分区号。在标题栏右侧为“最小化”“最大化/还原”“关闭”按钮，单击相应的按钮则完成窗口的对应操作。双击标题栏空白区域，可以进行窗口的最大化和还原操作。

（2）快速访问工具栏：快速访问工具栏默认的图标功能为查看属性和新建文件夹。用户可以单击其右侧的下拉按钮，从下拉列表中选择需要在快速访问工具栏上出现的功能选项。

（3）功能区：功能区显示了针对当前窗口或窗口内容的一些常用功能选项卡。根据选择对象的不同，功能区会显示额外的选项卡，方便用户执行不同的操作。用户单击功能选项卡上的命令按钮，可实现各种操作。

（4）控制按钮区：控制按钮区主要功能是实现目录的后退、前进或返回上级目录。单击前进按钮后的下拉菜单可以看到最近访问的位置信息，在需要进入的目录上单击，即可快速进入。

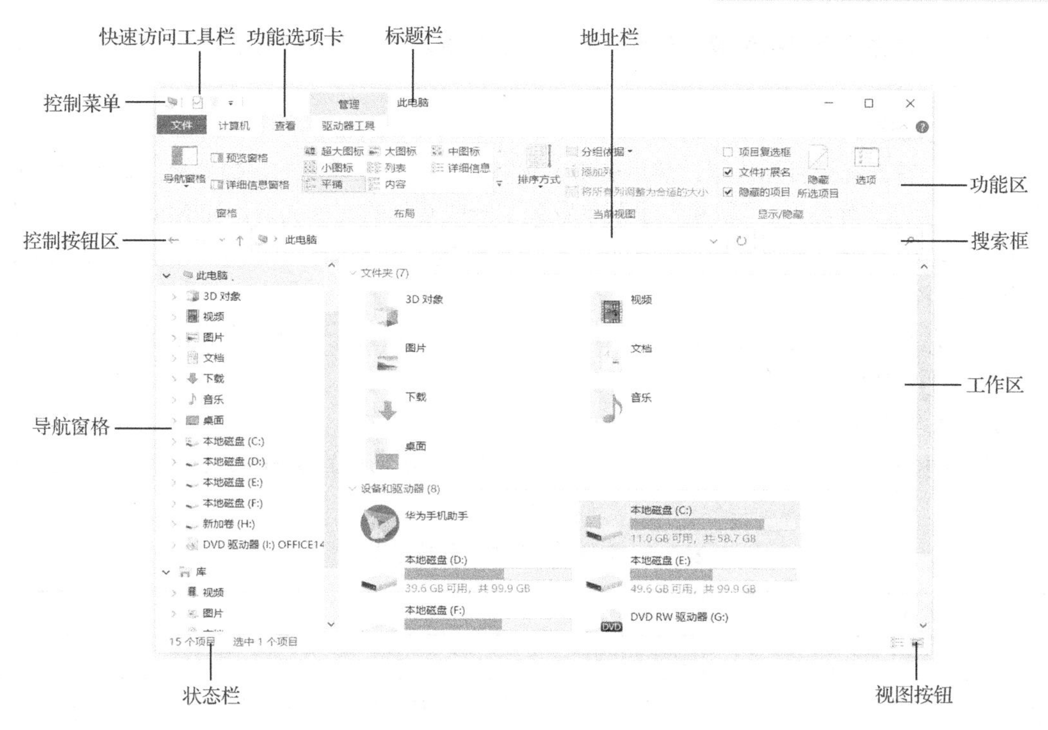

图 3-18 资源管理器

（5）地址栏：地址栏主要用于显示从根目录开始到现在所在目录的路径，用户可以单击各级目录名称访问上级目录。单击该区域空白位置可以在地址栏显示路径的文字模式，直接输入全路径可以快速到达要访问的位置。

（6）搜索栏：如果当前目录文件过多，可以在搜索栏输入需要查找信息的关键字，实现快速筛选或定位文件。要注意的是，此时搜索的位置为地址栏目录下，包含所有子目录。如果要搜索其他位置或进行全盘搜索，需要进入到相应目录中。

（7）导航窗格：导航窗格以树形的结构显示计算机中的目录，用户可以使用导航窗格快速定位到所需的位置来浏览文件或完成文件的常用操作。

（8）工作区域：在窗口中央显示各种文件或执行某些操作后显示内容的区域叫作窗口的工作区域。如果窗口内容过多，则会在窗口右侧或下方出现滚动条，用户可以使用鼠标拖动滚动条来查看更多内容。

（9）状态栏：状态栏位于窗口的最下方，会根据用户选择的内容，显示出容量、数量等属性信息，用户可以参考使用。

（10）视图按钮：视图按钮的作用是让用户选择窗口的显示方式，有列表和大缩略图两种选项，用户可以使用鼠标单击选择。

2. 文件与文件夹操作

1）新建文件夹

方法 1：首先选择目标位置，然后单击快速访问工具栏上的“新建文件夹”按钮，最后命名文件夹。

方法 2：首先选择目标位置，然后右击右窗格空白处，在弹出的快捷菜单中选择“新建”→“文件夹”选项，最后命名文件夹。

方法 3：首先选择目标位置，然后选择“主页”选项卡，单击“新建文件夹”按钮，最后命名文件夹。

2）新建文件

方法 1：首先选择目标位置，然后右击右窗格空白处，在弹出的快捷菜单中选择“新建”子菜单下的所需文件类型。“新建”子菜单罗列了一些常见的文件类型，如 Microsoft Word 文档，直接单击将创建 Word 文档类型的文件，也可直接应用 Microsoft Word 程序新建 Word 文档。最后命名文件。

方法 2：首先选择目标位置，选择“主页”→“新建项目”选项，在弹出的下拉列表中选择所需的文件类型，然后命名文件。

3）选定文件（文件夹）

在 Windows 中，对文件或文件夹进行操作前，必须先选定文件或文件夹。具体操作如表 3-4 所示。

表 3-4　文件（文件夹）的选定操作

选定对象	操　作
单个文件（文件夹）	直接单击即可
连续的多个文件（文件夹）	鼠标拖曳选择或先单击第一个对象，按住 Shift 键的同时单击最后一个对象
选择不连续的多个文件（文件夹）	按住 Ctrl 键的同时逐个单击对象
全选	鼠标拖曳选择或单击“主页”→“全部选择”按钮，也可按 Ctrl+A 组合键

取消选择全部对象：在空白处单击即可。

取消选择单个对象：在选择多个对象时，按住 Ctrl 键的同时单击要取消选择的对象。

4）复制和移动

复制（移动）的操作包括复制（移动）对象到剪贴板和从剪贴板粘贴对象到目的地这两个步骤。剪贴板是内存中的一块空间，Windows 剪贴板只保留最后一次存入的内容。以下为复制和移动的常用操作方法：

方法 1：右击源对象，在弹出的快捷菜单中选择“复制”或“剪切”命令，然后打开目标文件夹，右击右窗格空白处，在弹出的快捷菜单中选择“粘贴”命令。

方法 2：首先选择源对象，选择“主页”→“复制”或“剪切”命令，然后打开目标文件夹，选择“主页”→“粘贴”命令。

方法 3：首先选择源对象，选择“主页”→“复制到”或“移动到”命令，在弹出的下拉菜单中选择常用保存位置或单击“选择位置”按钮，选择目标文件夹。

方法 4：当源对象和目标文件夹均在同一个驱动器上时，按住 Ctrl 键（不按键）的同时直接把右窗格中的源对象拖动到左窗格的目标位置，即可实现复制（移动）操作。

方法 5：当源对象和目标文件夹在不同的驱动器上时，不按键（按住 Shift 键）直接把右窗格中的源对象拖动到左窗格的目标位置，即可实现复制（移动）操作，如图 3-19 所示。

方法 6：首先选择源对象，用鼠标右键拖动到目标文件夹，松开鼠标后在弹出的快捷菜单中选择“复制到当前位置”或“移动到当前位置”，即可实现复制（移动）操作。

小知识：复制文件或文件夹与移动文件或文件夹最大的区别是，复制操作保留了原文件或文件夹，即系统中存在两份相同的文件。移动最主要的特点是唯一性，即移动过后，原文件夹中不存在该文件了。

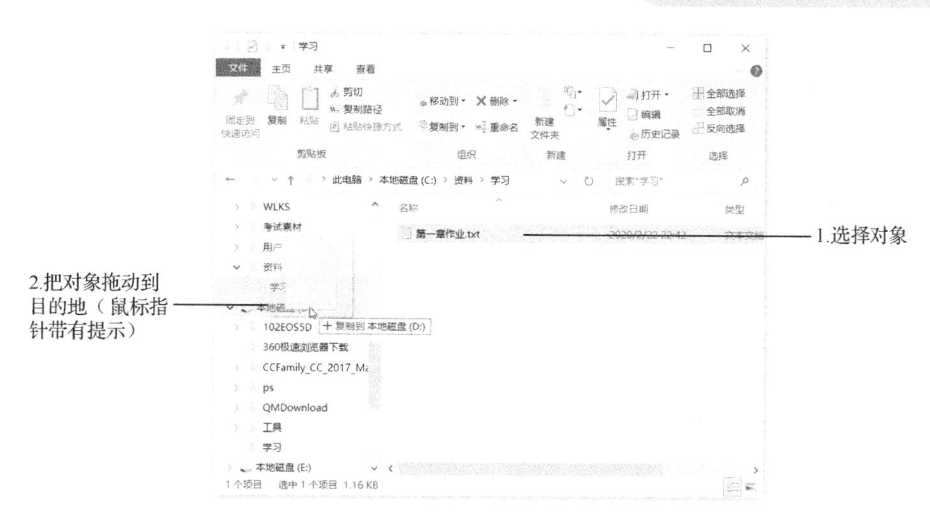

图 3-19 复制和移动操作

3. 删除

在整理文件或文件夹时，对于无用的文档或文件夹，可以进行删除操作。硬盘中的文件被删除后将被放入回收站，需要时可以从回收站还原文件。

（1）删除文件或文件夹

方法 1：右击需删除的对象，在弹出的快捷菜单中选择“删除”命令，在弹出的提示对话框中单击“是”按钮。

方法 2：首先选择需删除的对象，再单击“主页”→“删除”命令。

方法 3：首先选择需删除的对象，按 Delete 键，在弹出的提示对话框中单击“是”按钮。

方法 4：直接把需删除的对象拖到回收站，在弹出的提示对话框中确认删除操作。

（2）永久性删除文件：

方法 1：首先选择对象，按 Shift+Delete 组合键。

方法 2：按住 Shift 键的同时右击需删除的对象，在弹出的快捷菜单中选择“文件”→“删除”命令，确认删除操作。永久性删除的文件将不会出现在回收站中，也不可恢复。

（3）恢复文件或文件夹：对于常规删除的文件或文件夹来说，如果用户出现误删除，可以使用恢复功能撤销删除操作。还原文件的方法为：双击回收站图标，打开图 3-20 所示的回收站窗口，选择要还原的对象，单击“还原选定的项目”按钮或右击需还原的对象，选择“还原”命令。单击“还原所有项目”按钮则可还原回收站中的全部对象。

（4）清空回收站：打开回收站，单击“清空回收站”按钮，或者右击“回收站”图标，在弹出的快捷菜单中选择“清空回收站”命令可对回收站进行清空操作，将回收站中所有文件或文件夹真正地删除。在回收站中右击对象，选择“删除”命令，则可永久删除该对象。

小知识：回收站是一个特殊的文件夹，默认在每个硬盘分区根目录下的 RECYCLER 文件夹中，而且是隐藏的。当用户将文件删除并移到回收站后，实质上就是把它放到了该文件夹中，仍然占用磁盘的空间。只有在回收站里删除它或清空回收站才能使文件真正地删除，为计算机腾出更多的磁盘空间。

对于可移动磁盘、网络磁盘或者以 MS-DOS 方式删除的文件，删除后不放入回收站，即不能还原，所以这些文件在删除前需慎重考虑。

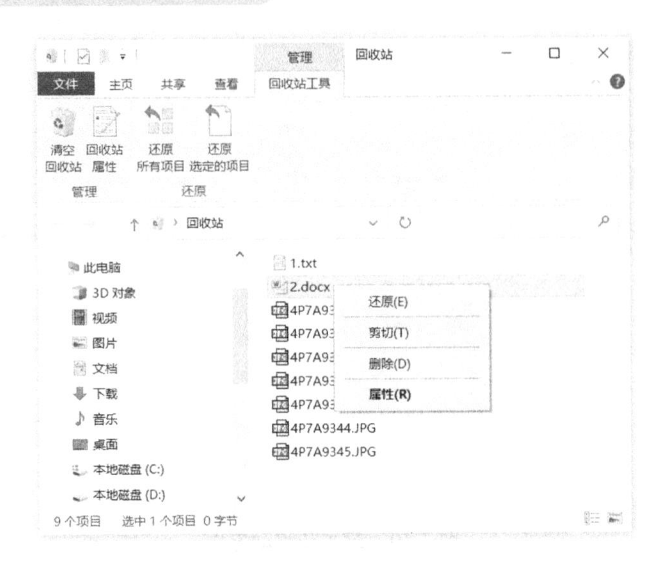

图 3-20　回收站

4. 重命名

若有需要，用户可以给文件或文件夹重新命名。重命名的操作方法为：

方法 1：右击需重命名的对象，在弹出的快捷菜单中选择“重命名”选项，输入新名称。

方法 2：选择需重命名的对象，再选择“主页”→“重命名”命令，输入新名称。

方法 3：选择需重命名的对象，再按 F2 键，输入新名称。

用户可对单个对象重命名，也可对多个对象重命名：首先选中多个文件或文件夹，按 F2 键，然后重命名其中的一个对象，所有被选择的对象将会被重命名为新的文件名（在末尾处加上递增的数字）。

5. 设置文件（文件夹）属性：

文件（文件夹）属性是一些描述性的信息，可用来帮助用户查找和整理文件（文件夹）。

1）常见的文件属性

（1）系统属性：系统文件具有系统属性，它将被隐藏起来。在一般情况下，系统文件不能被查看，也不能被删除，是操作系统对重要文件的一种保护属性，防止这些文件被意外损坏。

（2）只读属性：对于具有只读属性的文件或文件夹，可以被查看、被应用，也能被复制，但不能被修改。

（3）隐藏属性：默认情况下系统不显示隐藏文件（文件夹），若在系统中更改了显示参数设置让其显示，则隐藏文件（文件夹）以浅色调显示。

（4）存档属性：一个文件被创建之后，系统会自动将其设置成存档属性，这个属性常用于文件的备份。

2）设置文件（文件夹）属性

方法 1：在需设置属性的对象上右击，在弹出的快捷菜单中选择“属性”命令，将弹出图 3-21 或图 3-22 所示的对话框，选择需设置的属性，单击“确定”按钮完成设置。

方法 2：选中需设置属性的对象，再选择“主页”→“属性”选项，即可对其属性进行设置。

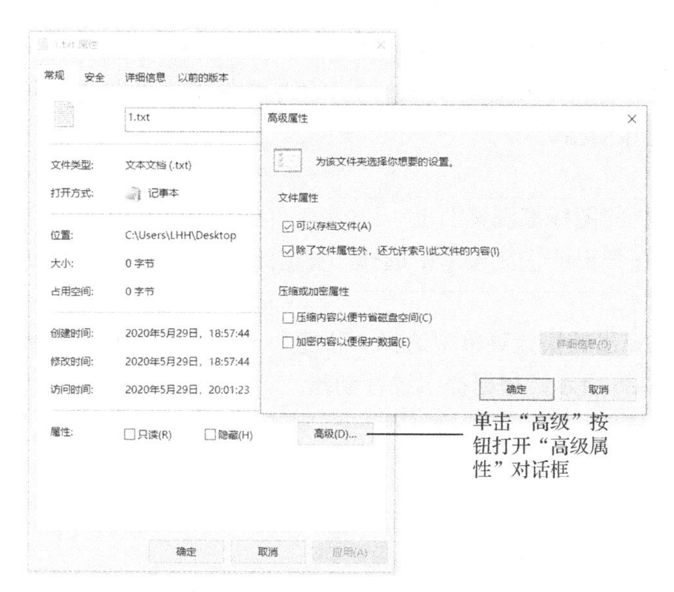

图 3-21　文件属性对话框

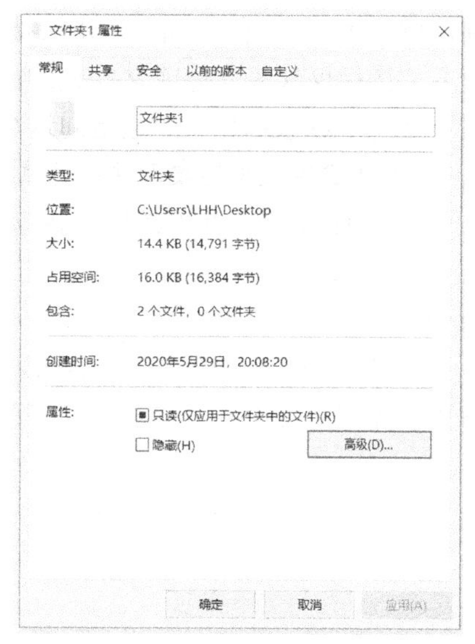

图 3-22　文件夹属性对话框

6. 更改查看方式和排序方式

Windows 10 提供了多种查看文件或文件夹的方式。通常查看文件或文件夹时，还要配合将各种文件进行相应的排列，来提高文件或文件夹的浏览速度。Windows 10 提供了多种排序方式供用户选择。

1）更改查看方式

方法 1：在“查看”选项卡的“布局”选项组中选择所需的查看方式，如图 3-23 所示。

方法 2：在右窗格空白处右击，在弹出的快捷菜单中选择“查看”子菜单，即可选择所需的查看方式，如图 3-24 所示。

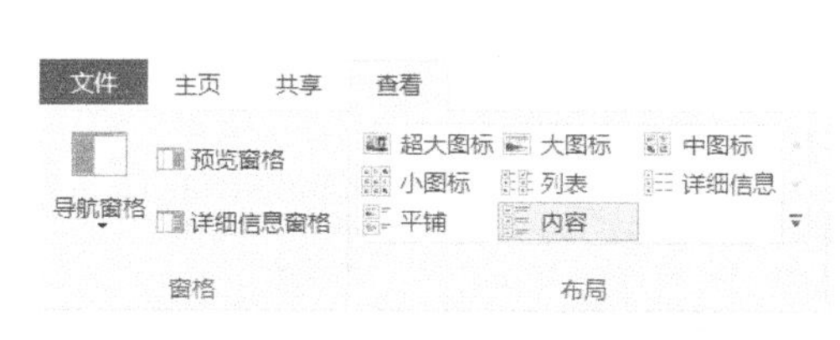

图 3-23　“布局”选项组

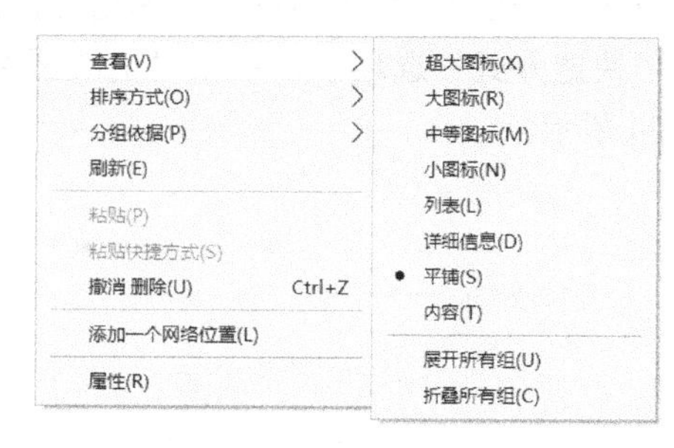

图 3-24　“查看”子菜单

2）更改排序方式

方法 1：选择“查看”选项卡的“排序方式”选项，在弹出的下拉列表中选择所需的排序方式。

方法 2：在右窗格空白处右击，在弹出的快捷菜单中选择“排序方式”子菜单，即可选择所需的排序方式，如图 3-25 所示。

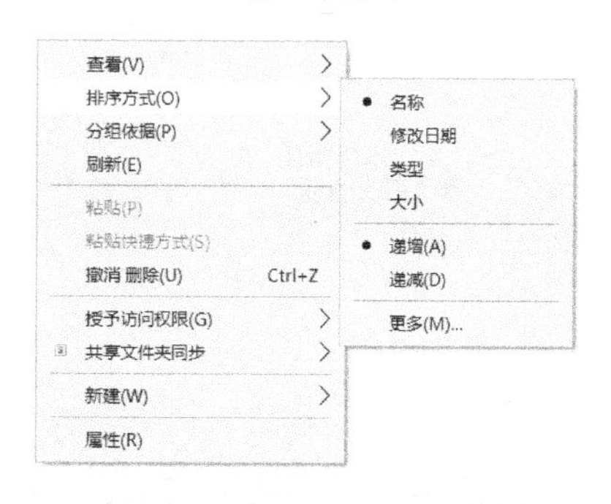

图 3-25　“排序方式”子菜单

7. 创建快捷方式

快捷方式是 Windows 提供的一种快速启动程序、打开文件或文件夹的方法。快捷方式实际上是一种特殊的文件，仅占用 4KB 的空间。双击快捷方式图标会触发某个程序的运行、打开文档或文件夹。快捷方式图标仅代表文件或文件夹的链接，删除该快捷方式图标不会影响实际的文件或文件夹，它不是这个对象本身，而是指向这个对象的指针。

1）创建某文档的桌面快捷方式

方法 1：按住 Alt 键的同时将该文档的图标拖到桌面上。

方法 2：在该文档的图标上右击，在弹出的快捷菜单中选择“发送到”→“桌面快捷方式”命令。

方法 3：在桌面的空白处右击，在弹出的快捷菜单中选择“新建”→“快捷方式”命令，弹出“创建快捷方式”对话框，如图 3-26 所示，根据提示进行创建。

图 3-26 “创建快捷方式”对话框

2）更改快捷方式图标

方法 1：在该图标上右击，在弹出的快捷菜单中选择“属性”命令，在弹出的对话框中切换到“快捷方式”选项卡，单击“更改图标”按钮，选择所需图标后单击“确定”按钮，如图 3-27 所示。

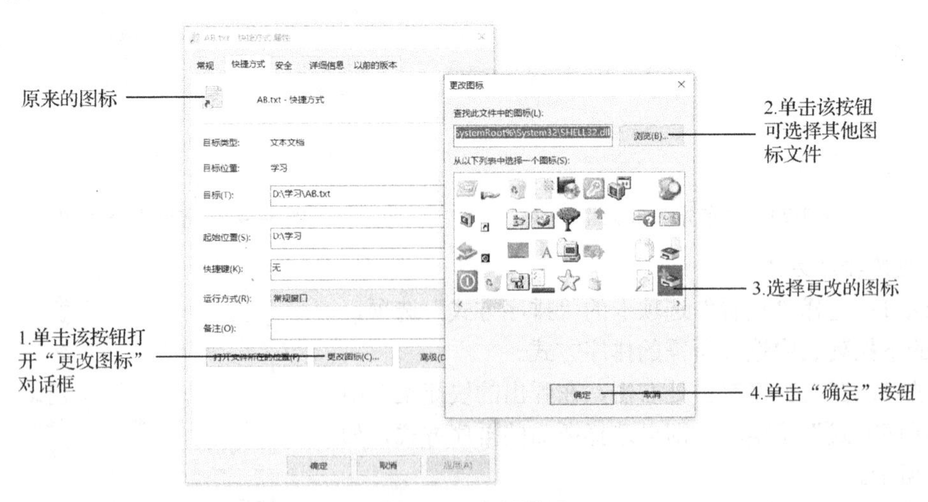

图 3-27 更改图标

方法 2：对系统图标而言，可在桌面的空白处右击，在弹出的快捷菜单中选择“个性化”→“主题”→“桌面图标设置”→“更改图标”选项，在弹出的对话框中选择所需的图标，然后单击“确定”按钮。

8. 文件搜索

Windows 10 提供了强大的搜索功能，用户可高效地搜索文件。以下为搜索文件的操作步骤：

（1）在资源管理器导航窗格中选择要搜索的位置

（2）在搜索框中输入关键字，按 Enter 键开始搜索。在搜索框中输入关键字时，可使用文件名通配符“*”和“?”。“*”代表任意一串字符，“?”代表任意一个字符，利用通配符“?”和“*”可使文件名对应多个文件

（3）若搜索结果过多，可使用多种筛选方法进行筛选，选择图 3-28 所示的“搜索”选项卡，在“优化”选项组中选择所需的筛选条件即可进行筛选。

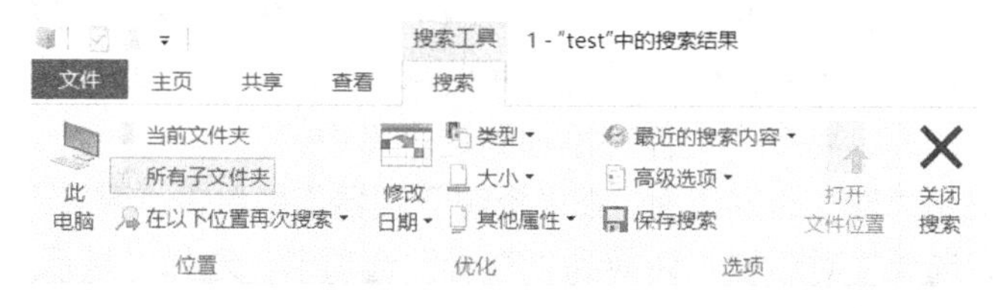

图 3-28 “搜索”选项卡

（4）若要搜索文件内容，可在“搜索”选项卡中的“高级选项”下拉菜单中选中“文件内容”选项，这样就会搜索包含所输入的关键字的文件，如果也选中了“系统文件”“压缩的文件夹”选项，那么会把包含关键字的系统文件和压缩文件也找出来。

【实战 3-2】搜索文件。

假设要在 C:\Program Files 文件夹中搜索所有存储空间在 16KB～1MB 之间的 txt 文件，搜索步骤如下：

（1）在资源管理器窗口中，打开 C:\Program Files 文件夹，在窗口上方的搜索框中直接输入“*.txt”，按 Enter 键进行搜索。

（2）单击“搜索”选项卡中的“大小”选项，在弹出的下拉菜单中选择“小（16KB-1MB）”选项。此时资源管理器地址栏将会出现搜索进度条，搜索完毕后将在窗口下方显示出图 3-29 所示的搜索结果。

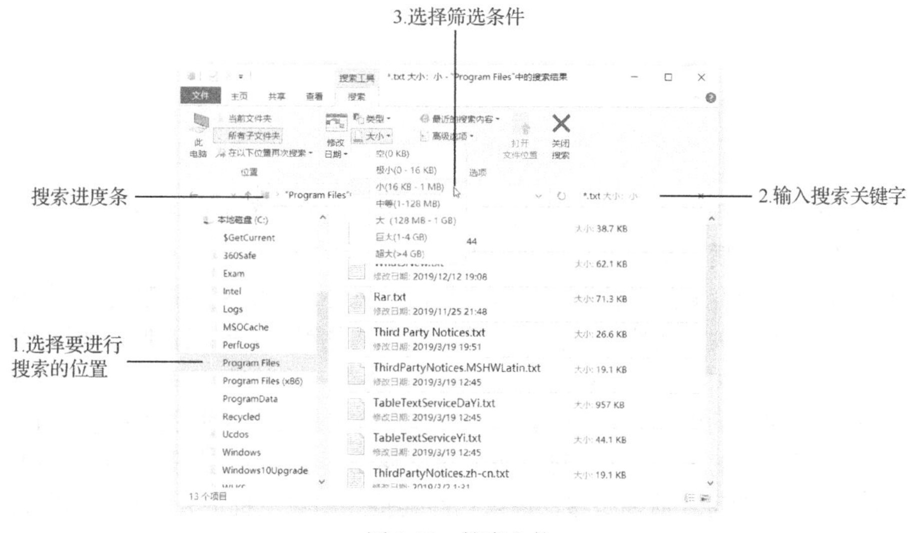

图 3-29 搜索文件

对于搜索结果，可以像普通文件一样进行复制、删除等操作。如果想保存搜索的条件参数，只需单击“搜索”选项卡中的“保存搜索”按钮，保存为.search-ms 文件即可。

3.3.4 库

库是 Windows 10 操作系统的一种文件管理模式。库能够快速地组织、查看、管理存在于多个位置的内容，甚至可以像在本地一样管理远程的文件夹。例如，办公室中有 5 台计算机，则可通过库将它们联系起来。无论用户把文档、音乐、视频、图片存放在哪一台计算机，只要将这些资源添加到库中，用户就可以在一台计算机中搜索并浏览这些文件。

每个库都有自己的默认保存位置。例如，“文档”库的默认保存位置是 C:\Users\用户名，用户可以更改该默认位置。如果在库中新建文件夹，表示将在库的默认保存位置内创建该文件夹。用户也可创建新的库，将多个文件夹添加到这个库中。

在导航窗格中显示“库”的方法为：在“资源管理器”中单击“查看”选项卡中的“选项”命令，打开“文件夹选项”对话框，切换到“查看”选项卡，选择“显示库”复选框，即可在导航窗格中显示“库”，如图 3-30 所示。

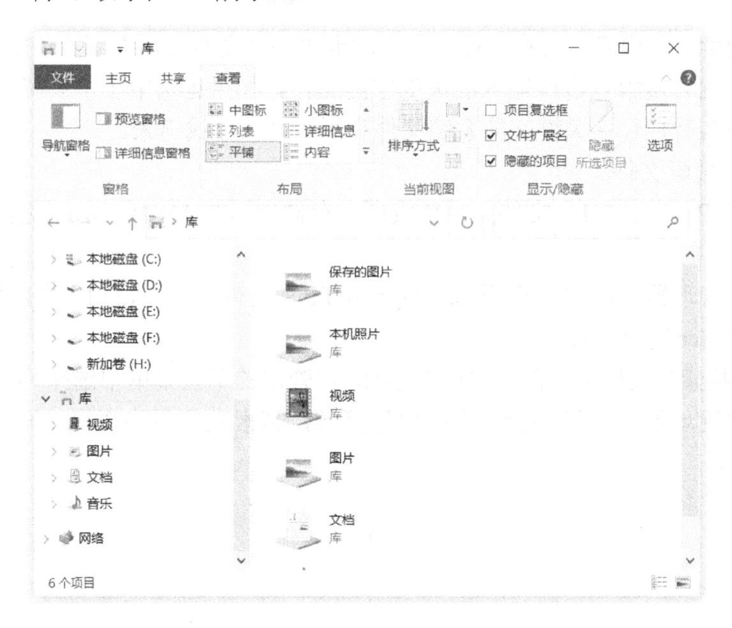

图 3-30　库

从图 3-42 中可以看到库与文件夹有许多相似之处。比如在库中也可以包含各种各样的子库与文件等。但是其本质与文件夹有很大的不同。在文件夹中保存的文件或子文件夹，都是实际存储的。而在库中存储的文件则可以来自机内、机外。其实库的管理方式更加接近于快捷方式。用户可以不用关心文件或者文件夹的具体存储位置，只需把它们都链接到一个库中进行管理。或者说，库中的对象就是各种文件夹与文件的一个快照，库中并不真正存储文件，而是提供一种更加快捷的管理方式。例如，用户有一些工作文档主要保存在本地 E 盘和移动硬盘中。为了以后工作的方便，用户可以将 E 盘与移动硬盘中的文件都放置到库中。在需要使用时，直接打开库即可（前提是移动硬盘已经连接到用户主机上），而不需要再去定位到移动硬盘上。

3.3.5 文件的压缩与解压

为了减小文件所占的存储空间，便于远程传输，我们通常把一个或多个文件（文件夹）压缩成一个文件包。常见的压缩软件有 WinRAR、好压和 WinZip 等。本节以 WinRAR 为例介绍压缩与解压方法。

1. 文件压缩

（1）把多个对象打包压缩：在要压缩的对象上右击，在弹出的快捷菜单中选择“添加到*.rar”命令，如图 3-31 所示，即可在当前目录中生成一个以.rar 为扩展名的压缩包。

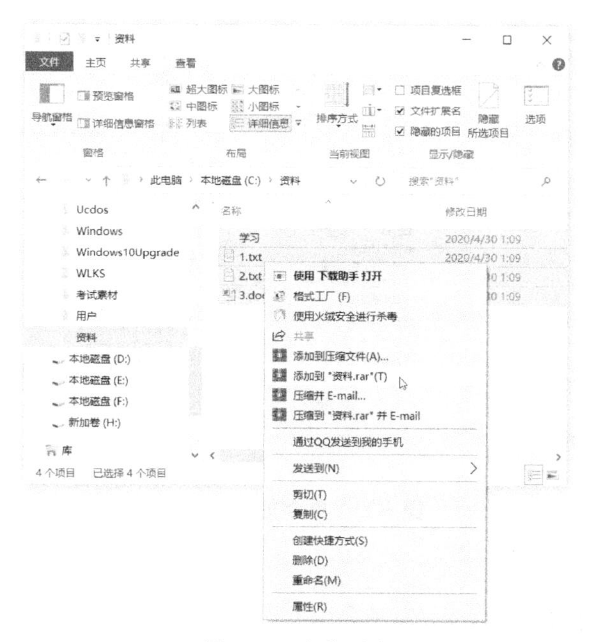

图 3-31　文件压缩

（2）在压缩包中增加文件：双击打开压缩包，单击“添加”按钮，选择要添加的文件，单击“确定”按钮完成操作。

（3）设置解压密码：在要压缩的对象上右击，在弹出的快捷菜单中选择“添加到压缩文件”命令，在弹出如图 3-32 所示的对话框中单击“设置密码”按钮，即可设置解压密码。

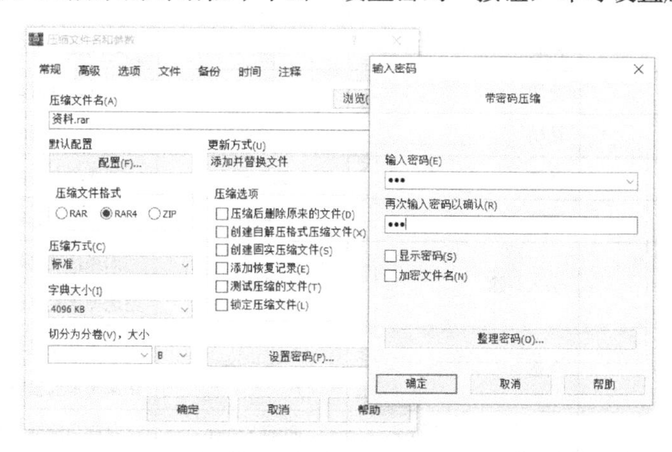

图 3-32　设置解压密码

2. 文件解压

用户通过网络下载的各种工具包，基本都是压缩文件，必须先解压缩才能够使用这些工具。

（1）解压缩整个压缩包：在压缩文件上右击，在弹出的快捷菜单中选择“解压到当前文件夹”命令，即可把整个压缩包解压到当前目录。

（2）解压缩包中的指定文件：双击打开压缩文件，选中指定文件，单击“解压到”按钮，选择解压位置后单击“确定”按钮即可，如图 3-33 所示。

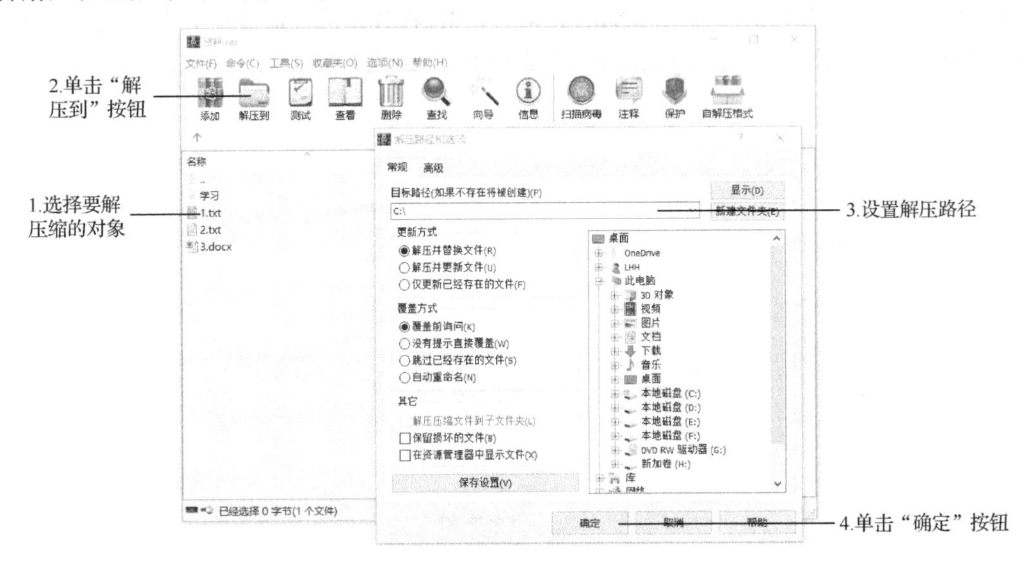

图 3-33　单个文件解压缩

3.3.6　常用热键介绍

Windows 10 系统在支持鼠标操作的同时也支持键盘操作，许多菜单功能仅利用键盘也能顺利执行。表 3-5 所示为替代鼠标操作的常用热键。

表 3-5　常用热键

热 键 组 合	功　能	热 键 组 合	功　能
Ctrl+C	复制	Windows+Tab	时间轴，可看到近几天执行过的任务
Ctrl+X	剪切	Windows+R	打开运行窗口
Ctrl+V	粘贴	Tab	在选项之间向前移动
Ctrl+Z	撤销	Shift+Tab	在选项之间向后移动
Delete	删除	Enter	执行活动选项或按钮所对应的命令
Shift+Delete	永久删除	Space	如果活动选项是复选框，则选中或取消选择该复选框
Ctrl+A	全选	方向键	如果活动选项是一组单选按钮，则选中某个单选按钮
Alt+Enter	查看所选项目的属性	Print Screen	复制当前屏幕图像到剪贴板
Alt+F4	关闭或者退出当前程序	Alt+Print Screen	复制当前窗口图像到剪贴板

续表

热键组合	功　　能	热键组合	功　　能
Alt+Enter	显示所选对象的属性	Windows+E	打开资源管理器
Alt+Tab	在打开的项目之间切换	Windows+I	打开 Windows 设置界面
Ctrl+Esc	显示“开始”菜单	Windows+A	打开操作中心
Alt +菜单名中带下画线的字母	显示相应的菜单	F1	显示当前程序或 Windows 的帮助功能
Esc	取消当前任务	F2	重命名当前选中的文件
Windows+M	最小化所有窗口	F10	激活当前程序的菜单栏

思考与练习

1. 描述操作系统的定义与功能。
2. 操作系统有哪些分类？
3. 常见的操作系统有哪些？请介绍其中的两种。
4. 在 Windows 10 中给文件命名有哪些限制？
5. 什么是任务栏？其作用是什么？
6. 程序运行主要有哪几种方式？
7. 如何在 Windows10 中获得帮助？
8. 文件命名的主要规则有哪些？
9. 文件的扩展名有什么作用？
10. 文件的通配符有哪几种，它们的含义是什么？

第4章 文字处理

教学目标：

通过本章的学习，掌握文字处理的基本过程，学会使用优秀的文字处理软件 Word 2016 进行编辑文档、生成各种表格、插入图片、页面排版和打印等操作。

教学重点和难点：

- 文字处理过程
- Word 2016 的基本操作
- Word 2016 的格式编排
- Word 2016 表格和图文混排
- 页面设置与打印

随着计算机的普及和计算机技术的发展，计算机文字处理技术的应用范围越来越广泛，如日常事务处理、办公自动化、印刷排版等都涉及计算机文字处理技术。计算机的文字处理技术是指利用计算机对文字资料进行录入、编辑、排版和文档管理的一种先进技术。文字处理软件是利用计算机进行文字处理工作而设计的应用软件，是办公自动化的常用工具。本章将介绍文字处理软件 Word 2016，涉及文档编辑、表格制作、图文混排等方面的运用。

4.1 文字处理过程

计算机文字处理的实质，是把文字信息数字化，即先用一串二进制代码代表一个字母或文字，经过计算机处理后，再把代替的二进制代码还原成字母或文字，从而实现文字信息处理的高效化。文字处理的过程大致可分为以下三方面：

1. 文字的输入

输入文字的方法有多种，如键盘输入、语音输入、手写输入、扫描仪输入等，最常用的输入方法为键盘输入。从键盘输入英文字符时，键盘根据所按的键，通过译码电路产生对应英文字符的 ASCII 码，并输入到计算机的内存中；输入中文时，必须将汉字的输入码转换为其对应的国标码存入计算机的内存中。

2. 文字的处理

在实际应用中，文字的处理不仅仅局限于对文字的处理，还包括对段落、表格、图形图像等多种对象的综合处理。这些处理操作可通过文字处理软件来实现。

3. 文字的输出

文字处理完成后，需要把处理结果的代码信息转换成文字形式输出。输出的方式包括显示、打印等。计算机先根据字符的机内码计算出地址码，再按地址码从字库中取出具有对应字形信息的字形码，即可将文字显示或打印出来。

4.2　Word 2016 基本知识

Word 2016 是目前最流行的文字编辑处理软件，是 Microsoft 公司开发的 Microsoft Office 办公软件套装的重要组件之一。Word 2016 具有文字编辑、表格制作、版面设计、图文混排等功能，采用了“所见即所得”的设计方式，简单易学，界面友好，广泛应用于制作信函、报告、论文、宣传文稿等各种文档。

4.2.1　Word 2016 的主要功能和特点

Word 2016 提供了大量易于使用的文档创建工具，可方便而快捷地创建出美观大方，层次分明，重点突出的文稿。其主要功能如下：

1. 所见即所得

用 Word 2016 编排文档，无论是简单的文字格式设置，还是较为复杂的版面设计，都能在屏幕上精确地显示出文档打印输出的效果，真正做到了“所见即所得”。

2. 多媒体混排

Word 2016 支持在文档中插入文字、图形、图像、声音、动画等多媒体对象，也可以用其提供的绘图工具进行图形制作，还可以编辑艺术字、插入数学公式，能够满足各种文档处理要求。

3. 强大的制表功能

Word 2016 提供了多种制表工具，能够快速而方便地制作表格，还可以根据需要对表格进行各种格式化操作或对表格中的数据进行简单计算和排序。

4. 自动纠错功能

Word 2016 提供了拼写和语法检查功能，如发现语法错误或拼写错误，则会在错误的单词或语句下方标上红色或绿色的波浪线，并提供修正的建议。

5. 丰富的模板功能

Word 2016 提供了丰富的模板，使用户在编辑某一类文档时，能很快建立相应的格式，并且，Word 允许用户自己定义模板，为用户建立特殊需要的文档提供了高效而快捷的方法。

4.2.2　Word 2016 的启动和退出

1. 启动 Word

启动 Word 文档就是将该文档加载到计算机的内存中，以便开始编辑处理。在 Windows

系统中可以使用多种方法启动 Word，以下是常用的 3 种方法：

方法 1：单击任务栏中的“开始”按钮，选择“所有程序”→“Microsoft Office”→“Microsoft Word 2016”命令。

方法 2：双击桌面上的 Word 快捷方式图标。

方法 3：双击已有的 Word 文档图标。

2. 退出 Word

完成文档的编辑后，可使用以下几种方法退出 Word：

方法 1：单击 Word 窗口标题栏右侧的“关闭”按钮。

方法 2：选择“文件”→“退出”选项。

方法 3：右击任务栏上的 Word 应用程序图标，在弹出的快捷菜单中选择“关闭窗口”命令。

小知识： *在退出 Word 之前，若正在编辑的文档中有内容尚未存盘，则系统会弹出保存提示对话框，询问是否保存被修改过的文档，可根据需要进行选择。*

4.2.3 Word 2016 的工作界面

Word 2016 窗口由标题栏、功能区、功能选项卡、标尺、文本编辑区、任务窗格等部分组成，如图 4-1 所示。

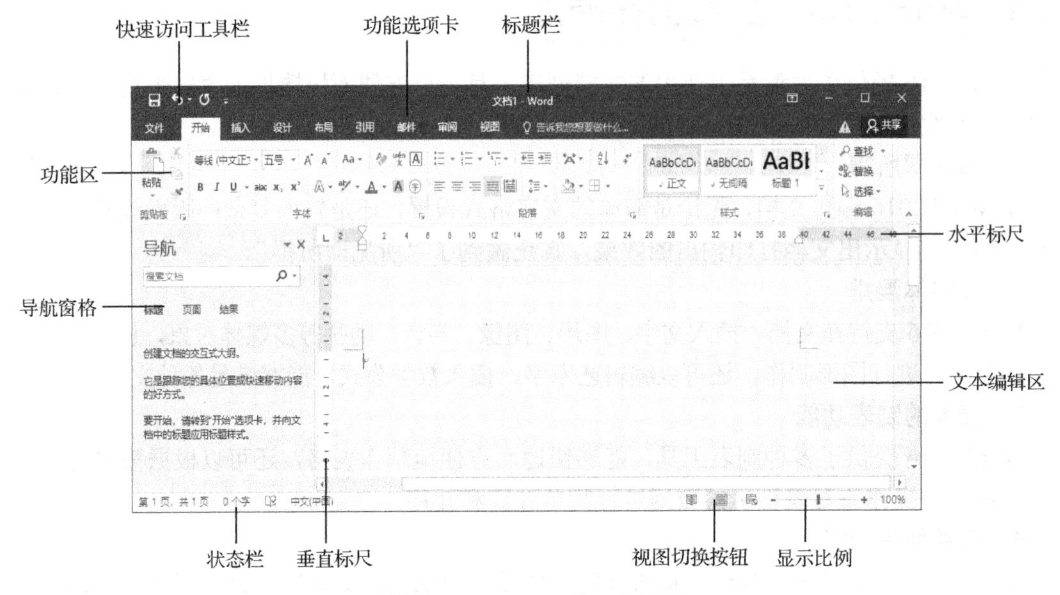

图 4-1 Word 2016 的工作界面

1. 快速访问工具栏

快速访问工具栏是一个可自定义的工具栏，通过它可以快速调用使用频繁的命令。单击快速访问工具栏右侧的下拉按钮，可以将所需的命令添加到快速访问工具栏。

2. 标题栏

标题栏显示当前编辑的文档名称和应用程序名称。

3. 功能区

Word 2016 以功能区取代了传统的菜单，功能区由功能选项卡、组和命令按钮三部分组成。

Word 窗口有 9 个标准的功能选项卡：文件、开始、插入、设计、布局、引用、邮件、审阅和视图。每个选项卡下，包含若干个组，每个组包含若干命令按钮。

某些功能选项卡在执行某些操作后才会自动出现，如当选中图片时，“图片工具/格式”选项卡会自动在功能区显示。除了 Word 提供的标准功能选项卡外，用户还可以自定义功能选项卡，把所需的各种命令按钮添加到自定义功能选项卡中。

4. 文本编辑区

文本编辑区是显示和编辑文档的主要工作区域。在文本编辑区中有一个不断闪烁的垂直光标，称为插入点，它指示的是文档的当前插入位置。

5. 标尺

标尺分为水平标尺和垂直标尺，常用于调整页边距、缩进段落、改变上下边界。

6. 任务窗格

任务窗格为用户提供所需要的常用工具和信息，在用户执行某些操作时自动显示。常见的任务窗格有导航窗格、剪贴板窗格、审阅窗格、样式窗格。

7. 状态栏

状态栏位于窗口底部，用于显示当前文档的状态信息，如页数、当前页码、字数、输入语言以及插入或改写状态等信息。状态栏右侧是用于切换文档视图方式的视图切换按钮和调整文档显示比例的显示比例调节工具。

4.2.4 Word 2016 的视图

Word 提供了五种不同的视图，用多种显示方式来满足用户不同的需要。可通过单击状态栏右侧的视图切换按钮或单击“视图”→“视图”组中的各视图按钮（见图 4-2）进行视图切换。

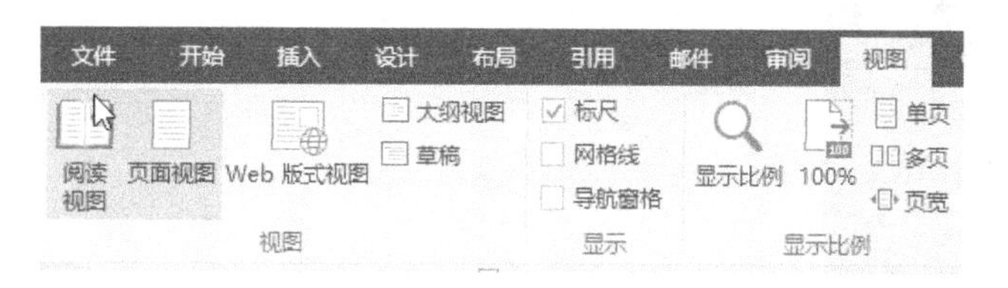

图 4-2 视图模式

1. 页面视图

页面视图是最常用的一种显示方式，具有“所见即所得”的显示效果，文档能按照用户设置的页面大小进行显示，显示的效果与打印效果完全相同。

2. 阅读视图

阅读视图适合对文档进行阅读和浏览。在阅读视图中，可以把整篇文档分屏显示，文档中的文本可以为了适应屏幕而自动换行，功能区、功能选项卡等窗口元素被隐藏起来。在该视图下，可在不影响文件内容的前提下，放大或缩小文字的显示比例，以方便阅读。

3. Web 版式视图

Web 版式视图是专门用于创作 Web 页的视图方式，在此视图下，能够模仿 Web 浏览器来显示文档。可以看到文档的背景，且文档可自动换行，以适应窗口的大小，而不是以实际打印的形式显示。

4. 大纲视图

在大纲视图下，可以按照文档的标题分级显示，可以方便地在文档中进行大块文本的移动、复制、重组以及查看整个文档的结构。

5. 草稿

草稿简化了布局，能够连续显示正文，页与页之间以虚线划分。在该视图下，文档只显示字体、字号、字形、段落缩进等最基本的文本格式，不显示页眉页脚、背景、图形、文本框和分栏等效果。

4.3 Word 2016 的基本操作

文档的基本操作包括创建新文档、保存文档、输入、选定、编辑文本和符号等。

4.3.1 新建文档

用户可以在 Word 中新建空白文档，也可以根据 Word 提供的模板来新建带有一定格式和内容的文档。以下为创建新文档的方法：

1. 新建空白文档

方法 1：启动 Word 后，系统会自动创建一个名为“文档 1”的空白文档。

方法 2：选择“文件”→“新建”→“空白文档”命令，如图 4-3 所示。

方法 3：按 Ctrl+N 组合键，新建一个空白文档。

方法 4：在“快速访问工具栏”上添加“新建”按钮，并单击该按钮。

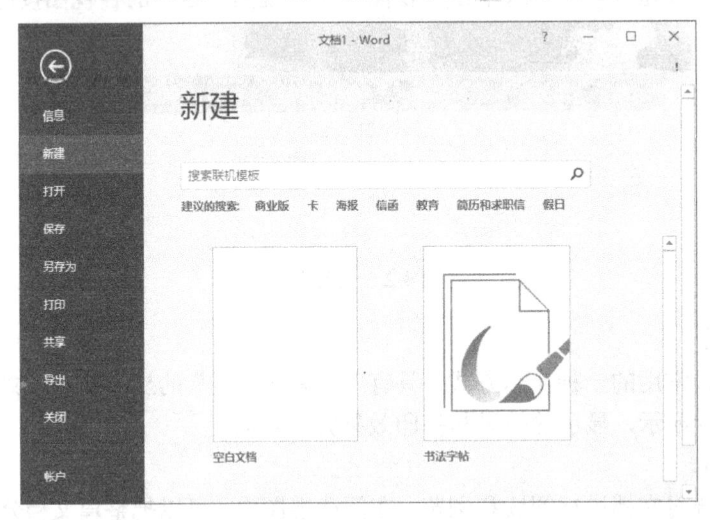

图 4-3 新建空白文档

2. 使用模板创建新文档

Word 提供了多种类型的模板，如简历、新闻稿、信函、报表等。利用这些模板，可以快速创建各种专业的文档。

【实战 4-1】利用“信函”模板创建新文档。

（1）选择“文件”→“新建”→“信函”选项，如图 4-4 所示。

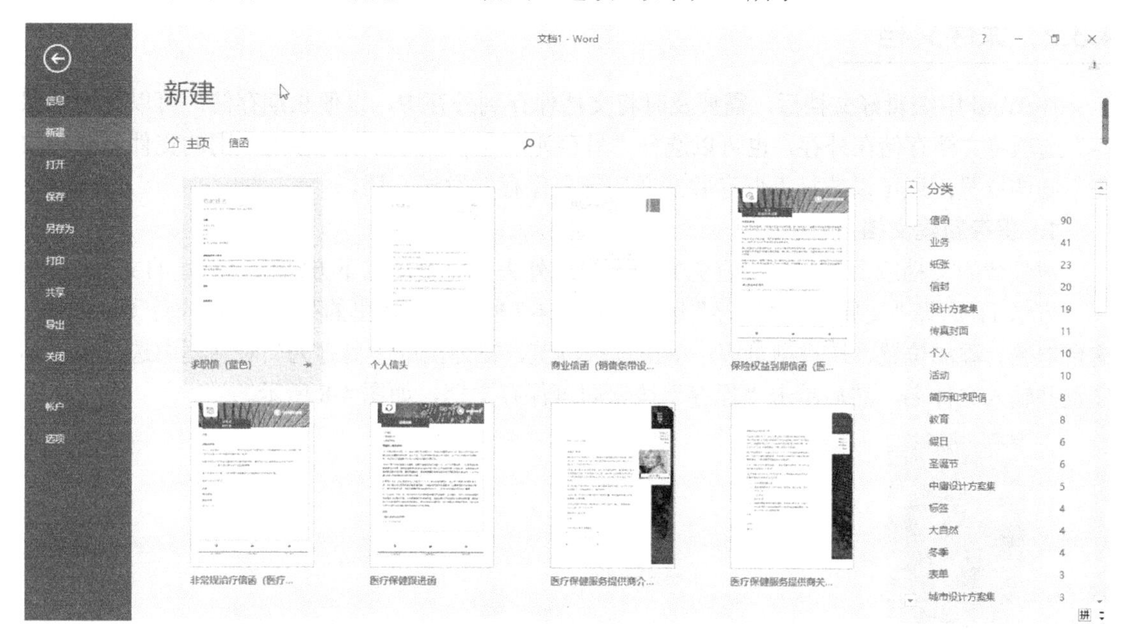

图 4-4　样本模板

（2）在“样本模板”中选择“求职信”模板，如图 4-5 所示，单击“创建”按钮后新建文档如图 4-6 所示。

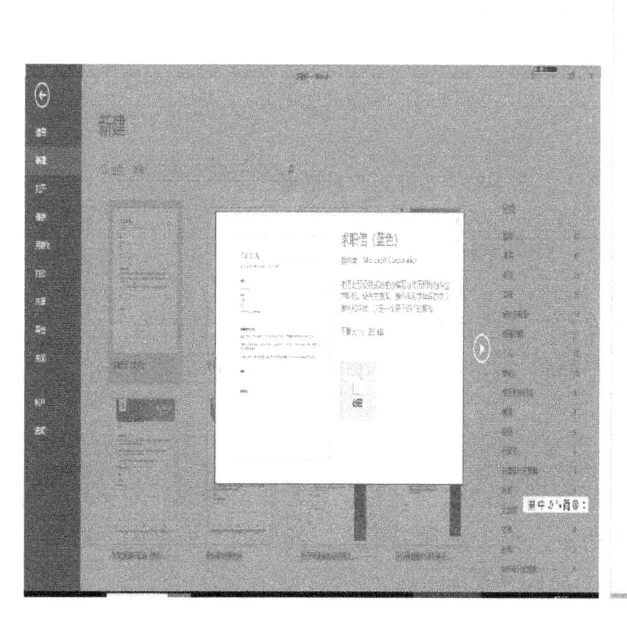

图 4-5　选择“求职信”模板

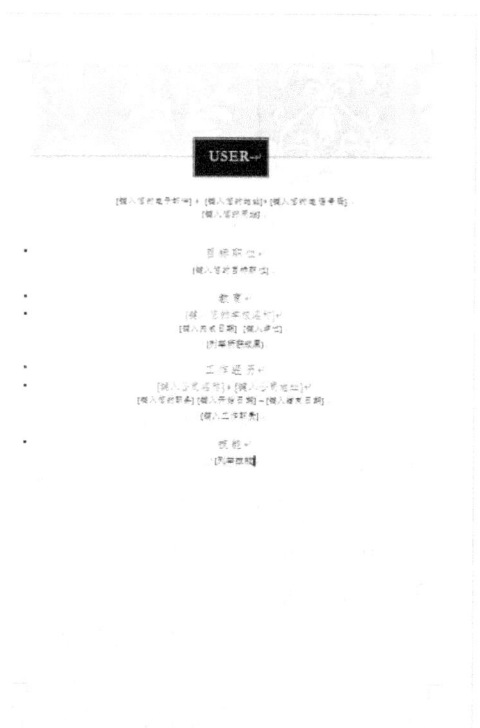

图 4-6　新建的模板文档

4.3.2 保存文档

在 Word 中编辑好文档后，需要及时将文档保存到外存中，以便长期存储。可以使用“保存”选项将文档存储在外存，也可以选择“另存为”选项，将文档另存为不同的文件名或存放在不同的位置；还可以选择“保存并发送”选项保存并发送文档。

1. 保存新建文档

对新建的文档应及时保存，避免文档内容意外丢失。可用以下方法保存新建的文档：

方法 1：选择“文件”→“保存”选项，如图 4-7 所示。在弹出的列表中可以有：OneDrive、这台电脑、添加位置、选择浏览等，单击选择浏览，在弹出的“另存为”对话框中选择保存的位置并输入文件名，然后单击“保存”按钮即可保存文档，如图 4-8 所示。

图 4-7 “保存”选项

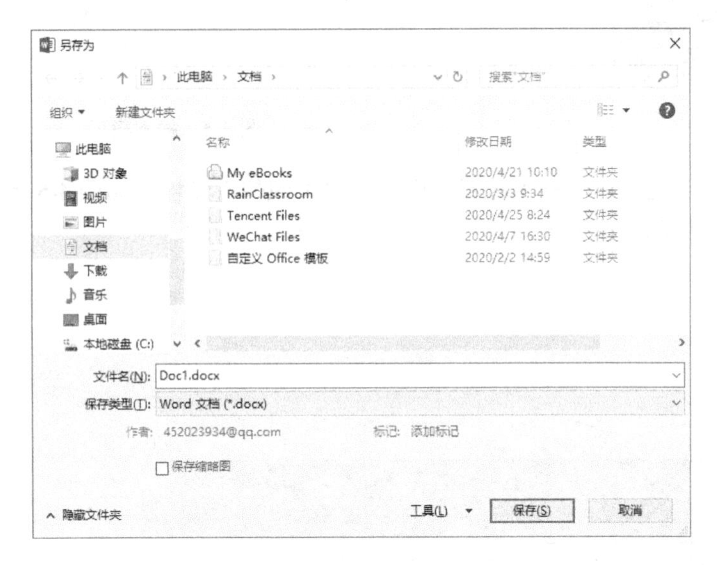

图 4-8 “另存为”对话框

方法 2：单击快速访问工具栏中的“保存”按钮。

方法 3：使用 Ctrl+S 组合键。

对已保存过的文档编辑修改后，选择“保存”选项进行保存，不会弹出“另存为”对话框，而是直接把修改后的内容保存到原文档中，若要将文档另存为不同的文件名或存放在不同的位置，则应选择“另存为”选项。

2. 另存文档

若对一个已保存过的文档进行修改，即想保留修改前的文档，又想保留修改后的文档，可选择“文件”→“另存为”选项，如图 4-9 所示。单击选择浏览，在弹出的“另存为”对话框中输入所需的文件名并选择文档保存的位置（见图 4-8）。

3. 共享文档

Word 提供的“共享”选项可将文档按四种方式共享，如图 4-10 所示。

图 4-9 “另存为”选项

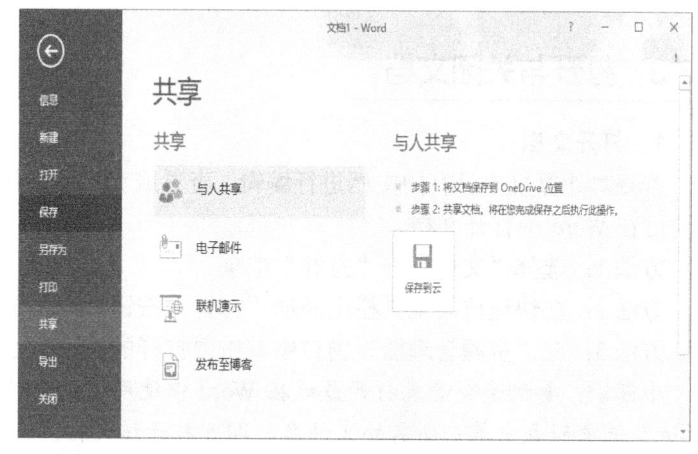

图 4-10 “共享”选项

4. 自动保存

Word 为了防止突然断电或是出现其他意外而导致文件丢失，每隔一段时间将自动保存一次文档。系统默认保存的间隔为 10 分钟，用户可以自行修改。具体设置方法如下：

（1）选择“文件”→“选项”选项，弹出“Word 选项”对话框。

（2）选择“保存”→“保存自动恢复信息时间间隔”复选框，如图 4-11 所示，输入所需的数值，单击“确定”按钮。

图 4-11 自动保存文档

小知识：Word的默认保存位置是文档库，默认的扩展名为.docx。Word可保存的类型有文档（.docx）、Word 97-2003（.doc）、OpenDocument文本（.odt）、模板（.dotx）、纯文本（.txt）、RTF格式（.rtf）、单个网页（.mht、.mhtml）、PDF/XPS文档（.pdf、.xps）等类型。

4.3.3 打开与关闭文档

1. 打开文档

若要对计算机中已有的文档进行编辑、查看或者打印，首先需要打开该文档。下列几种方法均可在Word中打开文档。

方法1：选择"文件"→"打开"选项。

方法2：在快速访问工具栏上添加"打开"按钮，并单击该按钮。

方法3：在"资源管理器"窗口中双击要打开的Word文档。

小知识：要快速查看或打开最近在Word中使用过的文档，可选择"文件"→"打开"→"最近"选项列表中单击所需的文件名，即可打开该文档。

2. 关闭文档

关闭文档与关闭应用程序一样有多种方法。

方法1：选择"文件"→"关闭"选项。

方法2：单击Word窗口标题栏右侧的"关闭"按钮。

4.3.4 输入文本和符号

文本的输入是编辑文档最基本的操作，在文本编辑区中闪烁的竖线称为插入点，表示文本的输入位置。

1. 输入文本

1）切换插入/改写状态

在Word中含有插入和改写两种编辑状态，在"改写"状态下，输入的文本将覆盖插入点右侧的原有内容，而在"插入"状态下，将直接在插入点处插入输入的文本，原有文本将右移。可通过以下方法来切换插入/改写状态：

方法1：选择"文件"→"选项"选项，弹出"Word选项"对话框，选择"高级"选项，通过设置选项"使用改写模式"是否勾选，可切换插入/改写状态，如图4-12所示。

方法2：按键盘上的Insert键。

2）切换输入法

在Word中支持用多种输入法输入文字，可用下列方法切换输入法：

方法1：单击任务栏上的输入法指示器，在弹出的输入法列表中选择所需的输入法。

方法2：按Ctrl+Space组合键在中文和英文输入法之间进行切换。

方法3：按Ctrl+Shift组合键在已安装的输入法之间按顺序切换。

3）输入法状态栏的使用

选择了任一中文输入法后，屏幕上就会出现相应的输入法状态栏，如图4-13所示。

（1）中/英文切换按钮：单击该按钮可以在中文和英文输入状态之间切换。

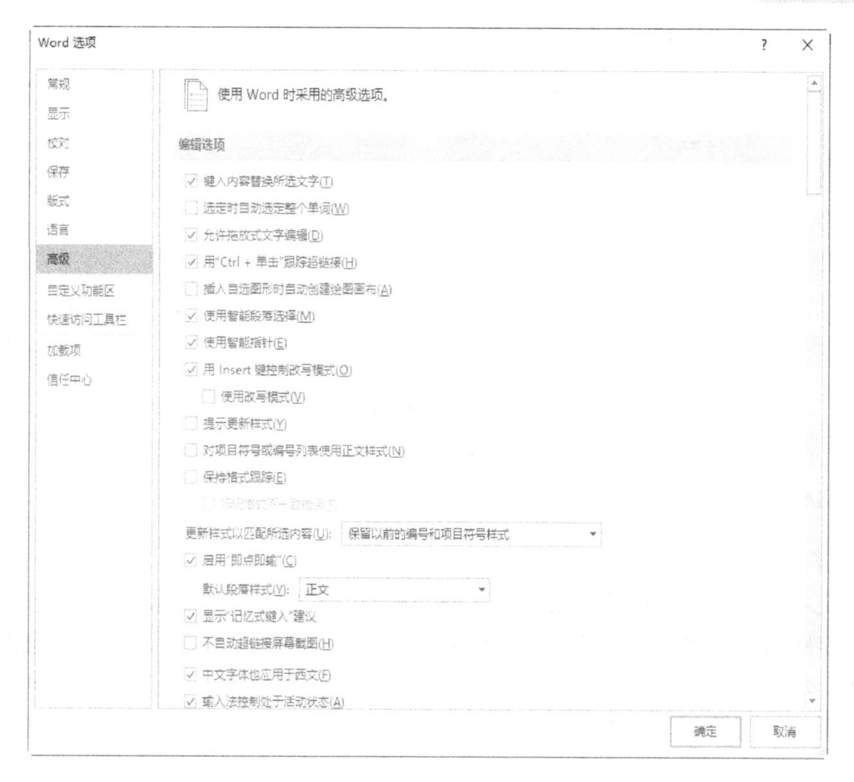

图 4-12　“插入”或“改写”状态的切换

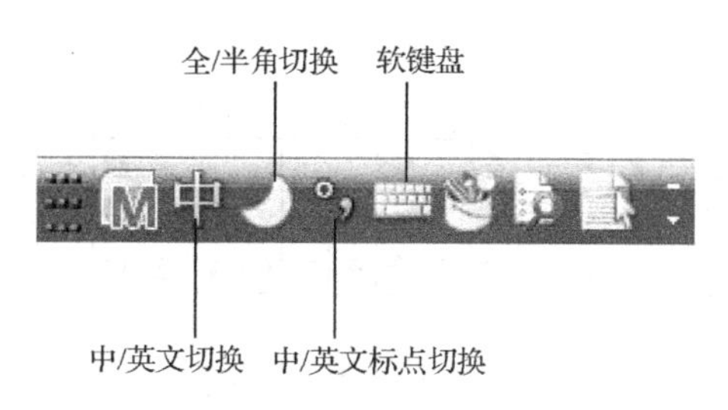

图 4-13　输入法状态栏

(2)全/半角切换按钮：单击该按钮可进行全角和半角的切换。当按钮上显示一个月牙形，表示处于半角状态，显示一个圆形，表示处于全角状态。在半角状态下，英文字母、数字和符号只占一个标准字符位，在全角状态下，英文字母、数字和符号占两个标准字符位，中文在两种状态下均占两个标准字符位。

(3) 中/英文标点切换按钮：单击该按钮可进行中文标点符号和英文标点符号的切换。当按钮上显示中文句号和逗号时，表示可以输入中文标点符号，当按钮显示英文句号和逗号时，表示可以输入英文标点符号。

(4) 软键盘：单击该按钮可弹出图 4-14 所示的软键盘快捷菜单，可根据需要选择不同的软键盘。图 4-15 所示为“数学符号”软键盘。

小知识：在页面视图和 Web 版式视图下，可使用 Word 提供的“即点即输”功能。若想在文档的任一空白区域插入文本、图形或其他内容，只需要用鼠标双击文档的任一空白处，即可将插入点移动到该位置并插入所需内容。

图 4-14　软键盘快捷菜单

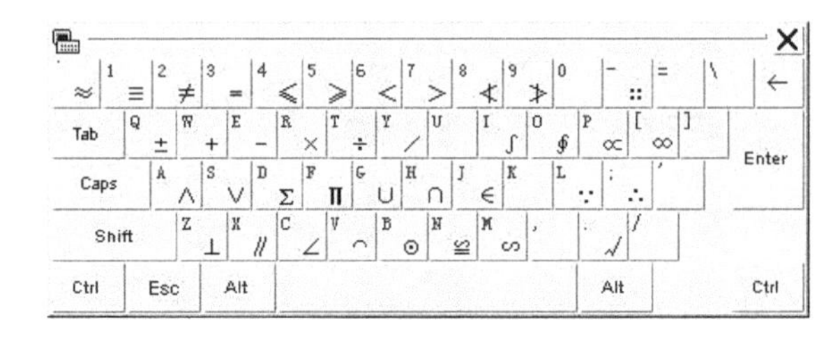

图 4-15　“数学符号”软键盘

2. 输入符号

在输入文本的过程中，可能需要插入一些不能直接从键盘输入的特殊符号，如数学符号、希腊字母等特殊符号，这时可以使用 Word 提供的插入符号功能。可用以下方法输入符号：

方法 1：选择“插入”→“符号”→“其他符号”选项，弹出“符号”对话框，如图 4-16 所示，选择所需的符号，单击“插入”按钮，插入该符号。

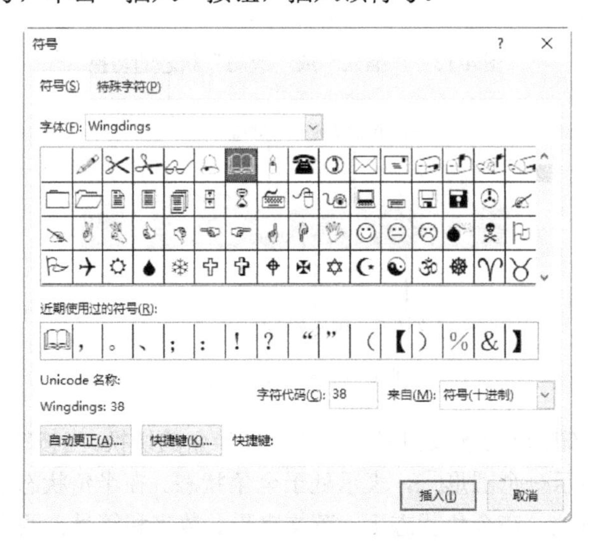

图 4-16　“符号”对话框

方法 2：切换到任一中文输入法，单击输入法状态栏上的软键盘按钮，根据需要选择软键盘上的符号输入。

4.3.5　选定文本

在输入文本之后，若要对文本进行编辑修改，通常需要遵循“先选定后操作”的原则。被选定的文本一般以灰色底纹显示。

选定文本操作经常使用到文本选定区，文本选定区位于文档窗口左侧的空白区域，当移到该区域的鼠标指针变成向右的箭头时，即可在文本选定区选定文本。常用的选定文本的操作技巧，如表4-1所示。

表4-1 选定文本的技巧

选定的范围	操作技巧
英文单词/中文词组	在单词或词组上双击
行	在文本选定区单击
句子	按住Ctrl键后单击该句子
段落	在文本选定区双击鼠标或在该段内单击鼠标3次
大块连续区域	单击要选定的文本的开始处，然后按住Shift键，在要选定文本的结束处单击
矩形区域	按住Alt键并拖动鼠标
多块不连续区域	选定一块文本后，按住Ctrl键选定其他要选的文本
全文	按Ctrl+A组合键或在文本选定区单击鼠标3次

4.3.6 文本的编辑

在输入文本之后，经常需要对文本的内容进行调整和修改，如移动、复制、删除、查找与替换等操作。

1. 移动文本

在编辑文档的过程中，可利用剪贴板或鼠标拖动的方法来将文本从一个位置移动到另一个位置。以下为常用的移动文本的方法：

方法1：

（1）选定要移动的文本，单击“开始”→“剪贴板”→“剪切”按钮 剪切。

（2）将插入点定位到目标位置，单击“开始”→“剪贴板”→“粘贴”按钮。

方法2：选定要移动的文本，按住鼠标左键不放，将文本拖动到目标位置后松开鼠标左键。此方法适用于近距离移动文本。

2. 复制文本

复制文本与移动文本的方法基本相同，也可以使用剪贴板和鼠标拖动两种方式来实现。

方法1：选中文本后，单击“开始”→“剪贴板”→“复制”按钮 复制，将插入点定位到目标位置后粘贴。

方法2：选定文本后，按住Ctrl键并将文本拖动到目标位置。

小知识： 单击“开始”→“剪贴板”右侧的“剪贴板”任务窗格按钮，可打开Word“剪贴板”任务窗格，该窗格可存放24次复制或剪贴的内容，用户可根据需要单击其中的项目进行粘贴。

3. 删除文本

选定文本后，可用下列方法删除文本：

方法1：按Delete键或Backspace键。

方法2：单击“开始”→“剪贴板”→“剪切”按钮。

4. 撤销和恢复

如果在文本的处理过程中出现了误操作，可使用Word提供的“撤销”功能将误操作撤销，也可通过“重复”功能使刚才的“撤销”操作失效。

（1）撤销

“撤销”是 Word 中最重要的命令之一，可取消对文档的最后一次或多次操作，能够恢复因误操作而导致的不必要的麻烦。可通以下几种方法进行“撤销”操作：

方法 1：单击快速访问工具栏中的“撤销”按钮。

方法 2：按 Ctrl+Z 组合键撤销。

（2）恢复

“重复”操作是“撤销”操作的逆操作，用于恢复被撤销的操作。可通过下列方法执行“重复”操作：

方法 1：单击快速访问工具栏中的“重复”按钮。

方法 2：按 Ctrl+Y 组合键恢复。

4.3.7 查找与替换文本

在编辑文档的过程中，若需大量检查或修改文档中特定的内容，可使用 Word 提供的查找和替换功能。

1. 查找

Word 提供的查找功能，可方便、快捷地查找所需的内容。

【实战 4-2】 查找“素材.docx”中的所有“采莲”。

方法 1：选择“开始”→“编辑”→“查找”命令，如图 4-17 所示，打开“导航”窗格，在搜索框中输入“采莲”，如图 4-18 所示。

方法 2：

（1）单击“开始”→“编辑”→“查找”右侧的下拉按钮，在弹出的下拉列表中选择“高级查找”选项，如图 4-19 所示。

图 4-17 “查找”命令

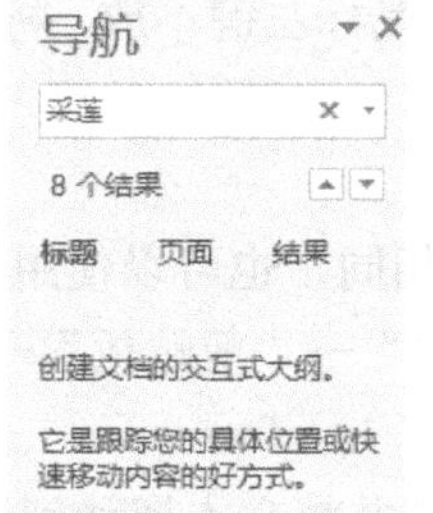

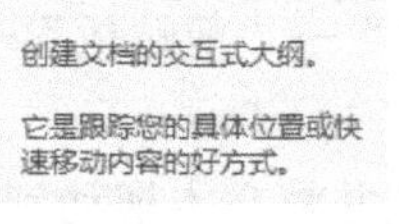

图 4-18 “导航”窗格

图 4-19 “高级查找”命令

（2）弹出“查找和替换”对话框，如图 4-20 所示，在“查找”选项卡的“查找内容”下拉列表框内输入要查找的文本。

（3）单击“查找下一处”按钮进行查找。

2. 替换

替换功能可以快速对文档中多次出现的某些内容进行更改。

【实战 4-3】 将“素材.docx”中的所有“何唐”替换为红色、加粗的“荷塘”。

（1）打开“素材.docx”，选择“开始”→“编辑”→“替换”选项，如图 4-21 所示，弹出

“查找和替换”对话框。

（2）在“替换”选项卡的“查找内容”下拉列表框内输入“何唐”，在“替换为”下拉列表框内输入“荷塘”。

（3）单击“更多”按钮，然后单击“格式”按钮，在弹出的菜单中选择“字体”命令，如图 4-22 所示，弹出“替换字体”对话框，如图 4-23 所示。

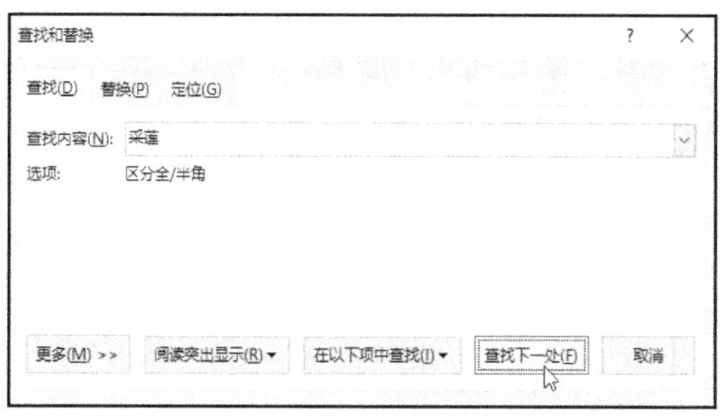
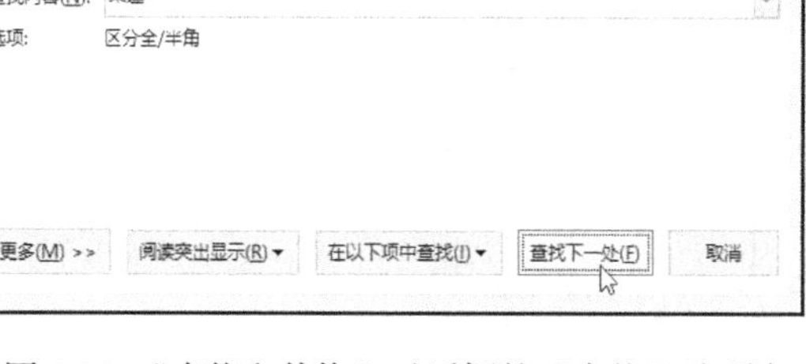

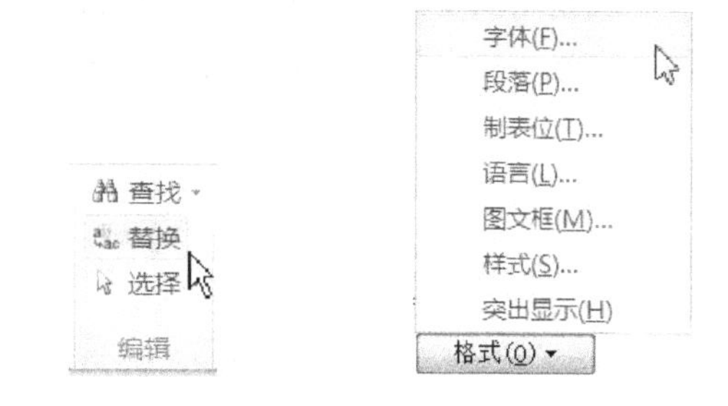

图 4-20　“查找和替换”对话框的“查找”选项卡　　图 4-21　“替换”命令　　图 4-22　设置字体

（4）在“替换字体”对话框中设置“字体颜色”为红色，“字形”为“加粗”，单击“确定”按钮。

（5）“查找和替换”对话框设置如图 4-24 所示，单击“全部替换”按钮进行替换。

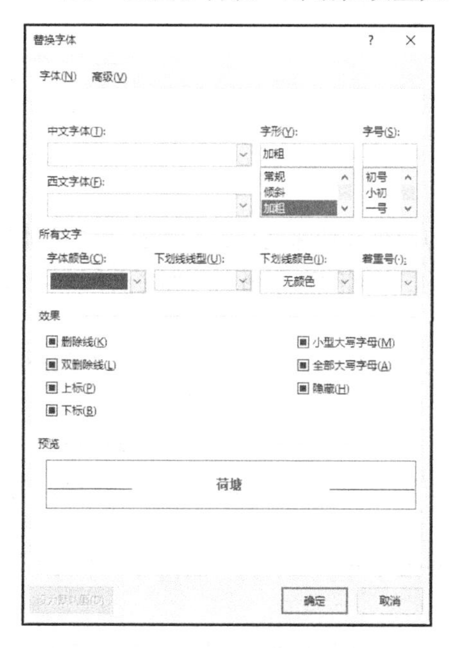

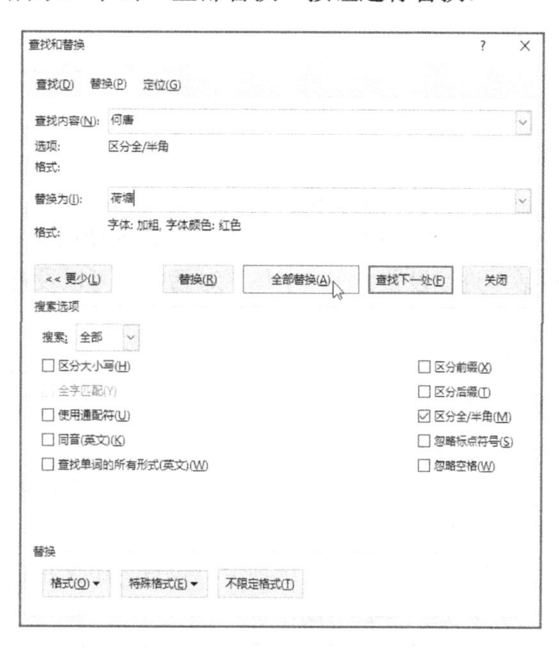

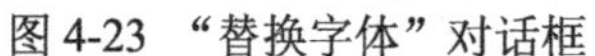

图 4-23　“替换字体”对话框　　图 4-24　“查找和替换”对话框的“替换”选项卡

4.4　Word 2016 的格式编排

文档的格式设置包括文本、段落、页面等格式的设置，通过文档的格式化，可以改变其外观，使其规范、美观，便于阅读。Word 的“所见即所得”特性使用户能直观地看到排版的效果。

4.4.1 文本的格式化

文本外观主要包括字体、字号、字形和字体颜色等格式。可通过“字体”组中的命令按钮或“字体”对话框设置文字格式。

1. “字体”组

较常用的文本格式可通过“开始”选项卡的“字体”组按钮进行设置，“字体”组包含字体、字号、文字颜色等常用的文本格式设置按钮，如图 4-25 所示。

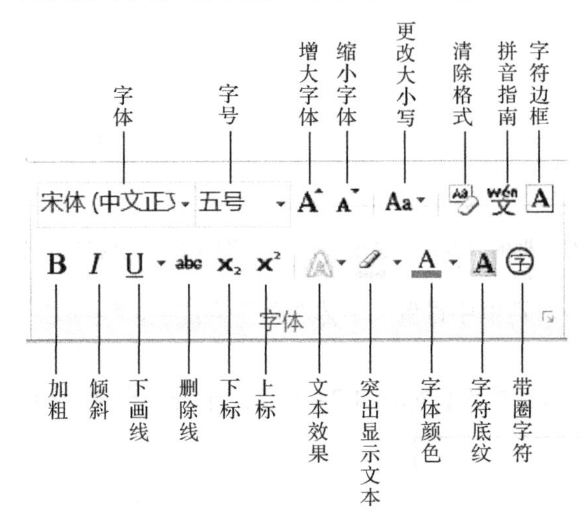

图 4-25 “开始”选项卡的“字体”组

2. “字体”对话框

许多文本的格式化操作不能简单地使用“字体”组的命令按钮来完成，而需打开“字体”对话框进行设置。在“字体”对话框中可以设置更为丰富、详细的文字格式，如字符间距、文字效果等格式。

【实战 4-4】打开“素材.docx”，将标题的文字格式设置为楷体、一号、加粗、字符间距为加宽 5 磅、文字效果为“顶部聚光灯-个性色 2”。

（1）打开“素材.docx”。

（2）选定标题文字，单击“开始”→“字体”组右侧的“字体”对话框按钮，弹出“字体”对话框。

（3）选择“字体”选项卡，设置“中文字体”为“楷体”，“字形”为“加粗”，“字号”为“一号”，如图 4-26 所示。

（4）选择“高级”选项卡，设置“间距”为“加宽”，“磅值”为“5 磅”，如图 4-27 所示。

（5）单击图 4-27“文字效果”按钮，在弹出的“设置文本效果格式”对话框中选择“文本填充”→“渐变填充”→“预设渐变”→“顶部聚光灯-个性色 2”选项，如图 4-28 所示。

小知识：若要对已输入的文本进行设置，必须先选定需设置的文本再进行设置，若未选定文本就进行设置，则对当前插入点将要输入的文字预设格式。Word 默认的中文字体是宋体，西文字体是 calibri，字号为五号。

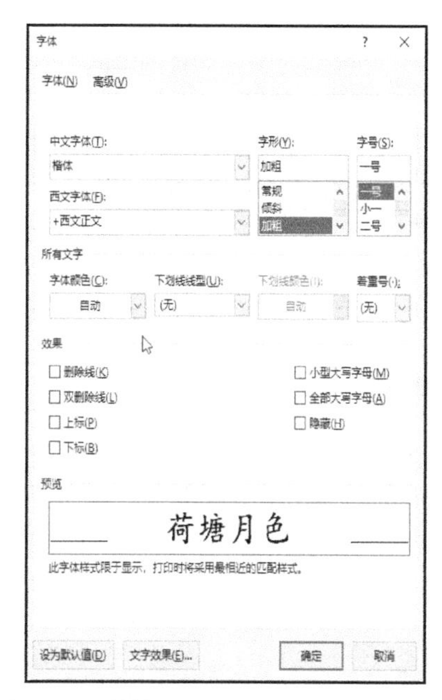

图 4-26 “字体”对话框的“字体”选项卡

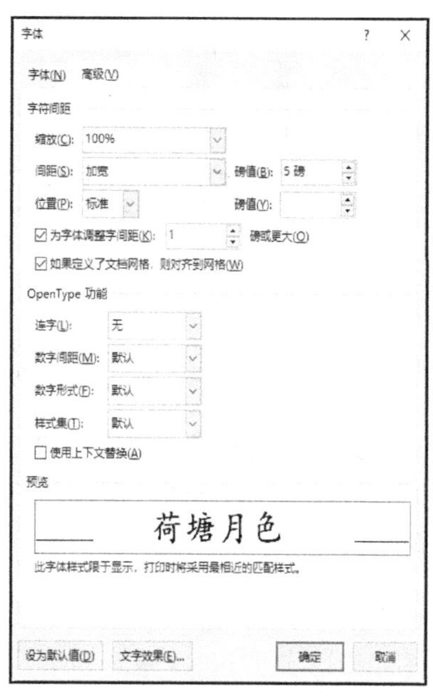

图 4-27 “字体”对话框的“高级”选项卡

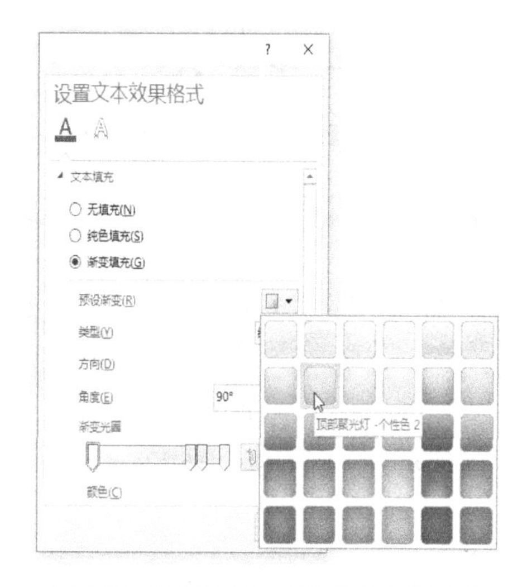

图 4-28 “设置文本效果格式”对话框

4.4.2 段落的格式化

要使文档更加美观，仅仅设置文本的格式是不够的，通过设置段落格式，可使文档更具有层次感，便于阅读。在 Word 中，段落是指两个段落标记（即回车符）之间的内容。

在设置段落格式前，需把插入点置于要设置的段落中任意位置上或选定多个段落，再进行设置操作。段落的格式设置包括段落的对齐方式、缩进、间距等。通常可通过使用标尺、“段落”组中的命令按钮和“段落”对话框三种方式设置段落格式。

1. 使用标尺设置段落缩进

段落缩进是指文本与页面边界的距离。在水平标尺上有四个缩进标记，如图 4-29 所示。拖动水平标尺上的缩进标记可以快速、直观地设置段落的缩进。

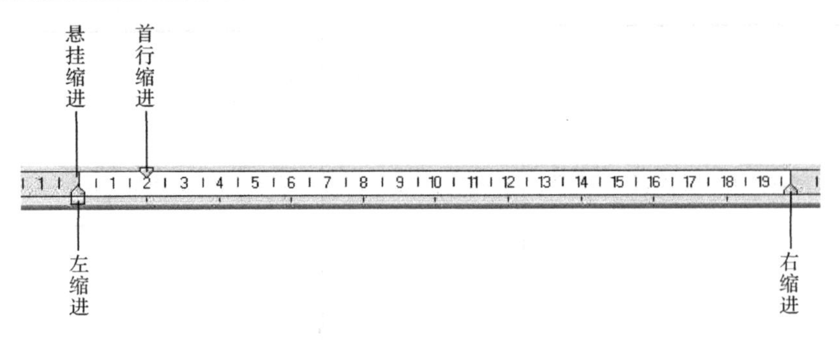

图 4-29　水平标尺上的缩进标记

2. “开始”选项卡的“段落”组

使用“开始”选项卡的“段落”组可以快速设置段落的对齐方式、缩进量、行距等格式，如图 4-30 所示。

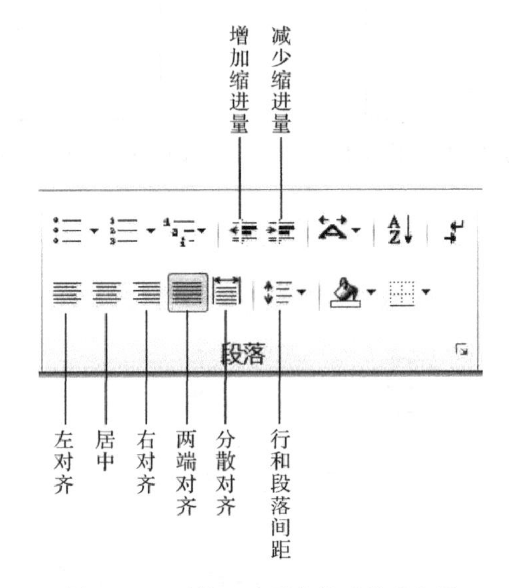

图 4-30　“开始”选项卡的“段落”组

3. “段落”对话框

如果要更详细地设置段落的格式，可使用“段落”对话框进行设置。“段落”对话框能够完成所有段落格式的排版工作，如对齐方式、缩进方式、行间距与段间距等格式设置。

【实战 4-5】 打开“素材.docx”，设置标题的对齐方式为居中，将正文所有段落设置为左右缩进 2 字符，首行缩进 2 字符，段前间距 1 行，行距为固定值 18 磅。

（1）打开“素材.docx”。

（2）将插入点定位在标题中，单击“开始”→“段落”→“居中”按钮≡。

（3）选定正文，单击“开始”→“段落”组右侧的“段落”对话框按钮⊡，弹出“段落”对话框。

（4）选择“缩进和间距”选项卡，设置“缩进”的“特殊格式”为“首行缩进”，“缩进值”为“2 字符”，“左侧”“右侧”分别为“2 字符”，“间距”的“段前”设置为“1 行”，“行距”为“固定值”，“设置值”为 18 磅，各参数设置如图 4-31 所示。

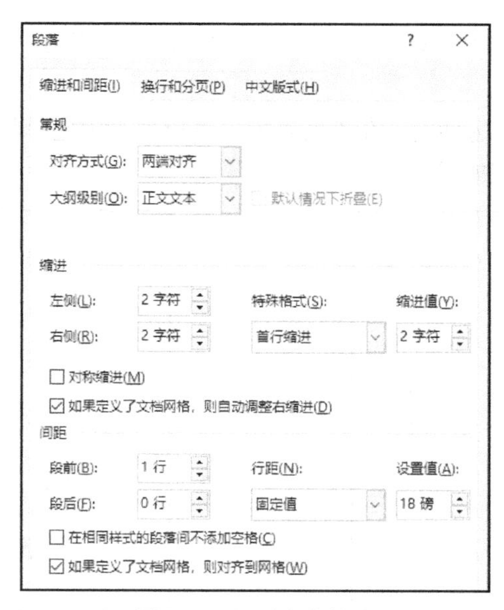

图 4-31　设置段落格式

4.4.3　边框和底纹

为了突出和强调文档中的某些文字或段落，可以给它们加上边框和底纹。在 Word 中，可以对文本、段落和页面设置边框和底纹。可通过“开始”选项卡的“字符底纹”按钮**A**、“底纹”按钮和“边框和底纹”对话框设置边框和底纹。

【实战 4-6】打开“素材.docx”，为正文第一段设置黄色的底纹，并为该段设置阴影型边框，边框线颜色为绿色，边框线宽度为 3 磅，为页面添加任一艺术型边框。

（1）打开“素材.docx”，选定正文第一段。

（2）单击“开始”→“段落”→“边框”右侧的下拉按钮，在下拉列表中选择“边框和底纹”选项，如图 4-32 所示，弹出“边框和底纹”对话框。

（3）选择“边框”选项卡，设置边框类型为“阴影”，“颜色”为绿色，“宽度”为“3 磅”，在“应用于”下拉列表中选择“段落”选项，如图 4-33 所示。

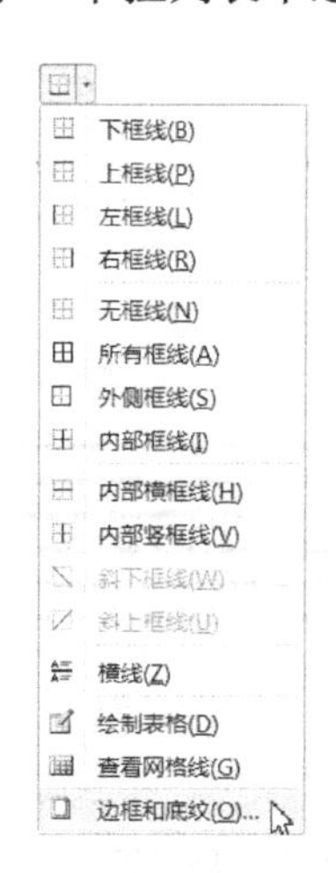

图 4-32　设置边框和底纹

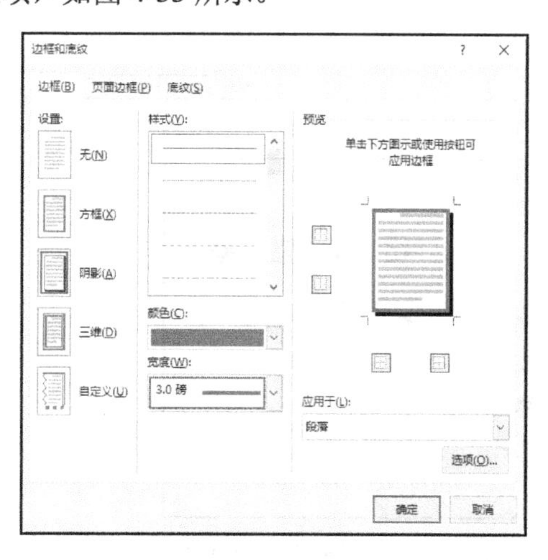

图 4-33　“边框和底纹”对话框的“边框”选项卡

（4）选择“底纹”选项卡，设置“填充”为黄色，在“应用于”下拉列表中选择“段落”选项，如图 4-34 所示。

（5）选择“页面边框”选项卡，在“艺术型”下拉列表中选择任一艺术型边框，如图 4-35 所示，单击“确定”按钮完成设置。

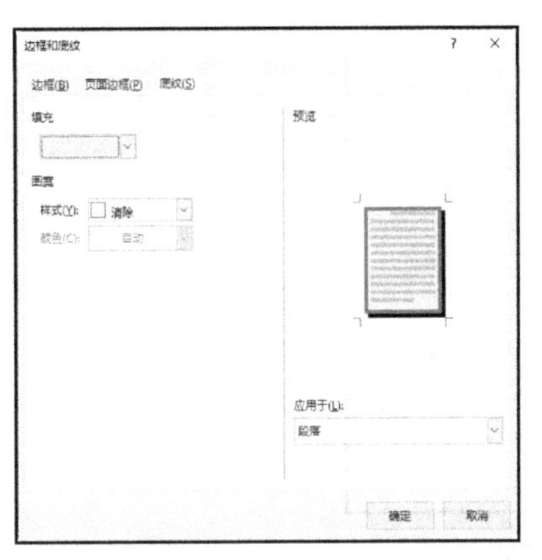

图 4-34 “边框和底纹”对话框的“底纹”选项卡

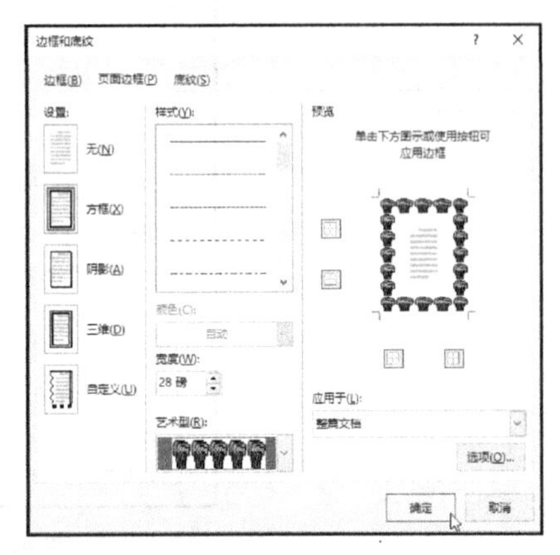

图 4-35 “边框和底纹”对话框的“页面边框”选项卡

4.4.4 设置项目符号和编号

在文档中适当地使用项目符号和编号，可以使文档层次分明，重点突出。Word 提供了非常方便地创建项目符号和编号的方法。

1. 设置项目符号

项目符号是指放在文本前以增加强调效果的点或其他符号，它主要用于一些并列的、没有先后顺序的段落文本。添加项目符号的具体操作步骤如下：

（1）选定需设置项目符号的段落。

（2）单击“开始”→“段落”→“项目符号”右侧下拉按钮，在下拉列表中选择所需的项目符号，如图 4-36 所示。

（3）若需设置新的项目符号，则选择下拉列表下方的“定义新项目符号”选项，在弹出的“定义新项目符号”对话框中进行设置，如图 4-37 所示。

图 4-36 “项目符号”下拉列表

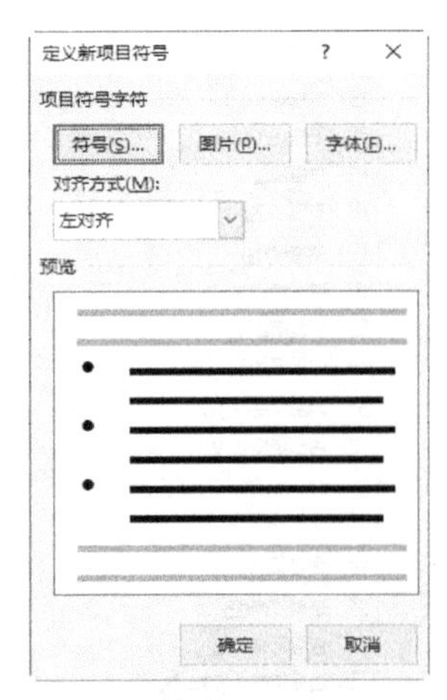

图 4-37 “定义新项目符号”对话框

2. 设置编号

编号常用于具有一定顺序关系的内容，添加编号的具体操作步骤如下：

（1）选定需设置编号的段落。

（2）单击“开始”→“段落”→“编号”右侧下拉按钮，在下拉列表中选择所需的编号，如图 4-38 所示。

（3）若需设置新的编号，选择该列表下方的“定义新编号格式”选项，在弹出的“定义新编号格式”对话框中进行设置，如图 4-39 所示。

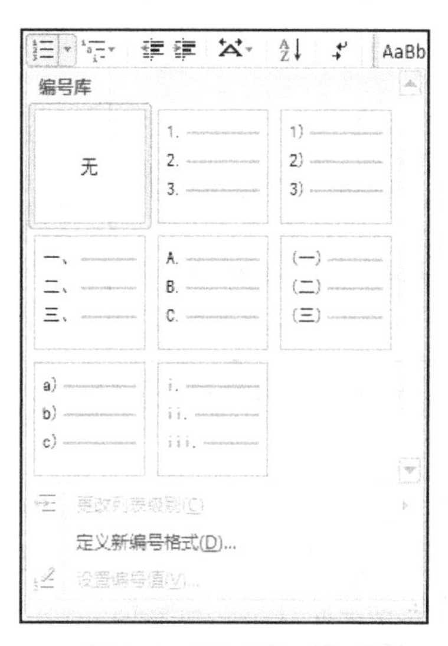

图 4-38 “编号”下拉列表

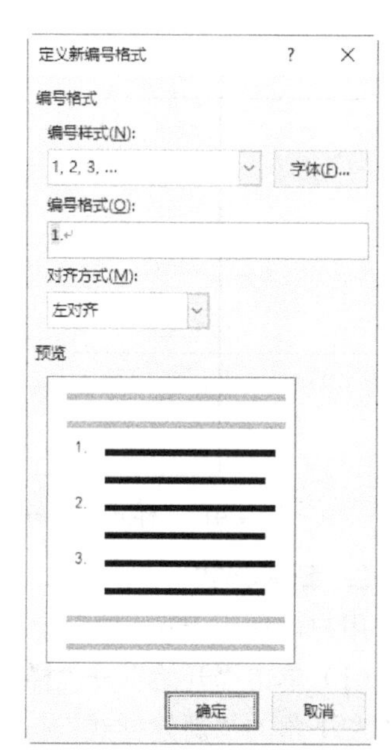

图 4-39 “定义新编号格式”对话框

4.4.5 设置样式

样式是字体、字号和缩进等格式设置的组合，是一组可以被重复使用的格式。根据适用对象的不同，可分为字符、段落、链接段落和字符、表格、列表等样式。用户可使用 Word 内部定义的标准样式，也可以自己定义样式。

1. 应用样式

应用样式可以快速改变文本、段落等对象的外观，使文档具有规范统一的格式。此外，在长文档中使用样式便于创建大纲和目录。可用以下方法应用样式：

（1）选定要应用样式的文本、段落、表格或列表。

（2）单击“开始”→“样式”组中所需的样式按钮，如图 4-40 所示，或单击“开始”→“样式”组右侧的“样式”任务窗格按钮，在“样式”任务窗格中选择所需的样式，如图 4-41 所示。

小知识：“样式”任务窗格默认只显示推荐的样式，若要在其中显示所有样式，单击其右下角的“选项”按钮，弹出“样式窗格选项”对话框，在“选择要显示的样式”下拉列表中选择“所有样式”选项，如图 4-42 所示，单击“确定”按钮，即可显示 Word 中内部定义的所有标准样式。

图 4-40 应用样式

图 4-41 “样式”任务窗格

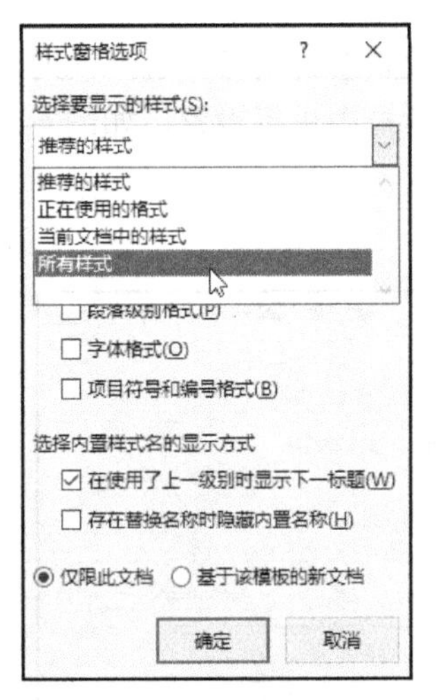

图 4-42 “样式窗格选项”对话框

2. 新建样式

用户可使用 Word 内部定义的标准样式，也可根据自己的需求创建样式，操作步骤如下：

（1）单击“开始”→“样式”组右侧的“样式”任务窗格按钮，在“样式”任务窗格中单击左下角的“新建样式”按钮，弹出“根据格式设置创建新样式”对话框。

（2）单击“格式”按钮，在弹出的菜单中进行格式设置，如图 4-43 所示，单击“确定”按钮完成操作。

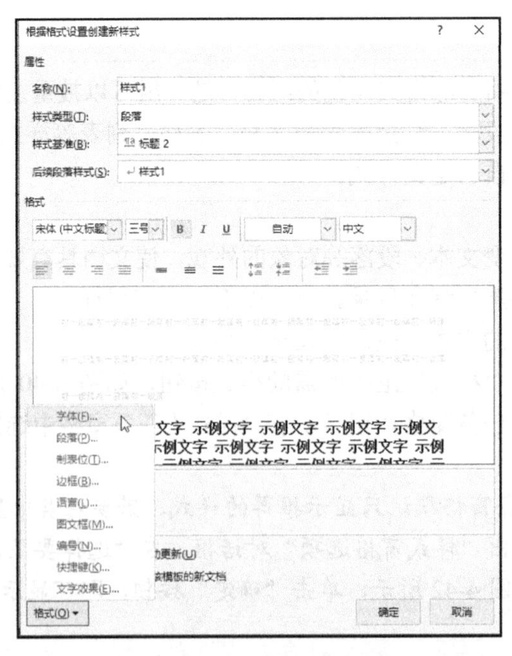

图 4-43 “根据格式设置创建新样式”对话框

3. 修改、删除样式

如果文档中有多个部分应用了某个样式，则修改或删除该样式后，文档中所有运用该样式的部分都会自动调整。

修改或删除样式的方法为：在“样式”任务窗格中选定需要修改或删除的样式名称，单击其右侧的下拉按钮，在弹出的下拉菜单中选择所需的命令，如图 4-44 所示。

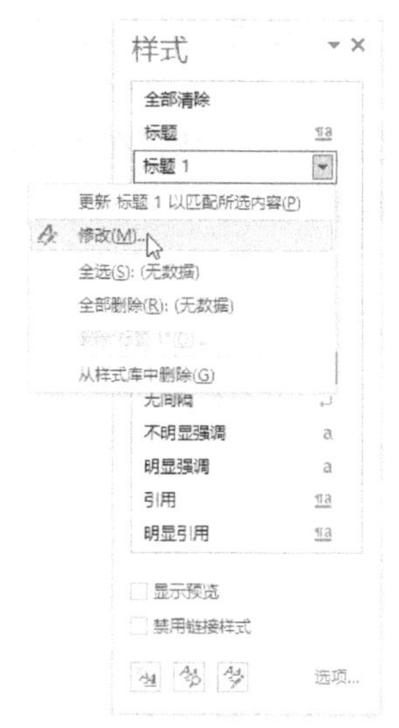

图 4-44　修改、删除样式

4. 清除样式

如果要撤销样式的应用效果，可选中需清除样式的部分，单击“开始”→“字体”→“清除所有格式”按钮 进行样式的清除。

4.4.6　格式刷

在设置文档格式时，使用 Word 提供的格式刷功能可以实现格式的快速复制。格式刷可以复制字符、段落、项目符号和编号、标题样式等格式。

【实战 4-7】打开“素材.docx”，将正文最后一段的格式用格式刷复制到正文第二段。

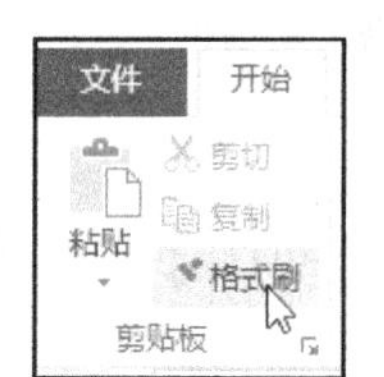

图 4-45 “格式刷”命令

（1）将插入点定位于正文最后一段。

（2）单击“开始”→“剪贴板”→“格式刷”按钮，如图 4-45 所示。

（3）从正文第二段起始位置，按下鼠标左键拖动，到第二段结束位置释放鼠标，完成格式的复制操作。

小知识：若需复制格式到多个目标文本上，首先定位光标于已设置好格式的文本处，再双击“格式刷”按钮，然后逐个复制格式，最后单击“格式刷”按钮或按 Esc 键，结束格式的复制。可单击“开始”→“字体”→“清除所有格式”按钮 进行格式的清除。

4.5　表格制作

使用表格来组织文档中的数字和文字，可以使数据更清晰、直观。Word 的表格是由行和列组成的二维表格，行和列交叉的方框称为单元格，可以在单元格中输入文字、数字或图形。

4.5.1　创建表格

在 Word 中，可用多种方式创建表格。在创建表格之前，首先要把插入点定位于要插入表格的位置。然后单击“插入”→“表格”按钮，在弹出如图 4-46 所示的下拉列表中选择所需的选项，即可用其对应的方式创建表格。

1. 使用表格网格创建

在表格网格中从左上角至右下角拖动鼠标，选择所需的表格行、列后松开鼠标，表格即可制作完成。

2. 使用“插入表格”选项

选择“插入表格”选项，弹出“插入表格”对话框，如图 4-47 所示，在对话框中输入所需的行数和列数，在“‘自动调整’操作”选项组中调整表格各列的宽度，单击“确定”按钮创建表格。

图 4-46 “表格”下拉列表

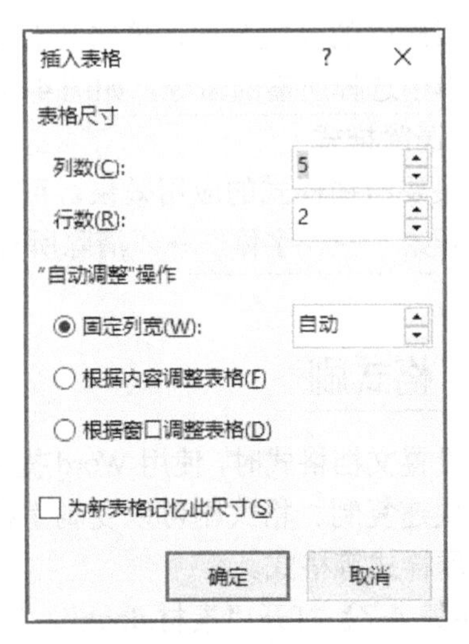

图 4-47 “插入表格”对话框

3. 使用“绘制表格”选项

使用“绘制表格”选项，可绘制结构复杂的表格。单击“绘制表格”命令后，光标将变为笔的形状，拖动鼠标即可使用笔状光标绘制表格。

4. 使用“快速表格”选项

选择“快速表格”选项，将弹出 Word 内置表格模板列表，通过单击相应选项可快速在文档中插入特定类型的表格，如矩阵、日历等。

4.5.2 编辑表格

用 Word 提供的插入表格功能所创建的表格都是简单表格，有时与我们的要求相距甚远，这时就可以使用表格编辑工具对其进行编辑加工，最终得到所需的表格。

1. 表格与单元格的选择

在对表格或单元格进行编辑格式化之前，必须先选定表格或单元格。当将光标移到表格内，系统自动增加一个功能选项“表格工具”，包含两个选项卡“设计/布局”。

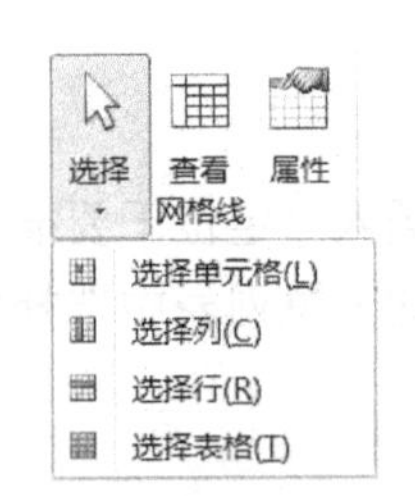

图 4-48 表格或单元格的选择

1）使用“布局”选项卡

单击“表格工具/布局”→“表”→“选择”命令，在弹出的下拉列表中选择所需的选项，如图 4-48 所示，即可选定表格的单元格、行、列或整个表格。

2）使用鼠标指针进行选择

选定表格或单元格也可通过拖动鼠标的方法或用单击的方法实现，常用的选定表格或单元格的操作技巧如表 4-2 所示。

表 4-2 选定表格或单元格的操作技巧

选取范围	方法
选定表格	将光标移动到表格内，单击表格左上角出现的方框标志⊕
选定行	将光标移动到该行的左侧，指针变为右向箭头后单击
选定列	将光标移动到该列的上方，指针变为黑色向下箭头⬇后单击
选定一个单元格	将光标移动到该单元格内部的左侧，指针变为黑色向右箭头后单击

2. 单元格、行、列、表格的删除

表格中的单元格、行、列或整个表格都可以删除，具体操作步骤如下：

（1）选定要删除的单元格、行、列或表格。

（2）单击“表格工具/布局”→“行和列”→“删除”按钮，在弹出的下拉列表中选择所需的选项，如图 4-49 所示。

图 4-49 单元格、行、列、表格的删除

3. 单元格、行、列的插入

在表格中，要插入单元格、行或列，首先要将光标定位到要插入单元格、行或列的位置，若要插入多个单元格、行或列，可选择多个单元格、行或列，再进行插入操作，具体方法如下：

方法 1：单击“表格工具/布局”→“行和列”组中的“在上方插入”“在左侧插入”等按钮即可实现插入行或列，如图 4-50 所示。

方法 2：单击“表格工具/布局”→“行和列”组右侧的“插入单元格”对话框按钮，弹出“插入单元格”对话框，如图 4-51 所示，在其中选择所需的选项，即可插入单元格、行或列。

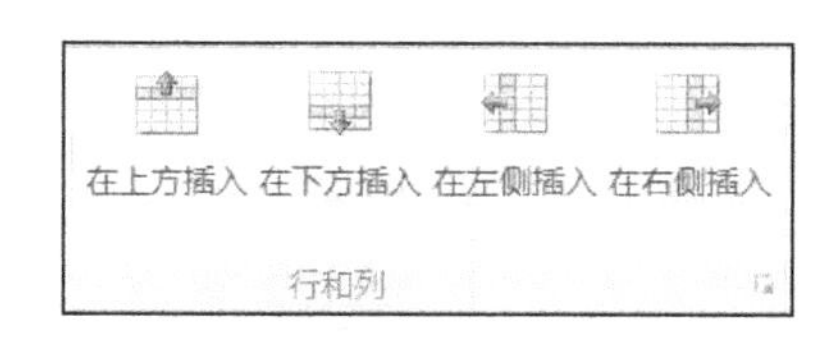

图 4-50 插入行或列

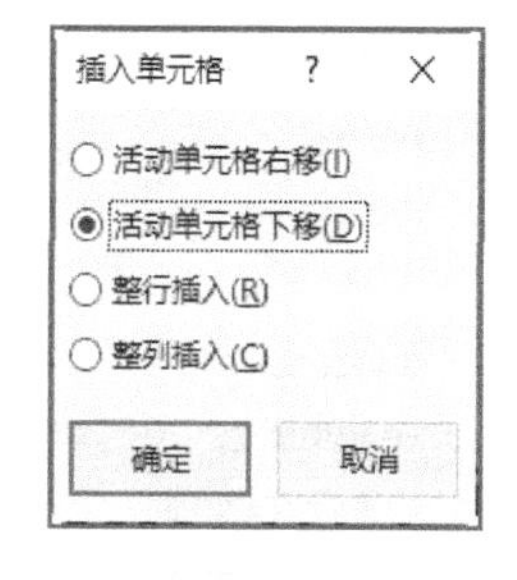

图 4-51 “插入单元格”对话框

4. 合并、拆分单元格

1）合并单元格

若要将多个单元格合并为一个单元格，可按照以下步骤进行操作：

（1）选定要合并的多个单元格。

（2）单击“表格工具/布局”→“合并”→“合并单元格”按钮，如图 4-52 所示，即可实现单元格的合并。

2）拆分单元格

若要将一个单元格拆分为多个单元格，可按照以下步骤进行操作：

（1）将光标定位在要拆分的单元格内。

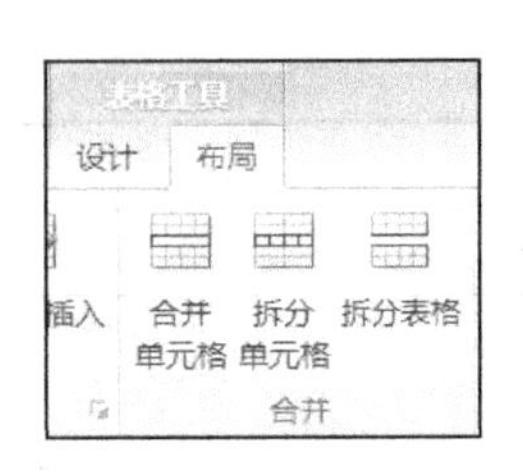

图 4-52　单元格的合并与拆分

（2）单击“表格工具/布局”→“合并”→“拆分单元格”按钮，如图 4-52 所示，即可实现单元格的拆分。

5. 拆分表格

Word 允许把一个表格拆分成两个或多个表格，并可以在表格之间插入文本。首先将光标定位在表格需拆分的位置，然后单击“表格工具/布局”→“合并”→“拆分表格”按钮，如图 4-52 所示，即可得到两个独立的表格。

6. 文本与表格的转换

Word 具有自动将文本与表格相互转换的功能。

1）*文本转换成表格*

在 Word 中，要将文本转换成表格，在文本要划分列的位置必须要插入特定的分隔符，如逗号、空格、制表符等，转换的具体操作步骤如下：

（1）选定要转换的文本，选择“插入”→“表格”→“文本转换成表格”选项，弹出如图 4-53 所示的“将文字转换成表格”对话框。

（2）在对话框中设置表格的尺寸、文字分隔位置等选项，单击“确定”按钮即可完成文本转换成表格。

2）*表格转换成文本*

在 Word 中，用户可将表格转换为由段落标记、逗号、制表符或其他字符分隔的文字，具体操作步骤如下：

（1）将光标定位于要转换成文本的表格，单击“表格工具/布局”→“数据”→“转换为文本”按钮，弹出图 4-54 所示的“表格转换成文本”对话框。

（2）在对话框中选择所需的“文字分隔符”单选按钮，单击“确定”按钮完成操作。

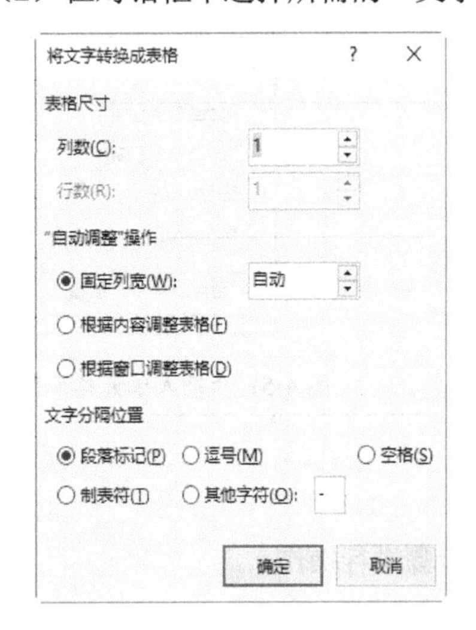

图 4-53　“将文字转换成表格”对话框

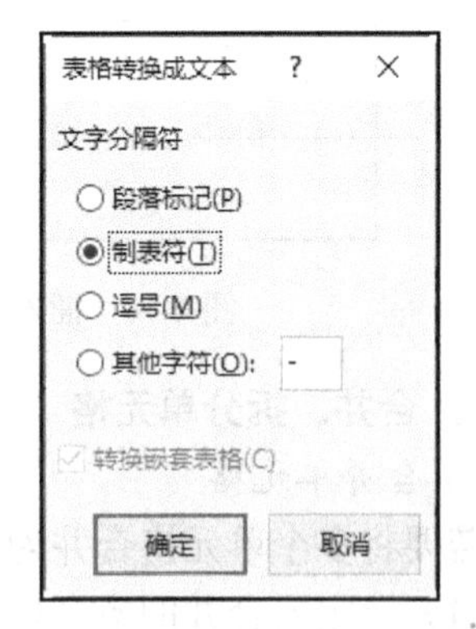

图 4-54　“表格转换成文本”对话框

4.5.3　表格的格式化

对表格进行格式化操作，可使表格更美观，更能突出所要强调的内容。表格的格式化操作包括调整表格的行高与列宽、设置表格文本的对齐方式、设置表格的边框和底纹等操作。

1. 调整表格的行高与列宽

一般情况下，Word 会根据输入的内容自动调整表格的行高和列宽，也可根据需要自行调整表格的行高和列宽。

1）用鼠标调整

将指针指向单元格的边框线，当指针变为双向箭头时⫲，拖动边框线可对行高与列宽进行调整。

2）使用“布局”选项卡调整

如果要精确设置单元格或整个表格的行高与列宽，可选定要调整的行或列，选择“表格工具/布局”→“单元格大小”组，如图 4-55 所示，在“高度”与“宽度”微调框中输入所需的数值。

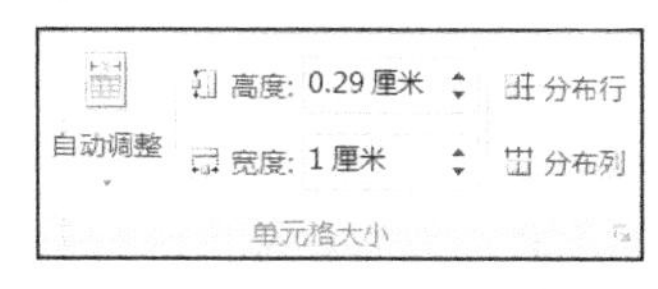

图 4-55　调整行高与列宽

3）自动调整

当表格的行高或列宽出现不一致的情况，可根据以下方法对表格进行自动调整。

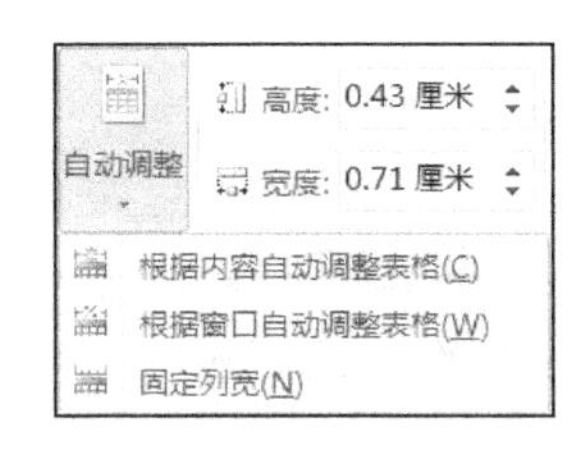

图 4-56　自动调整表格

方法 1：单击“表格工具/布局”→“单元格大小”→“自动调整”按钮，在弹出的下拉列表中选择所需的选项，如图 4-56 所示，即可对表格的大小进行自动调整。

方法 2：单击“表格工具/布局”→“单元格大小”组中的“分布行”按钮⊞或“分布列”按钮⊞，即可完成相应的调整。

2. 设置表格中的文本格式

表格中文本的格式化，如表格中文本的字体、字号、颜色等设置方法，与正文中的文本格式化操作方法基本相同。

1）设置单元格对齐方式

设置单元格中文本的对齐方式，首先需选择要设置对齐方式的单元格，再选择“表格工具/布局”→“对齐方式”组，单击所需的单元格对齐方式按钮，如图 4-57 所示，即可完成操作。

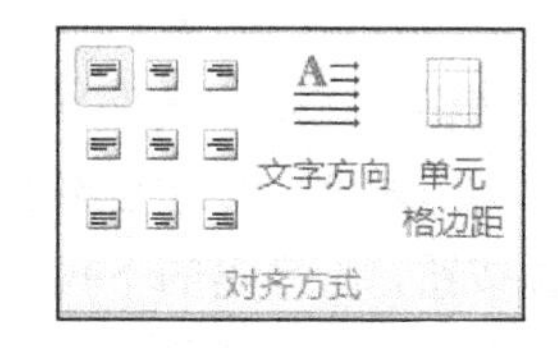

图 4-57　单元格对齐方式

2）更改表格中的文字方向

若要更改表格中的文字方向，首先需选择要更改文字方向的单元格，再通过以下方法进行操作：

方法 1：单击“表格工具/布局”→“对齐方式”→“文字方向”按钮，可将文本方向在水平和垂直方向上切换。

方法 2：单击“布局”→“页面设置”→“文字方向”下方按钮，在弹出的下拉菜单中选择所需的文字方向，如图 4-58 所示。

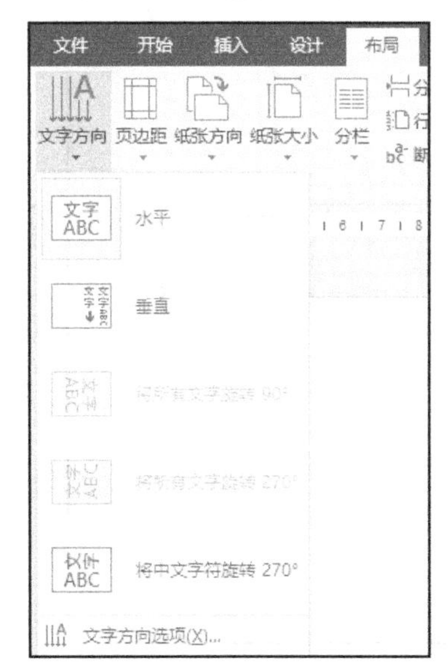

图 4-58　设置文字方向

3. 设置表格的边框和底纹

Word 默认的表格边框是 0.5 磅的单实线，底纹为无颜色，然而在实际的运用中，我们会使用到各种边框和底纹，为表格设置边框和底纹，可以达到美化表格的效果。

1）添加边框

为单元格设置边框可通过以下方法进行设置：

（1）选定要设置边框的单元格，单击“表格工具/设计”→“边框”下拉按钮，弹出图 4-59 所示的下拉菜单，选择“边框和底纹”选项，弹出“边框和底纹”对话框。

（2）选择“边框”选项卡，如图 4-60 所示，即可对单元格的边框进行详细设置。

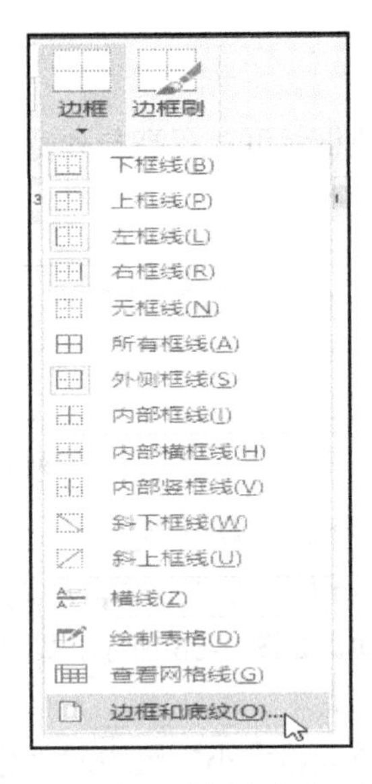

图 4-59　选择“边框和底纹”选项

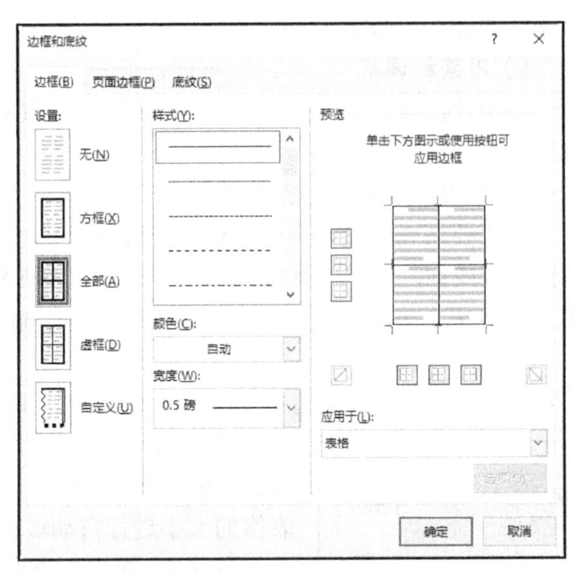

图 4-60　“边框和底纹”对话框的“边框”选项卡

2）添加底纹

为单元格添加底纹可通过以下方法进行设置：

方法 1：选定要添加底纹的单元格，单击“表格工具/设计”→“表格样式”→“底纹”下拉按钮，在弹出的底纹下拉列表中选择所需的底纹颜色，如图 4-61 所示。

方法 2：选定要添加底纹的单元格，单击“表格工具/设计”→“表格样式”→“边框”下拉按钮，在弹出的下拉菜单中选择“边框和底纹”选项，弹出“边框和底纹”对话框，选择“底纹”选项卡，如图 4-62 所示，即可对单元格的底纹进行详细设置。

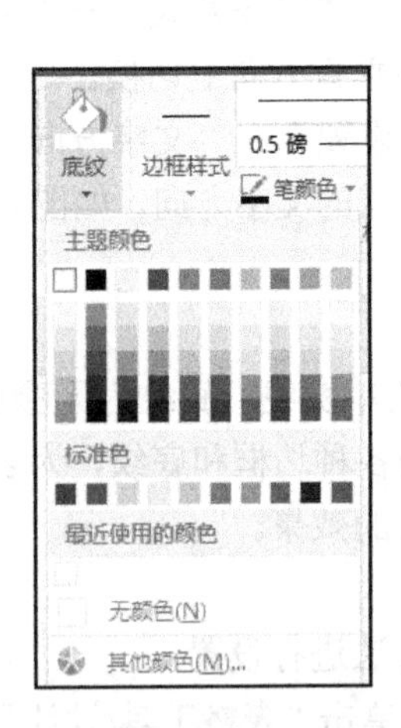

图 4-61　底纹下拉列表

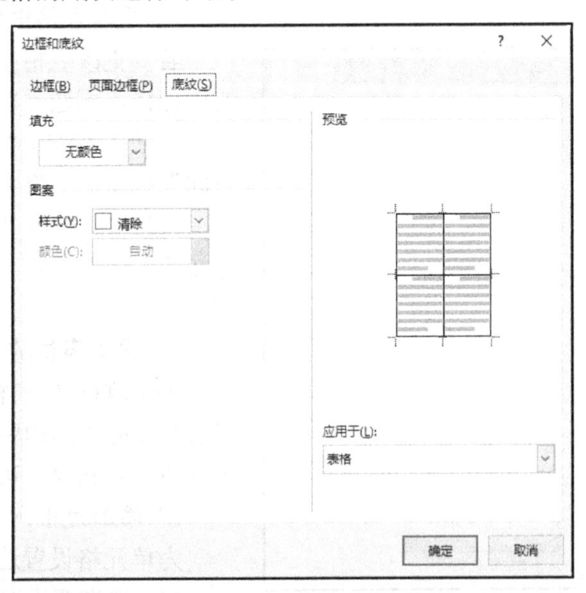

图 4-62　“边框和底纹”对话框的“底纹”选项卡

4. 设置表格自动套用格式

Word 提供了表格的自动套用格式功能，表格自动套用格式是 Word 预先设置好的表格格式的组合方案，它包括表格的字体、边框、底纹等格式。单击“表格工具/设计”→“表格样式”组中样式库右侧的下拉按钮，在弹出的表格样式下拉列表中选择所需的样式，如图 4-63 所示，即可把这些样式套用在表格中。

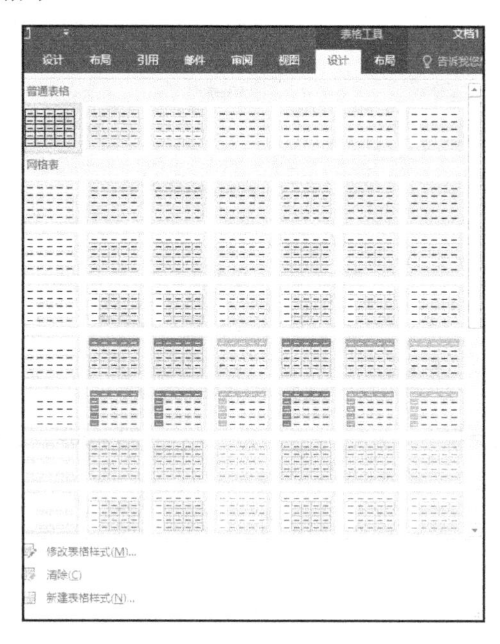

图 4-63　表格自动套用格式

4.5.4　表格的计算

在 Word 中，可对表格进行一些基本计算和简单的排序操作，如求和、平均值、最大值，最小值等。

【实战 4-8】打开“成绩表.docx”，计算如图 4-64 所示的成绩表的平均分，并将表格按语文成绩从高到低进行排序。

姓名	语文	数学	计算机	平均分
王子涵	88	78	80	
梁悦	96	89	77	
王庆	85	65	90	

图 4-64　成绩表

（1）打开“成绩表.docx”，将光标定位于要存放平均分的单元格中。

（2）单击“表格工具/布局”→“数据”→“公式”按钮，弹出“公式”对话框。

（3）将“公式”文本框中的原有内容清除，然后在“粘贴函数”下拉列表中选择“AVERAGE”选项，此时“公式”文本框中出现“AVERAGE()”，在()中输入“LEFT”，如图 4-65 所示，单击“确定”按钮，即求得平均分。其他学生的平均分都可以采用上述方法进行操作，在此不再赘述。

（4）单击“表格工具/布局”→“数据”→“排序”按钮，弹出“排序”对话框，设置“主要关键字”为“语文”，“类型”为“数字”“降序”，如图 4-66 所示，表格按语文成绩从高到低进行排序。

图 4-65　“公式”对话框

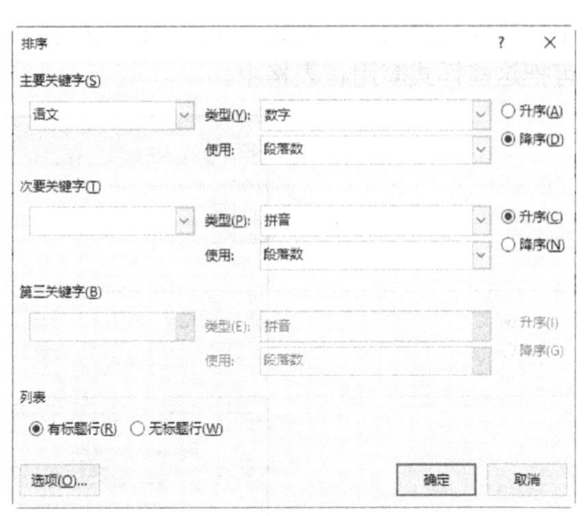

图 4-66　“排序”对话框

4.6　图文混排

Word 提供了强大的图文混排功能，在文档中可以根据需要插入各种图片、图形、艺术字等，使文档更具有感染力和表现力。

4.6.1　插入联机图片及图片文件

在 Word 中，可以插入图片文件。

1. 插入联机图片

Word 自带的剪辑库中提供了大量的联机图片，可从中选择所需的图片，具体操作步骤如下：

（1）将光标定位于要插入联机图片的位置。

（2）单击“插入”→“插图”→“联机图片”按钮，打开“插入图片”任务窗格。

（3）在“搜索文字”文本框中输入所需查找的关键字，单击“搜索”按钮，即在任务窗格下方显示搜索结果，如图 4-67 所示。

（4）单击要插入的联机图片，即可将其插入至文档中。

2. 插入图片

Word 能够将存储在计算机中的图片文件插入到文档中。具体操作步骤如下：

（1）将光标定位于要插入图片的位置。

（2）单击“插入”→“插图”→“图片”按钮，弹出“插入图片”对话框，如图 4-68 所示。

图 4-67 “插入图片”任务窗格

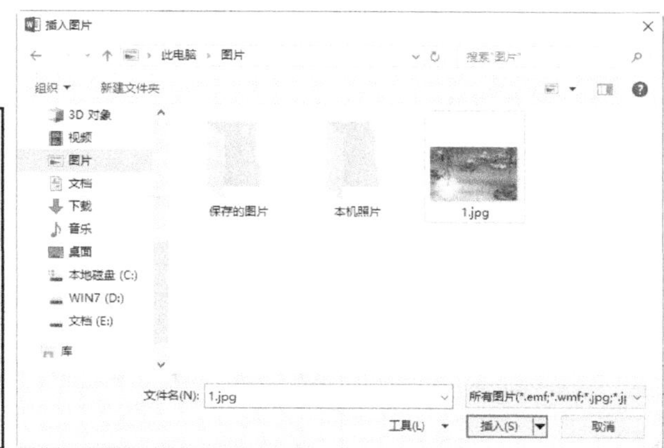

图 4-68 “插入图片”对话框

（3）在对话框中选择所需图片存放的文件夹，在对话框下方的浏览区域中选择所需的图片。

（4）单击“插入”按钮，即可将其插入至文档中。

3. 编辑联机图片与图片

插入了联机图片或图片后，功能区中将显示如图 4-69 所示的“图片工具/格式”选项卡，可通过该选项卡更改联机图片或图片的大小，设置图片的位置、环绕方式、图片样式等格式。

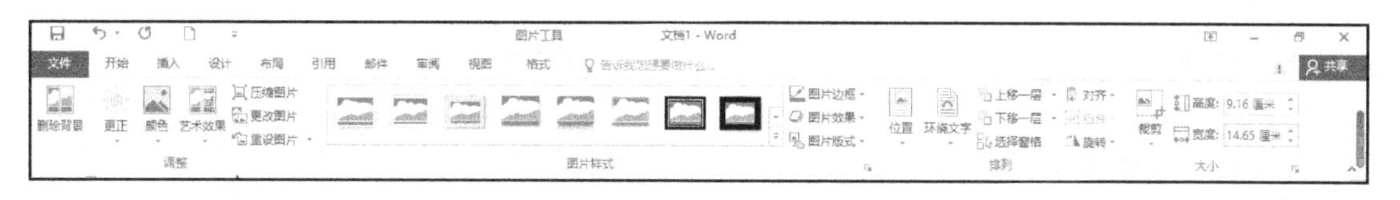

图 4-69 设置图片格式

（1）在“图片工具/格式”选项卡“调整”组中，可删除图片的背景，调整联机图片或图片的亮度和对比度、颜色，还可以设置图片的艺术效果，进行压缩图片等操作。

（2）在“图片工具/格式”选项卡的“图片样式”组中，可以对联机图片或图片应用 Word 自带的图片样式，设置边框、阴影、映像和柔化边缘等效果。

（3）在“图片工具/格式”选项卡的“排列”组中，可以对联机图片或图片调整位置、设置环绕方式、对齐、组合图片及旋转方式等格式。

（4）在“图片工具/格式”选项卡的“大小”组中，可对联机图片或图片进行裁剪和调整大小等操作。

【实战 4-9】打开“素材.docx”，在文档中插入图片“荷塘月色.jpg”，设置图片的高度为 5 厘米，宽度为 8 厘米，环绕方式为“四周型”环绕，图片样式为“简单框架，白色”。

（1）打开“素材.docx”，单击“插入”→“插图”→“图片”按钮，选择图片“荷塘月色.jpg”，单击“插入”按钮插入图片。

（2）在文档中选定图片，选择“图片工具/格式”→“大小”组，输入“高度”：5 厘米，“宽度”：8 厘米。

（3）单击“图片工具/格式”→“排列”→“环绕文字”按钮，在弹出的下拉列表中选择“四周型”选项，如图 4-70 所示。

（4）选择“图片工具/格式”→“图片样式”组，在样式库中选择“简单框架，白色”样式，如图 4-71 所示。

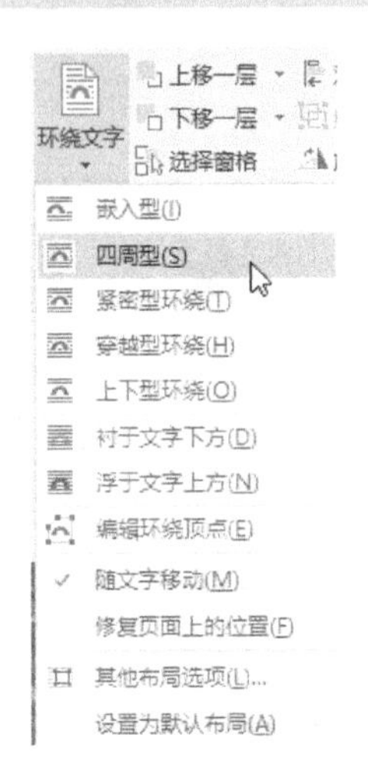

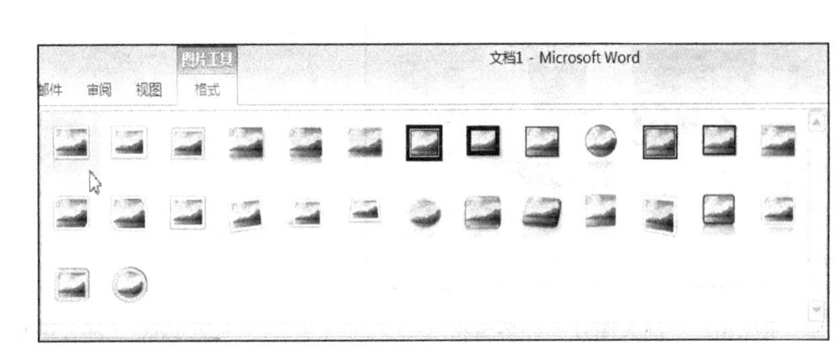

图 4-70　设置图片环绕方式　　　　图 4-71　设置图片样式

小知识：在 Word 中，调整图片的大小时，默认是按照图片的原始纵横比进行调整，若想按不同的纵横比调整，则单击“图片工具/格式”→“大小”组右侧的“布局”对话框按钮，弹出“布局”对话框，选择“大小”选项卡，取消选择“锁定纵横比”复选框，单击“确定”按钮完成操作。

4.6.2　插入文本框

文本框是一种特殊的矩形框，在文本框中，不仅可以输入文字，还可以插入图片和图形。它可以被放置于文档中的任何位置。可根据需要设置文本框的边框、填充颜色等格式。

1. 插入文本框

文本框分为横排和竖排两种，以下为插入文本框的方法：

（1）单击“插入”→“文本”→“文本框”按钮，弹出文本框下拉列表，如图 4-72 所示，可选择所需的文本框样式或进行手动绘制文本框。

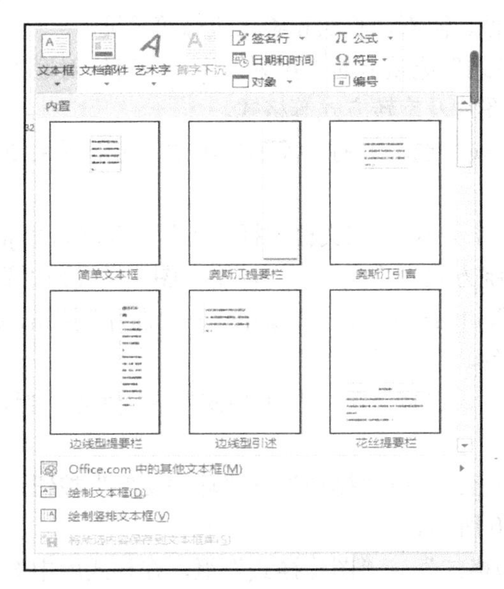

图 4-72　“文本框”下拉列表

（2）“内置”面板中包含多种 Word 内置的文本框样式，单击所需的文本框样式即可插入相应样式的文本框。

（3）选择“绘制文本框”或“绘制竖排文本框”选项，在文档中按住鼠标左键拖动光标即可绘制出相应的文本框。

2. 编辑文本框

插入文本框后，将光标定位于所需编辑的文本框内，选择“绘图工具/格式”选项卡，如图 4-73 所示，利用该选项卡上的各命令按钮，可设置文本框的大小、位置和旋转，还可以设置填充颜色和边框颜色等格式。

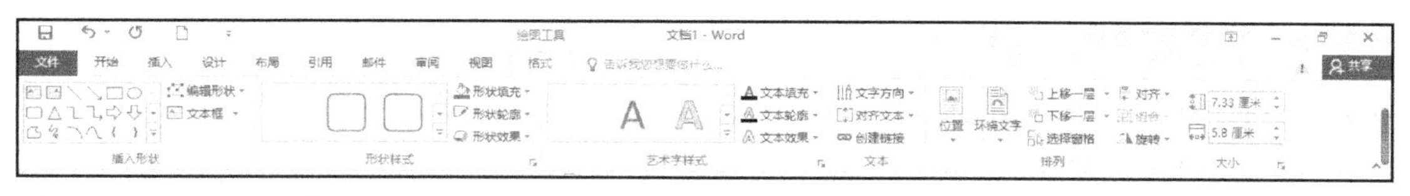

图 4-73 设置文本框格式

4.6.3 插入自选图形

在 Word 中，用户可以轻松地插入自选图形，还可以对所插入的图形进行填充、旋转、设置颜色，或与其他图形组合成更为复杂的图形。

1. 插入自选图形

Word 将提供的 100 多种图形分门别类地放置在相应的类别下，要插入某个自选图形，只需单击“插入”→“插图”→“形状”按钮，在弹出的下拉列表中选择所需的图形，如图 4-74 所示，然后在文档中拖动光标，即可绘制出相应的图形。

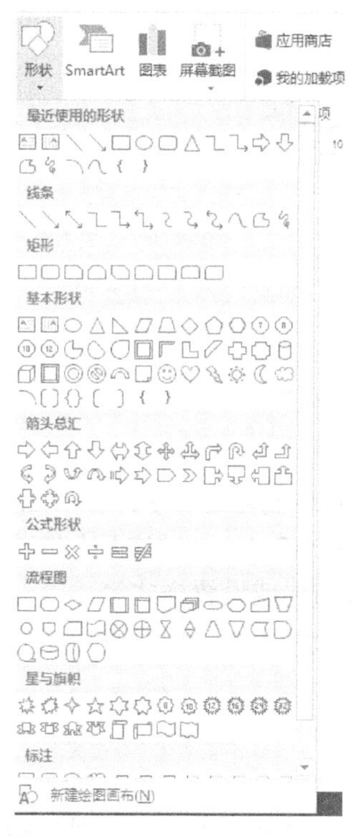

图 4-74 插入自选图形

2. 编辑自选图形

插入自选图形并将其选中后，功能区中将显示“绘图工具/格式”选项卡，如图 4-75 所示，通过该选项卡，可对自选图形设置形状样式、形状填充、形状轮廓及大小等格式。当插入多个自选图形时，可对其进行组合、设置叠放次序、对齐等。

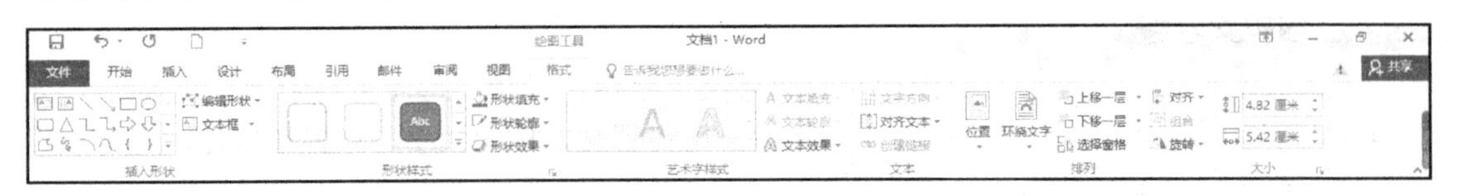

图 4-75　编辑自选图形

4.6.4　插入 SmartArt 图形

使用 SmartArt 图形，可以快速、轻松地创建出具有专业设计师水准的图形。SmartArt 图形包括列表、流程、循环、层次结构等类型，每种类型包含多种不同的图形。

1. 插入 SmartArt 图形

插入 SmartArt 图形的具体操作步骤如下：

（1）单击“插入”→“插图”→“SmartArt”按钮，弹出图 4-76 所示的“选择 SmartArt 图形”对话框。

（2）在对话框中，选择所需的类别名称，在窗口中间选择所需图形，最后单击“确定”按钮，即可插入 SmartArt 图形。

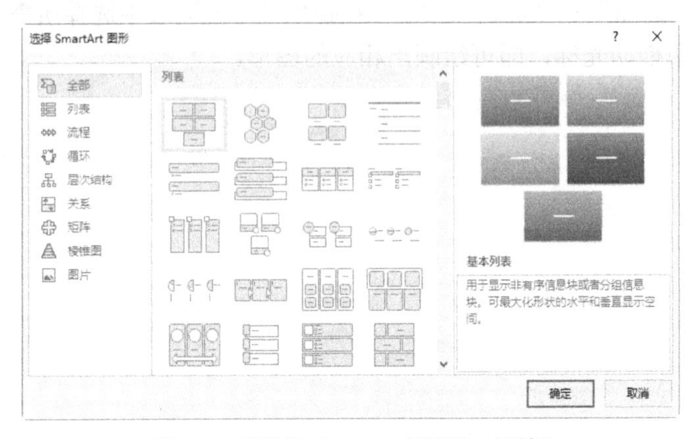

图 4-76　“选择 SmartArt 图形”对话框

2. 编辑 SmartArt 图形

插入 SmartArt 图形后，功能区中将增加“SmartArt 工具/设计”选项卡（见图 4-77）和“SmartArt 工具/格式”选项卡（见图 4-78），通过这两个选项卡，可对 SmartArt 图形添加形状、更改形状、调整形状的级别、更改布局或设置样式等。

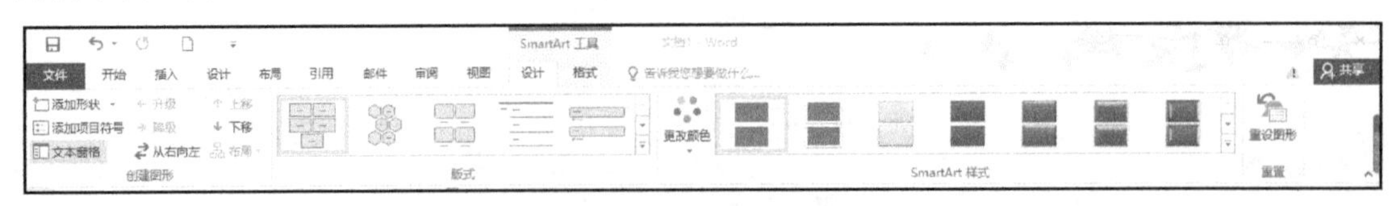

图 4-77　“SmartArt 工具/设计”选项卡

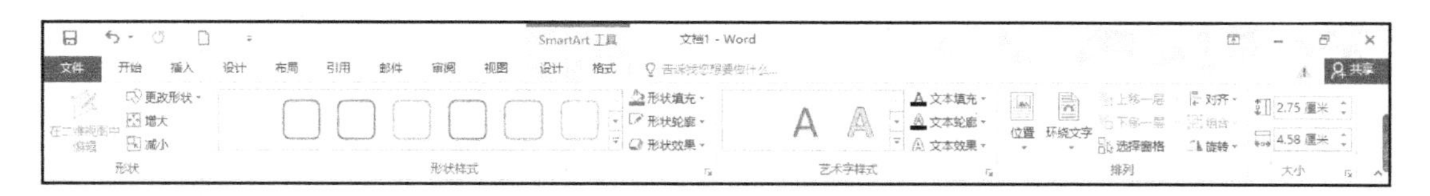

图 4-78 “SmartArt 工具/格式”选项卡

4.6.5 插入艺术字

艺术字是具有特殊效果的文字，其具有颜色、阴影、映像和发光等效果，常用于广告宣传、文档标题。使用艺术字可以突出主题，增强文档的视觉效果。艺术字作为一种图形对象插入，可以像编辑图形一样通过“绘图工具/格式”选项卡编辑艺术字。可通过以下步骤插入艺术字：

（1）单击“插入”→“文本”→“艺术字”按钮，弹出图 4-79 所示的艺术字下拉列表。

（2）在艺术字下拉列表中单击所需的艺术字样式，即可在文档中插入艺术字。

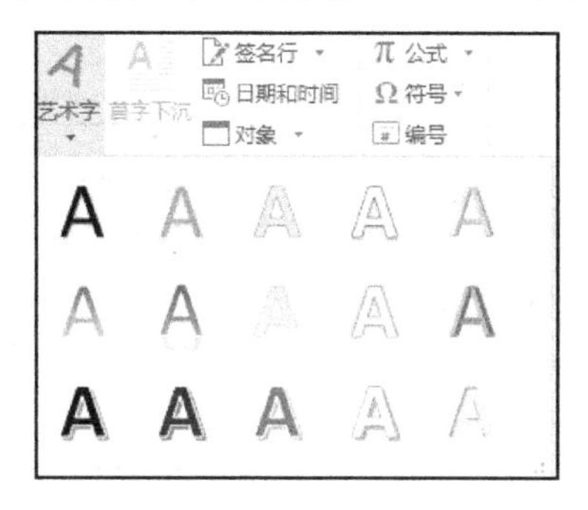

图 4-79 艺术字下拉列表

4.7 页面设置与打印

页面的格式设置影响文档的整体外观，在打印前，通常需要对文档进行页面设置。页面的格式设置包括页边距、纸张方向、纸张大小、分栏、页眉及页脚、页码、分节、分页等设置。

4.7.1 页面设置

文档的页面设置可通过标尺或“页面设置”对话框进行设置。

【实战 4-10】 打开“素材.docx”，设置页边距上、下为 3 厘米，纸张大小为 16 开，装订线为 1.5 厘米。

（1）打开“素材.docx”。

（2）单击“布局”→“页面设置”组右侧的“页面设置”对话框按钮，弹出“页面设置”对话框。

（3）选择“页边距”选项卡，设置页边距的“上”“下”均为 3 厘米，“装订线”为 1.5 厘米，如图 4-80 所示。

（4）选择“纸张”选项卡，设置“纸张大小”为 16 开，如图 4-81 所示。单击“确定”按钮完成操作。

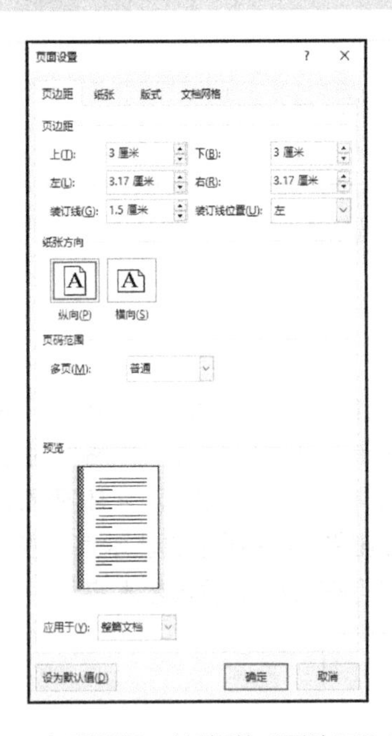

图 4-80 “页面设置”对话框的“页边距”选项卡

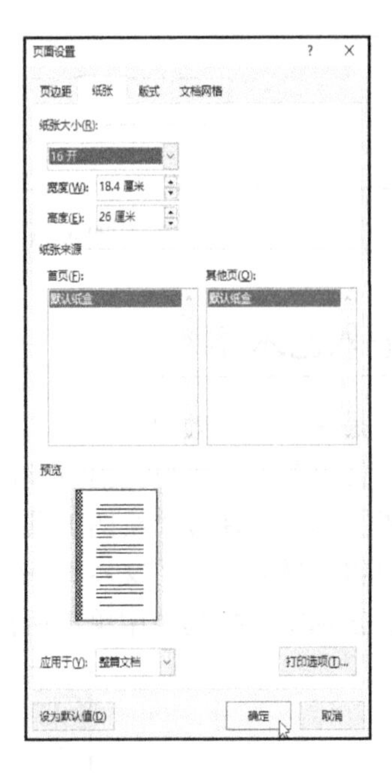

图 4-81 “页面设置”对话框的“纸张”选项卡

4.7.2 设置页眉、页脚和页码

1. 设置页眉和页脚

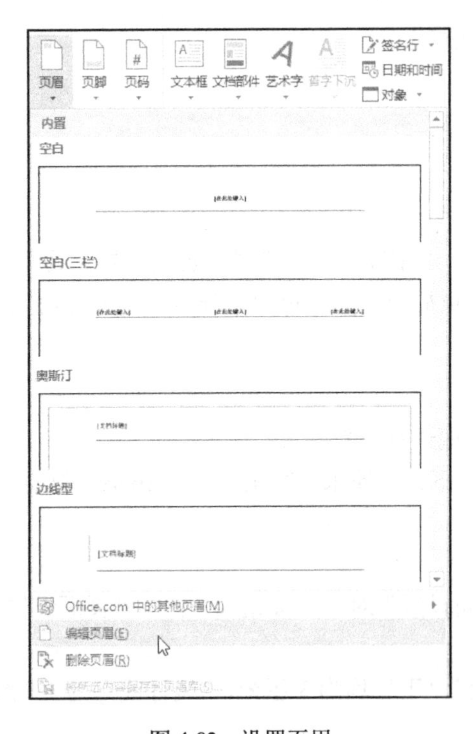

图 4-82 设置页眉

页眉和页脚分别位于页面的顶部和底部，通常用于打印文档。在页眉和页脚中可以插入文本、图形和表格，如日期、页码、文档标题、公司徽标、章节的名称等内容。

【实战 4-11】为“素材.docx”设置页眉和页脚，页眉为“朱自清文集”，页脚为系统当前日期。

（1）打开“素材.docx”。

（2）单击“插入”→“页眉和页脚”→“页眉”按钮，在弹出的下拉列表中选择“编辑页眉”选项，如图 4-82 所示，进入页眉和页脚编辑状态后，在页眉空白处输入“奋发图强”。

（3）单击“页眉和页脚工具/设计”→“导航”→“转至页脚”按钮，将插入点切换至页脚，再单击“页眉和页脚工具/设计”→“插入”→“日期和时间”按钮，如图 4-83 所示，弹出“日期和时间”对话框，选择所需的日期格式后单击“确定”按钮，如图 4-84 所示。单击“页眉和页脚工具/设计”→“关闭”→“关闭页眉和页脚”按钮完成操作。

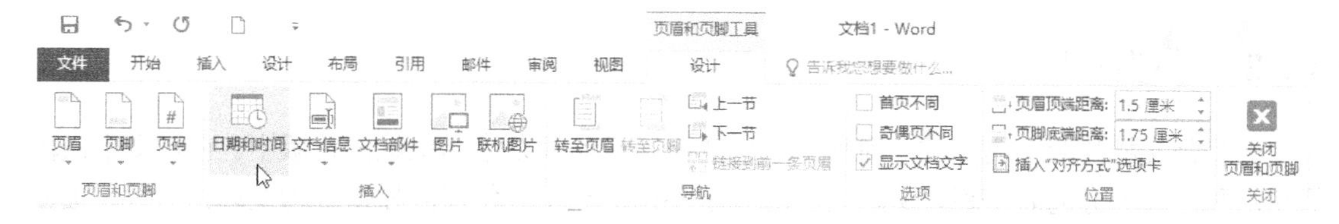

图 4-83 “页眉和页脚工具/设计”选项卡

小知识：在页面的上下页边距处双击即可快速进入页眉和页脚编辑状态，在文本编辑区双击可退出页眉和页脚编辑状态。

2. 设置页码

当文档中含有多页时，为了打印后便于整理和阅读，通常需要为文档添加页码。

【实战 4-12】为“素材.docx”在右边距中添加页码，页码位于强调箭头内，页码的格式为“壹，贰，叁…”

（1）打开“素材.docx”

（2）单击“插入”→“页眉和页脚”→“页码”按钮，在弹出的下拉列表中选择“页边距”→“箭头（右侧）”选项，如图 4-85 所示。

（3）选择“页眉和页脚工具/设计”→“页眉和页脚”→“页码”选项，在弹出的下拉列表中选择“设置页码格式”选项，弹出“页码格式”对话框。

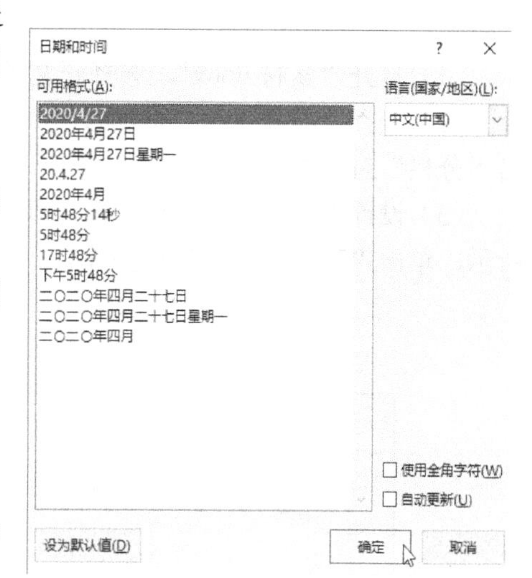

图 4-84 “日期和时间”对话框

（4）在对话框中设置“编号格式”为“壹，贰，叁…”，单击“确定”按钮，如图 4-86 所示，单击“页眉和页脚工具/设计”→“关闭”→“关闭页眉和页脚”按钮完成操作。

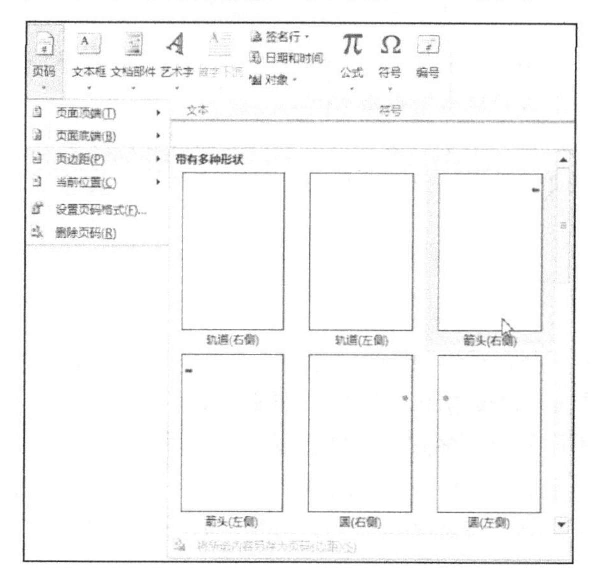

图 4-85 插入页码

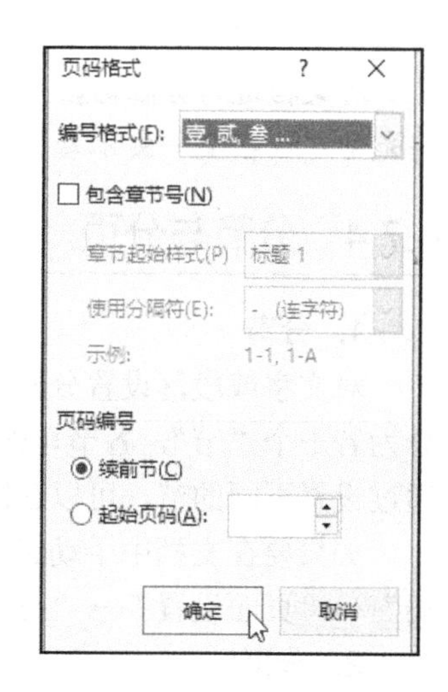

图 4-86 “页码格式”对话框

4.7.3 分栏排版

分栏是文档排版中常用的一种版式，广泛应用于各种杂志和报纸的排版中。它将文字或段落在水平方向上分为若干栏，文档内容分列于不同的栏中，使页面显得更为生动、活泼，更便于阅读。

【实战 4-13】将“素材.docx”中正文的第二、三段分成等宽的两栏，栏间距为 5 字符，加分隔线。

（1）打开“素材.docx”，选择正文的第二、三段。

（2）选择“布局”→“页面设置”→“分栏”→“更多分栏”选项，如图 4-87 所示，弹出“分栏”对话框。

（3）设置“预设”为“两栏”，“间距”输入“5 字符”，选中“分隔线”复选框，如图 4-88 所示，单击“确定”按钮完成操作。

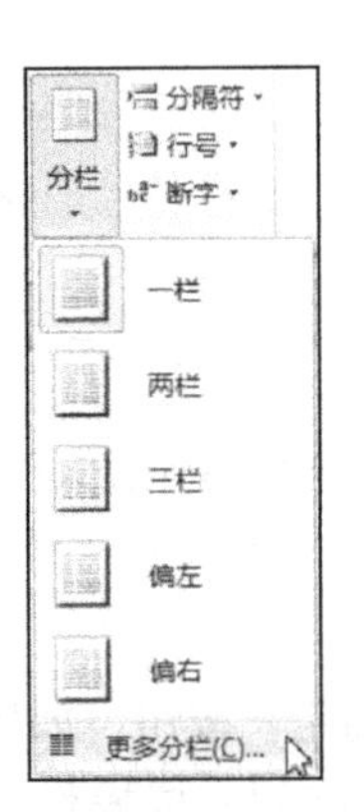

图 4-87　设置分栏

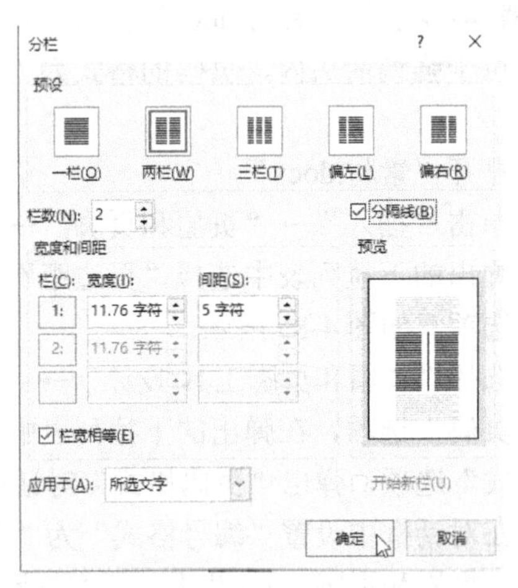

图 4-88　“分栏”对话框

小知识：对文档的最后一页分栏时，经常会出现各栏内容不平均的情况。若需分栏的内容均衡显示，则在选定需要分栏的内容时，不选中文档最后的段落标记。

对文档进行分栏后，可通过在文本中插入分栏符来手动设置下一栏的起始位置，方法为：将光标定位在某一文本处，选择“布局”→“页面设置”→“分隔符”→“分栏符”选项。

4.7.4 分节与分页

1. 分节

对文字或段落设置分栏后，分栏内容的前后会自动出现两个分节符。分节符可以把文档划分为若干个“节”，各节可作为一个整体，单独设置页边距、页眉、页脚、纸张大小等格式。通过设置不同的节，可以在同一文档中设置不同的版面格式，编排出复杂的版面。

如果要在文档中手动建立节，则需在文档中插入分节符，插入分节符的方法为：单击“布局”→“页面设置”→“分隔符”按钮，在下拉列表中选择所需的分节符，如图 4-89 所示。

2. 分页

在默认状态下，Word 在当前页已满时自动插入分页符，开始新的一页，但有时也需要强制分页，人工插入分页符。插入分页符的具体步骤为：

（1）将光标定位至需分页的位置。

（2）选择“布局”→“页面设置”→“分隔符”→“分页符”选项，如图 4-90 所示，即可在当前插入点位置开始新的一页。

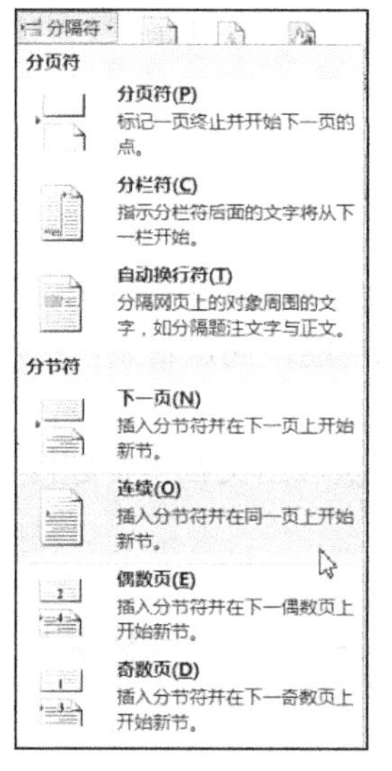

图 4-89　插入分节符

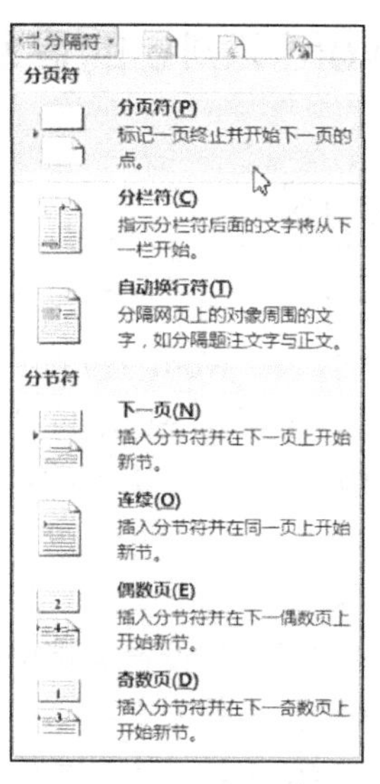

图 4-90　插入分页符

4.7.5　预览与打印

在打印之前，可通过打印预览在屏幕上预览打印后的效果，如果发现有错误，可以及时进行调整修改，从而避免了纸张和打印时间的浪费。选择“文件”→“打印”选项，即可进入打印预览状态，如图 4-91 所示。

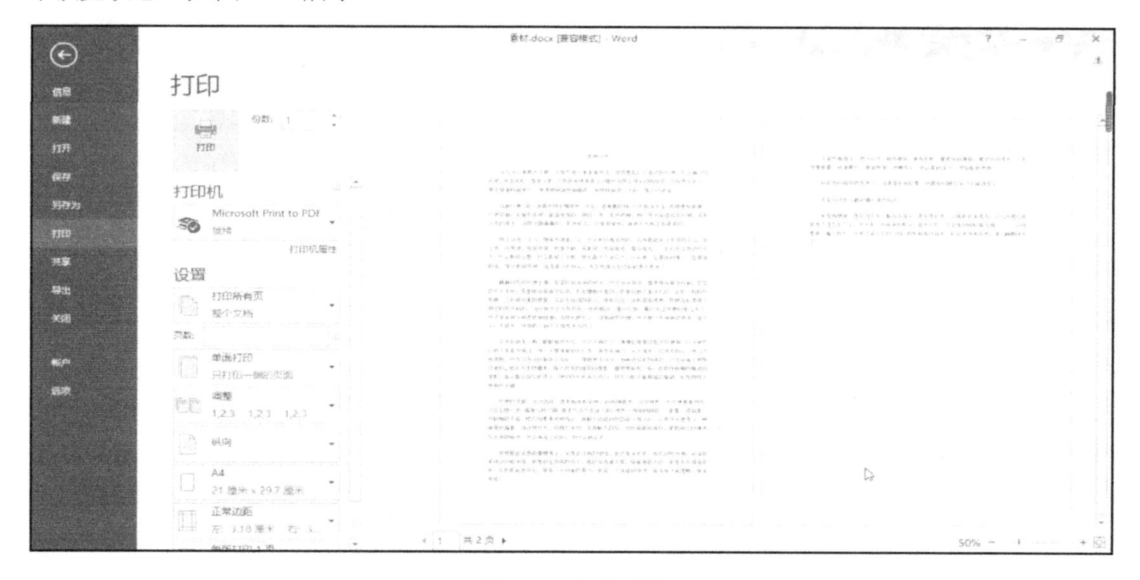

图 4-91　打印预览

对文档进行预览时，可通过窗口右下角的显示比例调节工具53%调整预览效果的显示比例，也可在窗口左侧设置打印选项，如打印的份数、打印的页数、纸张的方向等。完成预览后，若确认无误，可单击窗口中的“打印”按钮进行打印。若还需对文档进行修改，按 Esc 键退出预览状态。

4.8 Word 2016 的高级编辑技巧

4.8.1 插入目录

目录是文档中各级别标题及所在页码的列表。在书籍、论文等文档的编辑中，通常需要在文档的开头插入目录。Word 提供了方便的目录自动生成功能，通过目录，用户可以了解当前文档的内容纲要，也可以快速定位到某个标题。

在文档发生改变后，可以利用更新目录的功能来快速反应出文档中标题内容、位置及页码的变化。

1. 插入目录

在创建目录前必须先设置文档中各标题的样式，如将各标题设置为标题 1、标题 2 等样式。插入目录的具体操作步骤如下：

（1）将光标定位于需插入目录的位置

（2）单击“引用”→“目录”按钮，在弹出的下拉列表中选择所需的目录样式或自行设计目录，如图 4-92 所示。

（3）“内置”面板中包含几种 Word 内置的目录样式，单击所需的目录样式即可插入相应样式的目录。

（4）选择“自定义目录”选项，弹出“目录”对话框，在对话框中设置目录的格式、显示级别、制表符前导符等格式后，单击“确定”按钮，如图 4-93 所示，即可插入目录。

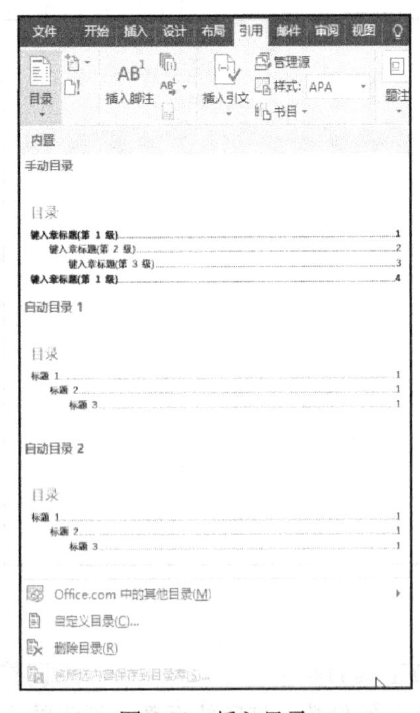

图 4-92 插入目录

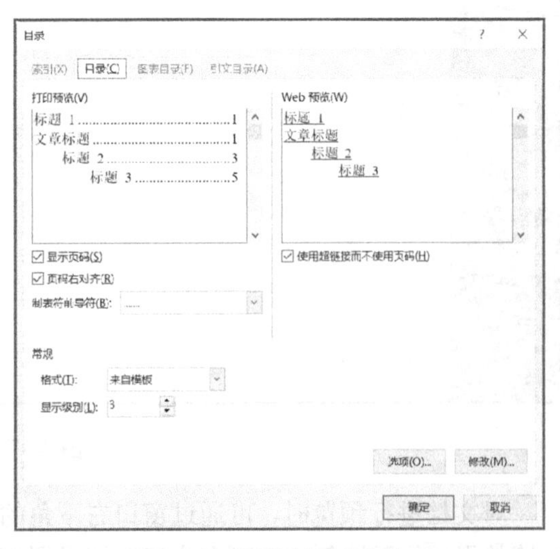

图 4-93 “目录”对话框

2. 更新目录

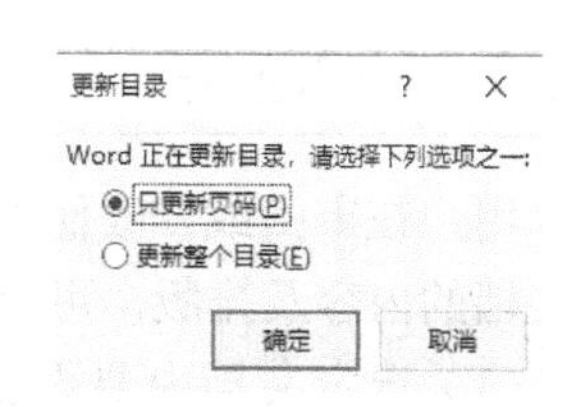

图 4-94 “更新目录”对话框

利用 Word 提供的目录生成功能所生成的目录，可以随时进行更新。单击“引用”→“目录”→“更新目录”按钮。弹出图 4-94 所示的“更新目录”对话框，在对话框中选择更新的内容后，单击“确定”按钮完成目录的更新。

4.8.2 插入数学公式

在编辑文档时，有时需要输入数学公式，简单的公式可用键盘直接输入，而复杂的公式，如积分、矩阵等公式，无法用键盘直接输入。利用 Word 提供的公式编辑功能可以快速地输入专业的数学公式。插入公式的具体操作步骤为：

（1）将插入点定位于要插入公式的位置，单击“插入”→“符号”→“公式”右侧的下拉按钮，弹出如图 4-95 所示的下拉列表。

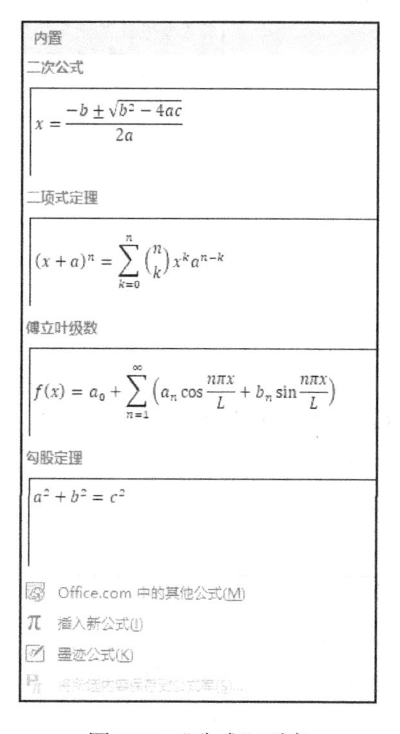

图 4-95 “公式”列表

（2）下拉列表中列出了各种常用公式，单击所需的常用公式，即可在文档中插入该公式。

（3）如需自行创建公式，选择下拉列表中的“插入新公式”选项，出现图 4-96 所示的“公式工具/设计”选项卡，根据需要单击所需的按钮，即可自定义设计各种复杂公式。

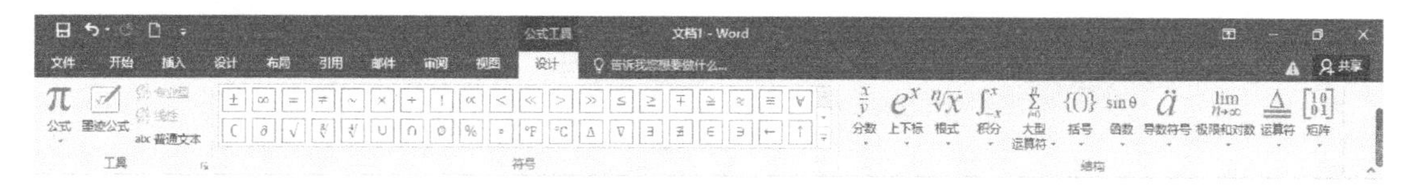

图 4-96 “公式工具/设计”选项卡

4.8.3 插入批注

用户在审阅或修改他人的文档时，如果需要在文档中添加自己的意见，但又不希望修改原有文档的内容及排版，可以选择使用批注。插入批注的具体操作步骤为：

（1）选定文档中要添加批注的内容，单击“审阅”→“批注”→“新建批注”按钮，如图 4-97 所示，弹出“批注”文本框。

（2）在“批注”文本框中输入批注内容，如图 4-98 所示，即可插入批注。

删除批注的方法是：右击“批注”文本框，在弹出的快捷菜单中选择“删除批注”命令。

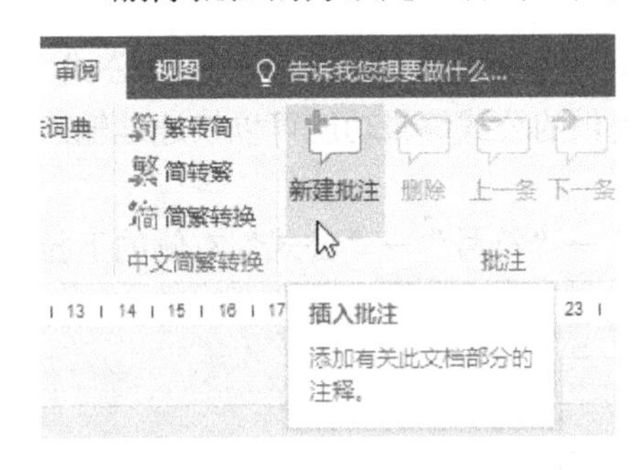

图 4-97　新建批注

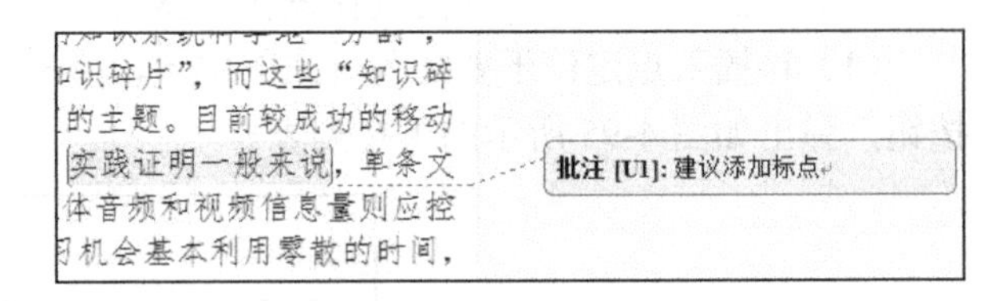

图 4-98　“批注”文本框

思考与练习

1. 计算机文字处理的实质是什么？
2. 文字处理过程包含哪几个方面？
3. 简要介绍 Word 2016 的启动与退出方法。
4. Word 2016 有几种视图，各有什么特点？
5. Word 的保存与另存为有什么区别？
6. 在 Word 中文本的复制与移动可用什么方法实现？
7. 如何选定一行、一个自然段、一个矩形区域或整篇文档？
8. 插入表格的常用方法有哪些？
9. 如何在文档中插入图片，图片的环绕方式有哪些？
10. 如何在一个文档中设置两种页码格式？

第5章 电子表格

教学目标：

通过本章的学习，了解电子表格处理软件 Excel 的基本概念，以 Excel 2016 专业版为例，掌握工作表的建立与格式化、数据计算、图表建立、数据处理的方法，能够利用图表来表示和分析数据。

教学重点和难点：

- Excel 的基本操作。
- 数据计算。
- 数据图表化。
- 数据的排序、筛选和分类汇总。

Excel 是用于表格数据处理、分析的办公软件，是 Office 的重要组成部分，广泛应用于统计、金融、财务及日常事务管理等众多领域，如商业上的销售统计，工资、报表的财务分析，销量的汇总，科学实验结果的研究等，功能十分强大。本章介绍电子表格处理软件 Excel 2016，涉及表格的基本操作、公式与函数计算、数据的图表化、数据的排序、筛选和分类汇总等功能。

5.1 电子表格的基础知识

Excel 由 Microsoft 公司推出，是目前市场上功能最强大的电子表格制作软件之一，它和 Word、PowerPoint、Access 等组件一起，构成了 Office 办公软件的完整体系。Excel 不仅具有强大的数据组织、计算、分析和统计功能，还可以通过图表、图形等多种形式形象地展示处理结果，更能够方便地与 Office 其他组件相互调用数据，实现资源共享。

5.1.1 Excel 的主要功能

1. 表格编辑

Excel 可以制作、编辑各类表格，快速输入有规律的数据，对表格进行格式化等。

2. 数据计算

Excel 通过输入公式或函数，再利用填充柄复制公式，可以对电子表格中的数据进行快速、复杂的计算。

3. 数据图表化

插入图表功能可以将枯燥乏味的数据快速变成直观的图表，也可以在工作表的单元格内创建迷你图，从而方便地找出数据之间的规律或者发展趋势。

4. 数据管理和分析

Excel 可以对数据进行排序、筛选和分类汇总，创建数据透视表和数据透视图等。

5. 网络访问与共享

Excel 可以实时抓取网站数据，也可以将工作簿保存为 Web 页，创建一个动态网页，用户通过网络查看或共享工作簿中的数据。

5.1.2 Excel 2016 的新增功能

Excel 2016 较之前版本改进一些原有功能，增加了一些新功能。下面介绍其中部分新增功能。

1. 更多的 Office 主题

Excel 2016 增加了彩色的主题，视觉体验更佳。单击“文件”→“账户”可以设置。

2. 更多函数类型

Excel 2016 新增了多组函数，比如 IFS（多条件判断）、CONCAT（多列合并）和 TEXTJOIN（多区域合并）等，对经常处理庞大数据的用户来说可以有效提高工作效率。

3. 更多图表类型

Excel 2016 新增多个图表类型，包括树状图、旭日图、直方图、箱形图、瀑布图等。

4. 预测功能

在数据选项卡中新增了预测功能区，当输入前面的数据时，使用预测工作表功能，可以预测之后的规律数据。

5. 改进的数据透视表功能

Excel 2016 的“数据透视表工具/设计”下增加了一个分组的功能区，基于数据模型创建的数据透视表，可以自定义透视表行列标题的内容。

6. 墨迹公式

Excel 2016 的“插入”→“符号”功能组的“公式”下增加了墨迹公式功能，可以手写输入公式，输入后系统会自动将识别公式，十分方便。

7. 便捷的搜索工具

Excel 2016 菜单栏增加“告诉我你想做什么”功能，可以快速检索 Excel 功能按钮，用户无须再到选项卡中寻找某个命令的具体位置。

5.1.3 Excel 2016 的窗口组成

Excel 2016 的工作界面主要由标题栏、快速访问工具栏、功能区、编辑栏、工作区和状态栏等组成，如图 5-1 所示。

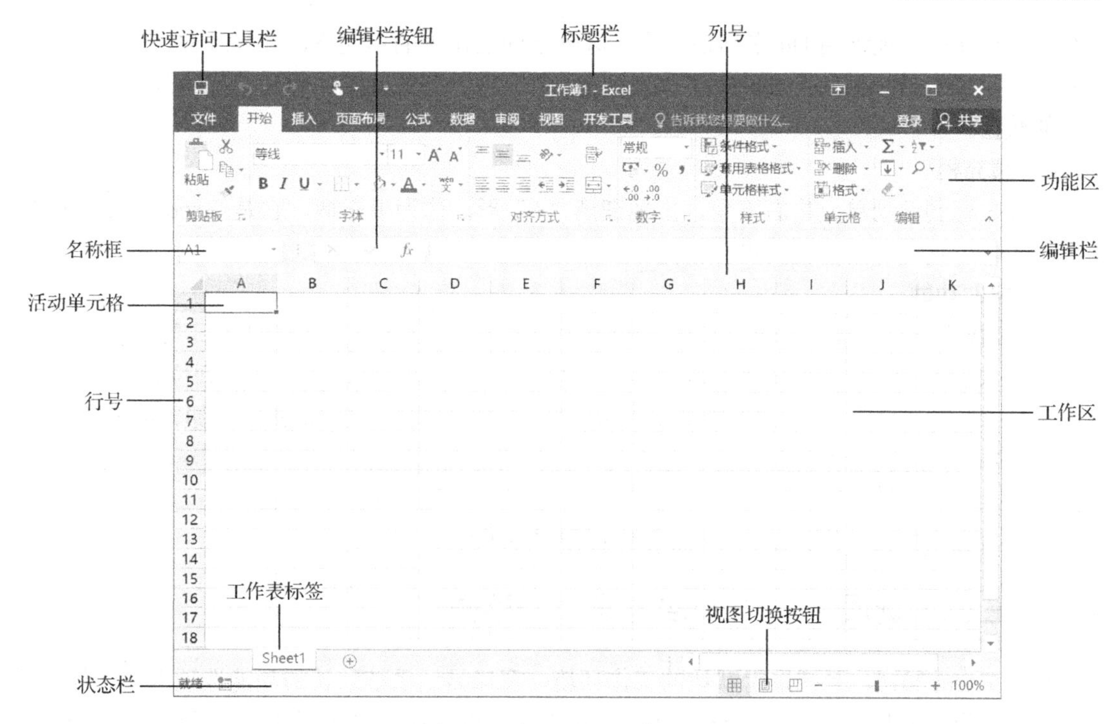

图 5-1 Excel 2016 工作界面

1. 名称框

名称框中显示当前活动单元格的地址，用户可以在名称框中给单元格或区域定义一个名字，也可在名称框中输入单元格地址，或输入定义过的名字来选定相应的单元格或区域。

2. 编辑栏

在编辑栏中，用户可以为活动单元格输入内容，如数据、公式或函数等，单击编辑栏后，即可在此处输入单元格的内容。单击单元格输入内容，结果也同步显示在编辑栏。

3. 编辑栏按钮

光标定位到编辑栏并输入数据后，名称框和编辑栏之间会出现“取消”按钮×、“确认”按钮✓和“插入函数”按钮 f_x，它们的用法将在后面介绍。

4. 工作簿

工作簿是用来保存和处理数据的文件，其扩展名为 .xlsx。每个工作簿至少有一张工作表，最多由 255 张工作表组成。默认情况下，工作簿有 1 张名称为 Sheet1 的工作表。

5. 工作表

工作表是由行和列组成的电子表格。行号用数字表示，共有 1 048 576 行，列号用字母 A、B、C、…、Z，AA、AB、AC、…、AZ，BA、…、XFD 表示，共有 16 384 列。工作表标签用来标识工作簿中不同的工作表，用户可以自定义名字，如将 Sheet1 改名为“销量”。

6. 单元格与活动单元格

行与列的交叉处为单元格，输入的数据保存在单元格中。单元格可存放文字、数值、日期、时间、公式和函数等。当前正在使用的单元格称为活动单元格，周围有一个粗绿框。如图 5-1 所示，A1 为活动单元格。

7. 单元格地址

每个单元格的地址用列号与行号来表示，遵循“先列后行”的规则。例如，第 H 列与第 4

行交叉的单元格的地址用 H4 来标识。为了区分不同工作表的单元格，在地址前加上工作表的名称，例如 Sheet3!H4 表示 Sheet3 工作表的 H4 单元格。公式计算中引用单元格地址来获取单元格的数据。

8. 填充柄

移动鼠标到活动单元格右下角，出现细黑“+”形，称为填充柄。它是 Excel 提供的快速填充单元格工具，可用于复制单元格内容和公式。

9. 帮助功能

Excel 提供帮助功能，如果窗口未显示帮助选项卡，有两种方法打开 Excel 帮助功能：

（1）依次单击“文件”→“选项”，单击“快速访问工具栏”，在“从下列位置选择命令”框中选择“所有命令”，在下方框中单击“帮助”，单击方框右边的“添加”按钮，单击“确定”按钮后，Excel 的快速访问工具栏（窗口的首行）将看到，问号即是帮助图标。

（2）可以使用快捷键，单击 F1 键直接调用 Excel 帮助

5.1.4 Excel 选项卡与“Excel 选项”对话框

启动 Excel 2016，系统采用默认的工作环境，窗口显示系统默认的功能选项卡（文件、开始、插入、页面布局、公式、数据、审阅、视图），同时显示“开始”选择卡界面。每个选项卡下有多个功能组（区），“开始”选项卡的功能区放置最常用的几组功能，如剪贴板、字体、对齐方式、数字、样式、单元格、编辑等，每组功能区有若干快捷按钮。此外，多数功能组右下方有一斜向下的小箭头，称为“对话框启动器”，单击可以设置更多功能。使用时一般先找快捷功能按钮，如果没有找到，则需要单击“对话框启动器”。

如果用户想根据自己的使用情况添加或删除自定义选项卡，以及对 Excel 默认工作环境做些改变，可以选择“文件”选项卡中的“选项”命令，在弹出的“Excel 选项”对话框中进行设置。

例如，在 Excel 窗口增加“开发工具”选项卡，可以依次单击“文件”→“选项”，单击“自定义功能区”，找到右下方的 ⊞ ☐开发工具 ，单击方框，变为 ⊞ ☑开发工具 ，单击“确定”返回，窗口即多了一个“开发工具”选项卡。

5.2 电子表格的基本操作

5.2.1 工作簿的新建与保存

1. 新建工作簿

新建工作簿，常用以下几种方法：

（1）启动 Excel 后，系统自动会创建一个名为“工作簿 1”的新工作簿，默认包含 1 张工作表：名字为 Sheet1，每单击一次 Sheet1 右边的符号⊕，可以添加一张新的工作表，名字为 Sheet2，Sheet3……。

（2）选择“文件”→“新建”选项，单击 “空白工作簿”图示，可创建新的工作簿，如图 5-2 所示。

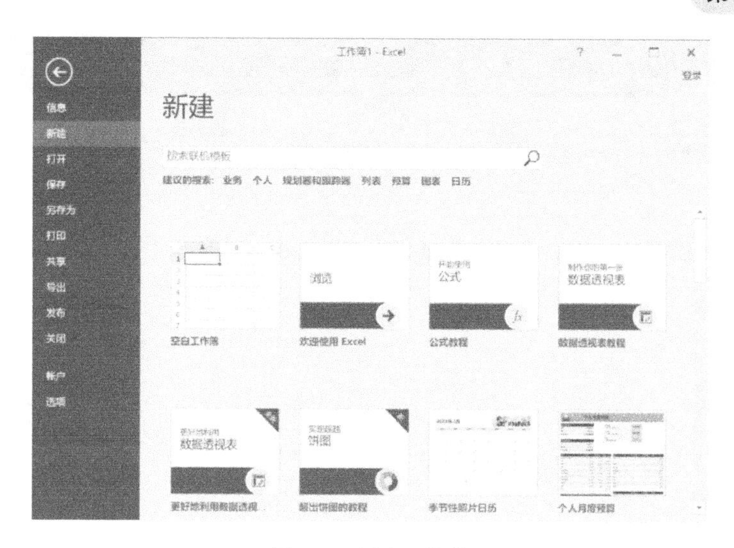

图 5-2 新建工作簿

（3）按 Ctrl+N 组合键，也可新建 Excel 工作簿。

2. 工作簿的保存

Excel 的工作表不能以单独的形式保存，必须以工作簿为单位整体保存。常用的保存工作簿的方法有三种：

（1）选择“文件”→“保存”选项。

（2）单击“快速访问”工具栏的“保存”按钮。

（3）按 Ctrl+S 快捷键，也可保存 Excel 工作簿。

3. 工作簿的加密

当工作簿中的信息比较重要，不希望他人随意打开工作簿时，可以给工作簿设置密码。具体操作方法为：单击“文件”→“信息”选项，选择“保护工作簿”中的“用密码进行加密（E）”，在弹出的“加密文档”对话框中输入密码，单击“确定”按钮，弹出“确认密码”对话框，重新输入密码，单击“确认”按钮，对密码进行确认即可完成加密设置。

5.2.2 工作表的基本操作

直接单击工作表标签，可以在同一个工作簿中切换不同的工作表。当工作表很多，在窗口底部没有要查找的工作表标签时，可以按下标签滚动按钮，向左或向右移动标签滚动条来查找需要的工作表标签。用户可以根据需要插入、删除工作表、修改工作表名字、复制或移动工作表等。

1. 工作表的插入、删除和重命名

在需要操作的工作表标签上右击，根据需要选择相应的选项，如图 5-3 所示。

小知识： 如果想删除多个工作表，可以先选择多个工作表（单击其中的一个工作表名，按住 Ctrl 键不放，再单击其他需要的工作表名），单击右键选择“删除”命令。删除工作表后，工作表中的所有数据也将全部删除，且不可恢复和撤销，请慎用！

2. 工作表的移动与复制

移动或复制工作表可以在同一工作簿中进行，也可以在不同工作簿之间进行。如果复制数据到另一工作簿，必须确保该工作簿已打开。操作步骤如下：

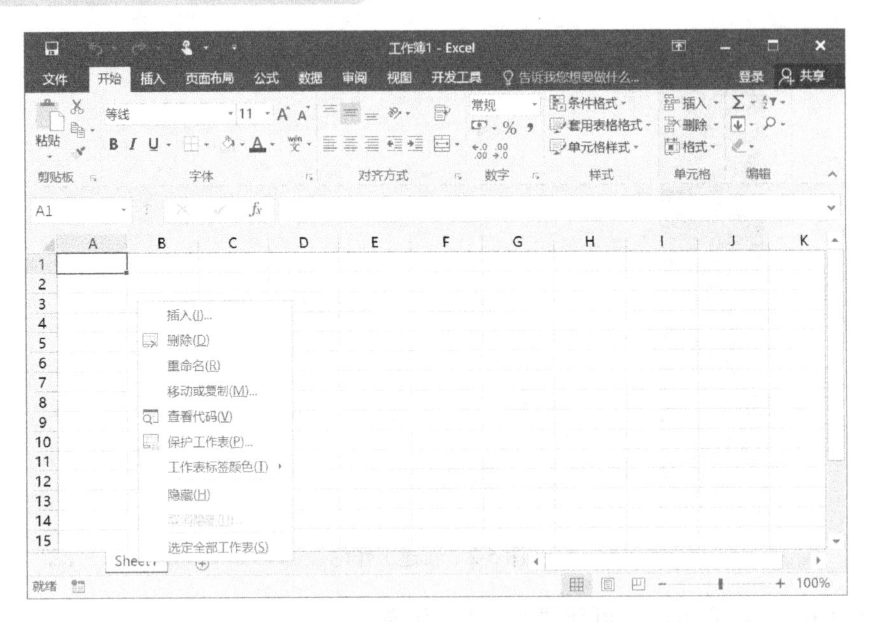

图 5-3　工作表的插入、删除与重命名

（1）右击要移动或复制的工作表标签，在弹出的菜单中选择“移动或复制”命令，弹出“移动或复制工作表”对话框，如图 5-4 所示。

（2）在“工作簿”下拉列表框中选择目标工作簿，系统默认为当前工作簿。

（3）在“下列选定工作表之前”列表框中，选择工作表的位置。单击“确定”按钮，移动完成。

（4）若是复制工作表，需先选中“建立副本”复选框，最后单击“确定”按钮。

3. 工作表隐藏与显示

当工作表中的数据比较机密，可以将工作表暂时隐藏起来。若只有一个可视工作表则不可以隐藏。隐藏工作表可以右击该工作表标签，在弹出的菜单中选择“隐藏”命令。显示已经隐藏的某个工作表，可以右击任一工作表标签处，在菜单中选择“取消隐藏”命令，弹出“取消隐藏”对话框后选择工作表名，单击“确定”按钮即可，如图 5-5 所示。

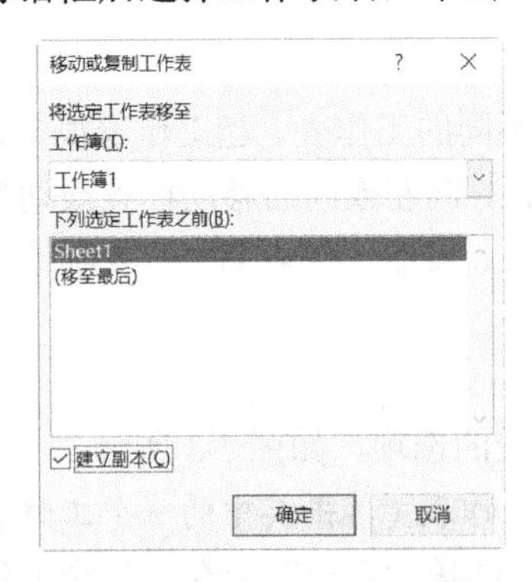

图 5-4　“移动或复制工作表”对话框

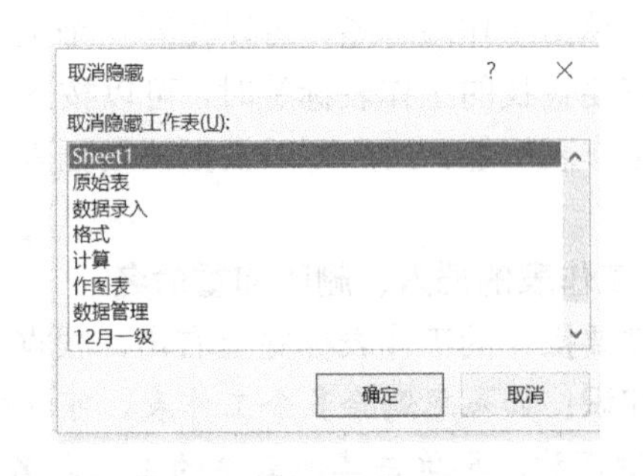

图 5-5　取消隐藏工作表

4. 工作表窗口的拆分与冻结

1）工作表的拆分

工作表的内容较多，一个窗口不能显示全部数据时，需要滚动屏幕查看工作表的其余部分内容。若希望在滚动工作表的同时，仍然能够看到其他部分的内容，可以将工作表窗口进行拆分。操作方法为：单击“视图”→“窗口”组的“拆分”按钮，窗口被分成4个区域，屏幕中央出现横竖两条拆分线。移动光标到横拆分线处，当光标变成双向箭头时，按住鼠标左键不放，拖动到目标位置可以调节上下窗口的大小。垂直方向的拆分方法类似。

如果要取消拆分，再次单击“拆分”工具，或者直接双击对应的拆分线即可。

2）工作表的冻结

如果希望工作表在滚动时，行、列标题或者某些数据保持固定，可以使用Excel的冻结功能。选定工作表中的冻结点（选择冻结行的下一行，列和单元格类似，如要冻结A列，则选B列），单击“视图”→“窗口”组的“冻结窗格”→“冻结拆分窗格”，这时拖动滚动块，该冻结点以上或左侧的所有单元格区域均被冻结。

若要取消冻结，直接单击“窗口”→“冻结窗格”→“取消冻结窗格”选项。

5.2.3 单元格的基本操作

单元格是构成工作表的最小单位，对工作表数据的输入和编辑实际上就是对单元格输入和编辑数据。单元格的基本操作包括单元格的选择、插入、删除、调整行高与列宽、合并单元格、隐藏或显示单元格数据等。

1. 单元格的选定

对某个单元格或单元格区域进行操作时，必须先选定要操作的对象，遵循“先选定，后操作”的原则，选定不同单元格区域的方法如表5-1所示。

表5-1 不同单元格区域的选取方法

选取范围	操作方法	操作图示
选定一个单元格	单击要选定的单元格	
选择一行	单击要选取行的行号	
选择一列	单击要选取列的列号	
选择多个连续的单元格（单元格区域）	选定起始单元格，按住左键拖动到要选取的区域右下角的最后一个单元格，然后释放左键	
选择多个不连续的单元格或单元格区域	选定第一个单元格区域，按住Ctrl键不放，再选择其他单元格或区域	
选择整个工作表	单击工作表左上角的全选按钮	

2. 插入行、列或单元格

在工作表中选择要插入行、列或单元格的位置，单击“开始”→“单元格”组中“插入”按钮的小三角箭头，在列表中选择相应功能选项，即可插入行、列和单元格。其中，插入单元格必须设置如何移动原有单元格，有可能改变表的结构，如图 5-6 所示。注意，执行插入行（列）命令后，总是在当前选定位置的上方插入行（或左边插入列）。

3. 删除行、列或单元格

删除行先单击行号，选择要删除的整行，单击“开始”→“单元格”组中“删除”按钮的小三角箭头，在弹出的列表中选择“删除工作表行”功能，被选择的行将被删除，下面的行自动上移。删除列先单击列号，操作类似。删除单元格必须设置如何移动其他相邻单元格，如图 5-7 所示。

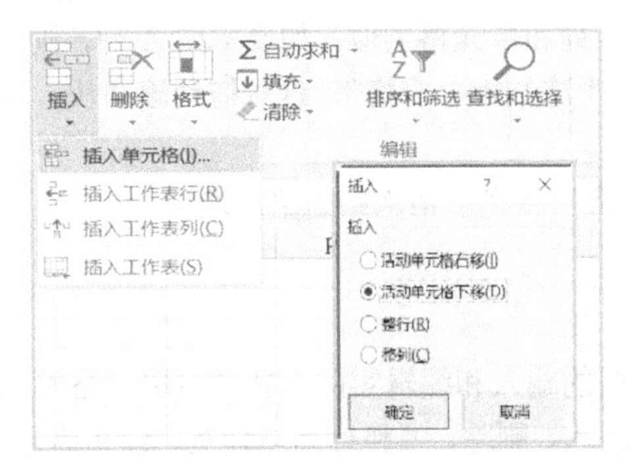

图 5-6　插入行、列和单元格

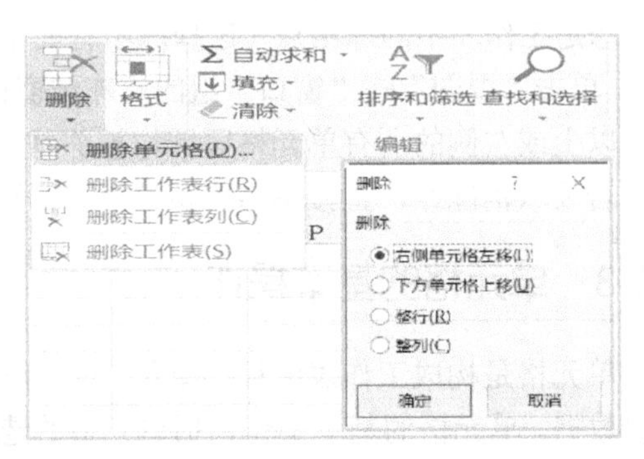

图 5-7　删除行、列和单元格

4. 合并单元格

合并单元格是指将选定区域多个单元格合并成一个单元格。合并后单元格的名称为第一个单元格的名称，特别注意的是，合并后只保留和显示第一个单元格的内容。操作方法是：选中需合并的单元格区域，单击“开始”→“对齐方式”组“合并后居中”按钮旁的小三角箭头，在列表中选择相应的合并选项即可。各合并选项的含义如下：

（1）合并后居中：合并选中的单元格区域，并将该区域第一个单元格的内容居中显示。

（2）跨越合并：将所选单元格的每列合并成一个列，显示该区域每行第一列内容。

（3）合并单元格：将所选单元格合并到一个单元格，显示该区域第一个单元格的内容。

（4）取消单元格合并：对选定区域中已经合并的单元格，取消合并。

5. 隐藏与显示行或列

若想暂时“隐藏”某些行或列，可以选中需隐藏的行或列，右击行号或列号，在弹出的菜单中选择“隐藏”命令即可。

若要显示已经隐藏的行或列区域，需要选定该隐藏区域上下相邻的两行（或左右相邻的两列），右击行号或列号，在弹出的菜单中选择“取消隐藏”命令即可。

6. 调整行高与列宽

默认情况下，所有单元格具有相同的宽度和高度。当数据的宽度大于单元格宽度时，数据显示不全或者用“#####”显示，不便于用户浏览数据，通过调整行高或列宽可以将数据完整显示出来。

1）使用鼠标调整

选中需调整的行或列，将鼠标定位到目标行或列之间的分隔处，当光标变成双向箭头后，按住左键拖动即可调整行高或列宽。

2）使用功能选项命令精确调整

选中需调整的行或列，单击“开始”→“单元格”组中“格式”按钮小三角箭头，在列表中选择相应的功能即可。单击“行高”“列宽”将弹出对话框，用户需输入精确值。若希望系统根据内容自动调整，则单击“自动调整行高”“自动调整列宽”。

5.2.4　数据输入

Excel 中单击单元格可以直接输入数据，双击单元格可以修改原有数据或查看公式。录入数据后按 Enter 键，光标将定位到下一行的同列单元格，若要在单元格中的特定位置开始新的文本行，单击要换行的位置，然后按 Alt+Enter 组合键。

在 Excel 中输入的数据可以分为常量和公式两种，常量主要有数字类型（包括数字、日期、时间、货币、百分比格式等）、文本类型和逻辑类型等，每种数据都有特定的格式和输入方法。

1. 输入文本

在 Excel 中，文本通常是指字符或者任何数字和字符的组合。普通的文本数据直接输入即可，对于像电话号码、身份证号、学号、邮政编码等文本型数据，在输入时应在字符串前加上单引号“'”，Excel 才会把输入的数字字符看作文本，并保留有效数字左边的 0。例如，在输入学号“0115001”时，应输入“ '0115001”，按 Enter 键确认后，显示在单元格中的数据为“0115001”，并自动左对齐。

2. 输入数值

在 Excel 工作表中，数值数据是最常见、最重要的数据类型。输入数值时，需注意以下几点：

（1）输入分数时，先输入一个“0”和一个空格，再输入分数，如输入 2/5 时，应输入“0 2/5”。

（2）输入百分比时，可以直接在数字后面输入“%”　。

（3）输入负数时，直接在数值前加一个“-”号。

（4）如果输入的数值过大，单元格中的数字将以科学计数法显示。如，输入“3200000000”，则表示成“3.2E+09”。

3. 输入日期和时间

在 Excel 工作表中，日期和时间要按照一定的格式来输入。其常见的日期格式为 yyyy/mm/dd、yyyy-mm-dd。比如要输入 2020 年 11 月 23 日，可以输入“2020-11-23”或者“2020/11/23”。时间格式为 hh:mm AM 或 hh:mm PM，比如“8:30 PM”。如果要输入当天日期按 Ctrl+;组合键。

4. 利用“自动填充”功能输入有规律的数据

在工作表中输入有规律的数据，如相等、等差、等比等序列数据，使用 Excel 自动填充功能，可以方便快捷地输入数据序列。

1）输入相同的数据

在连续的单元格输入相同的数据，可以直接使用填充柄：输入一个数据后，移动鼠标到此单元格右下角，出现填充柄即鼠标变为细黑“+”形时，按住左键不放，向水平或垂直方向拖动到目标单元格后放开，即可将数据复制到鼠标拖动经过的单元格中。

想在不连续的单元格中输入相同数据，先选中一个单元格，按住 Ctrl 键，依次单击需要录入数据的其他单元格，松开 Ctrl 键，录入数据后，再按 Ctrl+Enter 结束。

在多张工作表中同一位置输入同一数据时，可以选中一张工作表，然后按住 Ctrl 键，依次单击工作表标签处需要录入数据的其他工作表，松开 Ctrl 键，录入数据即可。

2）填充有规律的数据

如果序列数据是等差数列，则先输入前两个单元格的数据，再选中这两个单元格，然后沿垂直或水平方向拖动填充柄，经过的单元格的数据会在前一个单元格数据的基础上加上公差。图 5-8 列举几种序列的填充效果。

	A	B	C	D	E	F	G
1	序列类型	文本序列	系统定义序列	等差序列	等比序列	自定义序列	
2	操作简述	拖动B3填充柄	拖动C3填充柄	拖动D3:D4填充柄	单击开始-编辑-填充-序列	单击文件-选项-高级	
3		No. 1	Monday	0	1	北京	
4		No. 2	Tuesday	5	3	上海	
5		No. 3	Wednesday	10	9	广州	
6		No. 4	Thursday	15	27	深圳	
7		No. 5	Friday	20	81	北京	
8		No. 6	Saturday	25	243	上海	
9		No. 7	Sunday	30	729	广州	
10		No. 8	Monday	35	2187	深圳	
11		No. 9	Tuesday	40	6561	北京	
12		No. 10	Wednesday	45	19683	上海	
13							
14							

图 5-8　几种序列填充效果

如果序列数据不是等差数列，而是类似于等比等其他序列，也可以利用系统的“序列”对话框进行填充。

【实战 5-1】在 Excel 工作表中，利用自动填充功能填充等比序列 1,3,9,…19683。

（1）在第一个单元格中输入数字 1。

（2）选择“开始”→“编辑”→“填充”→“系列”选项，弹出“序列”对话框。

（3）选择序列产生在“列”，类型为等比序列，步长值为 3，终止值为 20 000，确定即可，如图 5-9 所示。

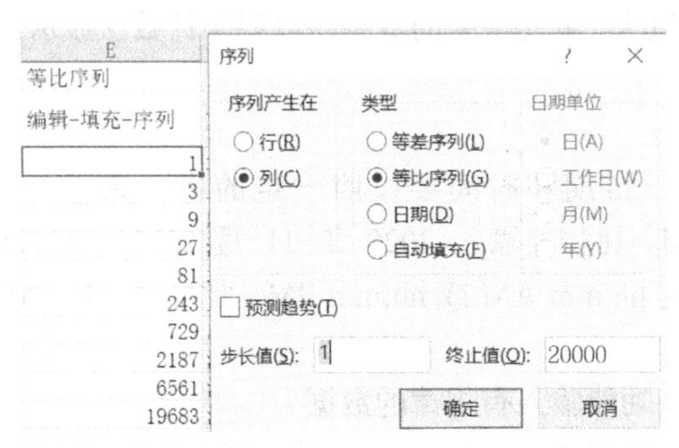

图 5-9　填充等比序列

3）使用系统提供的序列

Excel 系统提供了一些常用的序列（如星期、季度、月份等），用户输入时，只需输入这些序列的第一项，再通过拖动填充柄的方法进行填充即可。英文星期序列如图 5-8 所示。

4）用户自定义序列

除了系统提供的序列，用户可以自行定义新的序列，方法为：选择“文件”→“选项”选项，弹出“Excel 选项”对话框，选择左侧列表框中的“高级”选项，单击右侧下方的“编辑自定义列表”按钮，弹出“自定义序列”对话框，例如图 5-8 中，在“输入序列”文本框中输入自定义的序列项“北京，上海，广州，深圳”，然后单击“添加”按钮，新定义的填充序列出现在“自定义序列”列表框中。单击“确定”按钮，返回 Excel 窗口。当录入新序列的某一个值，拖动填充柄将填充序列中的下一个值并循环。

5. 从外部导入数据

选择“数据”功能区，在“获取外部数据”组中选择外部数据的来源方式，可来自 Access、网站、文本或其他来源等，其他来源可将其他软件中的数据导入 Excel 工作表中。

6. 设置数据验证

默认情况下，Excel 对单元格中所输入的数据不加任何限制。为确保数据的有效性，可以为相关单元格设置相应的限制条件（如数据类型、取值范围等），设置了数据验证的单元格，在录入数据离开单元格时，系统将自动进行检查，若不符合条件屏幕显示出错提示框，输入正确的值后才能离开该单元格。

【实战 5-2】为某工作表中 C2:D10 区域设置输入限制条件为 0～100 范围之内的整数。

（1）选中 C2:D10 单元格区域，单击“数据”→“数据工具”组“数据验证”按钮，弹出“数据验证”对话框。

（2）在“设置”选项卡中设定条件为：允许选“整数”，数据“介于”，最小值“0”，最大值“100”，如图 5-10 所示。

（3）选中“出错警告”选项卡，设置样式为“停止”，标题填写“输入错误值”，错误信息填写“输入数据必须是 0-100 之间整数！”，如图 5-11 所示，最后单击“确定”按钮。

图 5-10　数据验证设置

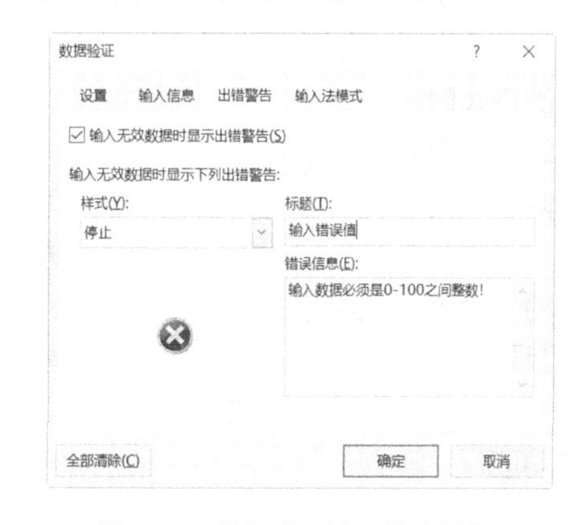

图 5-11　数据验证错误警告设置

如果单元格的数据验证条件设置为允许：序列，来源直接录入序列或者选择有数据的其他单元格，则可以用下拉框的形式录入数据。例如：来源输入“北京，上海，广州，深圳”，结果如图 5-12 所示。

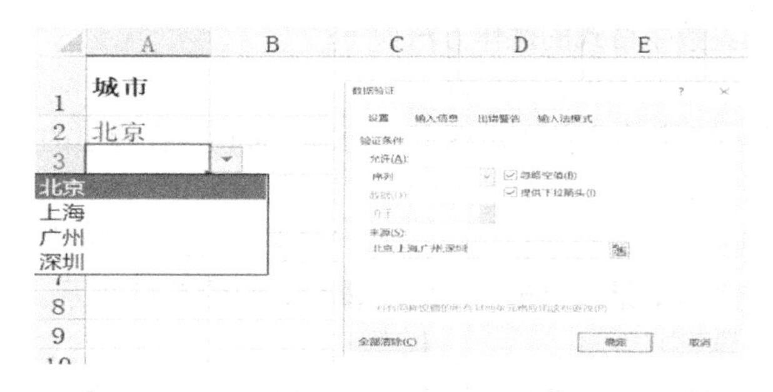

图 5-12　“序列”数据验证设置与效果

5.2.5 工作表的格式设置

编辑工作表中的数据后，可以对其进行格式设置，以改善工作表的外观，更清晰、突出地显示表格中的主要内容。这是制作表格比较重要的一步，一个表格创建的是否成功，其外观也起着关键性的作用。工作表的美化主要包括套用表格或单元格样式、设置单元格格式、格式的复制与清除和条件格式等。

1. 套用表格或单元格样式

样式是数字格式、字体格式、对齐方式、边框和底纹、颜色等格式的组合，当不同的单元格或者工作表需要重复使用相同的格式时，使用系统提供的“样式”功能直接套用，可以提高工作效率。

1）套用单元格样式

选中需要设置样式的单元格或区域，单击“开始”→“样式”组“单元格样式”按钮，弹出单元格样式库，从中选择所需样式即可。

2）套用表格格式

系统提供了多种现成的表格样式，有浅色、中等深浅与深色 3 种类型共 60 种表格格式供选择（注意设置了共享的工作簿不能设置此功能）。操作方法为：

（1）选定需要套用格式的单元格区域。

（2）单击“开始”→“样式”组→“套用表格格式”按钮，在弹出的表格格式列表中选择合适的格式即可。

2. 设置单元格格式

除了使用系统自带的单元格和表格样式外，用户也可以自行设置单元格的格式。单击“开始”→“字体”（或“数字”或“对齐方式”）的“对话框启动器”按钮，均可弹出图 5-13 所示的“设置单元格格式”对话框，显示对应的选项卡界面。

“设置单元格格式”对话框有 6 个选项卡，分别为“数字”“对齐”“字体”“边框”“填充”“保护”，对应数字显示格式、对齐方式、字体格式、边框格式和填充底纹格式、工作表保护设置等功能。

1）设置数字格式

Excel 提供了多种数字格式，对数字格式化时，可以设置不同小数位数、百分号、货币符号等来表示。

对同一个数值，单元格中显示的是格式化后的数字，编辑栏中显示系统实际存储的数据。如果要取消数字格式，可以单击“开始”→“编辑”组“清除”按钮，在弹出的列表中选择“清除格式”选项即可。设置数字格式的操作方法如下：

（1）选定需设置数字格式的单元格区域。

（2）单击“开始”→“数字”的“对话框启动器”按钮，在弹出的“设置单元格格式”对话框中显示“数字”选项卡。

（3）在“分类”列表框中选择一种分类格式，右侧可设置数据的格式细节，如小数位数，并可以从“示例”栏中查看效果，单击“确定”按钮，如图 5-13 所示。

2）设置对齐方式

在 Excel 中系统默认的对齐方式是：数值型数据右对齐，其他类型数据按左对齐。用户可以根据需要通过设置对齐方法来使版面更加美观。设置方法为：选定要对齐的单元格区域，在“设置单元格格式”对话框中选择“对齐”选项卡，在其中选择水平对齐和垂直对齐方式，如图 5-14 所示。

图 5-13 “设置单元格格式”对话框　　　　图 5-14 “对齐”选项卡

各对齐选项内容说明如下：

水平对齐：可在其中设置常规（系统默认的对齐方式）、靠左（缩进）、居中、靠右（缩进）、填充、两端对齐、跨列居中、分散对齐（缩进）等水平对齐方式。

垂直对齐：可在其中设置靠上、居中、靠下、两端对齐、分散对齐等垂直对齐方式。

自动换行：如果选择“自动换行”复选框，当单元格中的内容宽度大于列宽时，则自动换行。

文字方向：在“文字方向”列表框中可以改变单元格内容的显示方向。

3）设置字体

选定要设置字体的单元格区域，单击“开始”→“字体”的“对话框启动器”按钮，在其中选择“字体”“字形”“字号”“下画线”“颜色”以及“特殊效果”等，并可以在“预览”区中预览设置的效果。

4）设置边框

Excel 工作表默认的表格线是灰色的，打印时没有表格线。可以通过边框设置，使每个需要的表格或单元格都有实际边框。方法有两种，先选定要设置边框的单元格区域：

方法 1：单击“开始”→“字体”组的“下框线”按钮，直接设置。

方法 2：单击“开始”→“字体”（或“数字”或“对齐方式”）的“对话框启动器”按钮。选择“边框”选项卡，各种边框设置选项如图 5-15 所示。在“线条”下选择线型、颜色，在“预置”“边框”下选择线条需要画哪些边框位置，可以同步看到设置的预览效果，最后单击“确定”按钮。

5）设置图案

为了使表格中的重要信息更加醒目，可以给单元格填充背景色和图案（底纹）。具体操作方法为：

（1）选定要添加图案的单元格区域。

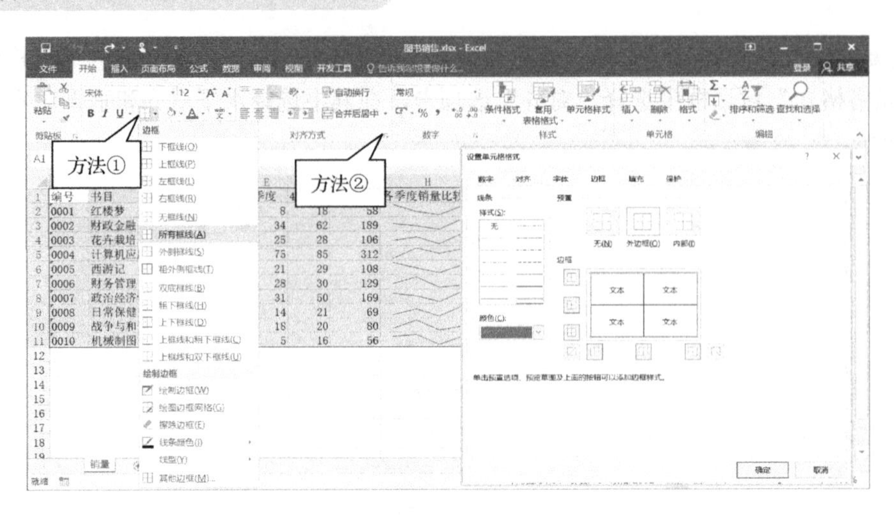

图 5-15 “下框线”按钮与“边框”功能选项卡

（2）在“设置单元格格式”对话框中选择“填充”选项卡。

（3）“背景色”区中可以选择单元格的背景颜色。

（4）在“图案样式”列表中选择单元格的底纹图案，通过示例框可以查看颜色和底纹图案的效果，单击“确定”按钮，即可得到设置效果。

3. 格式的复制与清除

在给 Excel 文档中大量的内容重复添加相同的格式时，我们可以利用格式复制来完成。操作方法是：选中被复制格式的单元格区域，单击“开始”→“剪贴板”组“格式刷”按钮，这时指针旁边多了一个刷子图标，按住左键拖动经过目标单元格区域，即可将格式复制到该单元格区域。双击“格式刷”按钮可以复制多次，直到使用其他功能，刷子图标恢复正常。

如果对单元格设置的格式不满意，单击“开始”→“编辑”组“清除”按钮，在打开的下拉列表中选择“清除格式”选项即可清除该单元格的所有格式。

4. 设置单元格的条件格式

在实际应用中，经常需要根据某些条件，把工作表中的数据突出显示出来。这可以通过选中单元格区域，设置单元格的条件格式来实现。设置条件格式的规则如下：

突出显示单元格规则（H）：突出显示单元格规则主要适用于查找单元格区域中的特定单元格，是通过如大于、小于、介于、等于……等比较运算符来设置特定条件的单元格格式。

项目选取规则：项目选取规则根据指定的截止值查找单元格区域中的最高值或最低值，或者查找高于、低于平均值或标准偏差的值。

数据条：数据条可以帮助用户查看某个单元格相对于其他单元格的值，数据条的长度代表单元格中值的大小，值越大数据条就越长。

色阶：色阶作为一种直观的指示，可以帮助用户了解数据的分布与变化情况，分为双色刻度和三色刻度。

图标集：图标集可以对数据进行注释，并可以按阈值将数据分为三到五个类别。

【实战 5-3】在“销量”工作表中，将各季度销量大于 50 的数据单元格设置为加粗、红色文本。

（1）选中所有销量的单元格区域 C2:F11。

（2）单击“开始”→“样式”组“条件格式”按钮，在弹出的列表中选择“突出显示单元格规则”→“大于”选项。

（3）在弹出的“大于”对话框中，输入数值 50，在右边的“设置为”列表中选择“自定义格式”，进一步选择“加粗”“红色”选项，单击“确定”按钮。过程如图 5-16 所示。

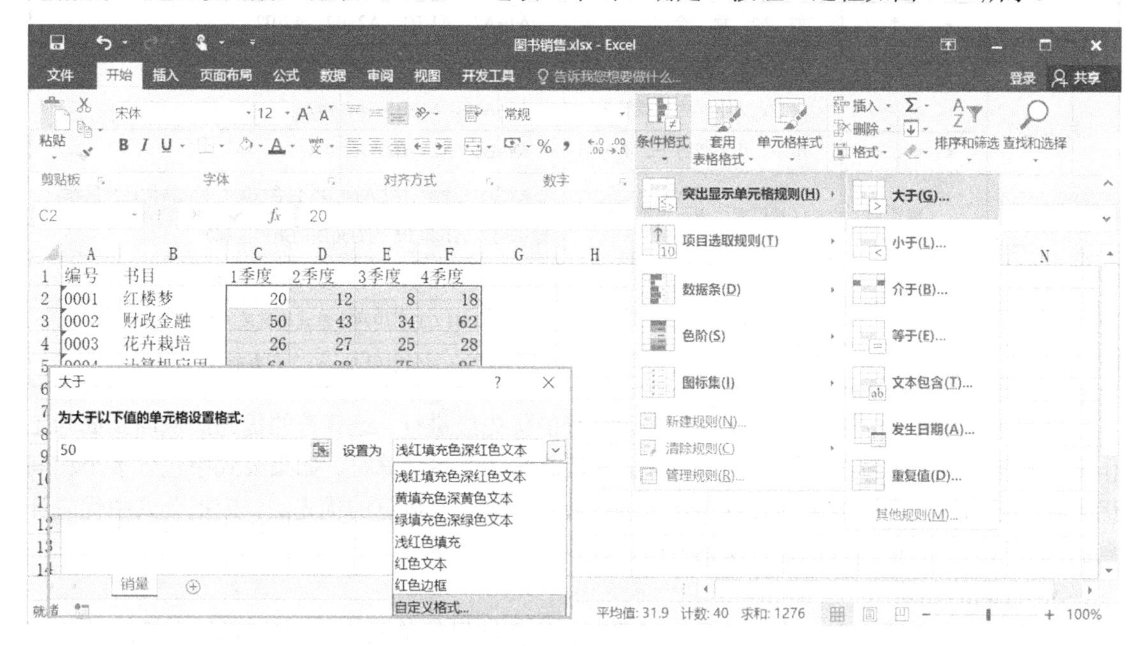

图 5-16　设置条件格式过程与结果

5.3　数据计算

Excel 有强大的数据计算功能。通过在单元格中输入相应的公式，可以方便地实现对工作表数据的运算，当参与运算的数据发生变化时，公式的计算结果也会自动更新。

5.3.1　公式的构成与创建

公式是在工作表中对数据进行计算、分析的等式。凡是在单元格中先输入等号“=”的数据，Excel 自动判断为公式。

1. 公式的构成

公式总是以等号“=”开头，紧接数据对象和运算符。数据对象通常由常量、单元格引用（单元格地址、名称）、函数或数组等组成。

单击 F9 键可以将单元格公式转换为值，若想恢复为原来的公式，紧接着再按 Esc 键或撤销 Ctrl+Z 即可。此功能可用于长公式中部分公式的测试。

2. 运算符与优先级

Excel 公式中，常用的运算符有算术运算符、比较运算符和引用运算符，它们的表示方法和含义等如表 5-2 所示。

表 5-2　Excel 常用运算符

运算符类型	运算符	运算符含义	应 用 示 例
算术运算符	+、-、*、/	加、减、乘、除	A1+A2、A1-B1、A2*B2、A2/B2
	乘幂^、%	乘方运算、百分比运算	6^2（=6×6）、20%（=20×0.01）
比较运算符	=、>、>=	等于、大于、大于或等于	A1=A10、A1>B1、B2>=C2
	<、<=、<>	小于、小于或等于、不等于	A2<B2、A2<=B2、A2<>B2
引用运算符	：（冒号）	区域引用，表示连续区域	A1:B5（表示引用 A1～B5 包含 10 个单元格的连续区域，即引用以 A1 和 B5 为对角线的矩形区域）
	，（逗号）	联合引用多个单元格	A1,B5（表示引用 2 个单元格 A1 和 B5）
	空格	交叉运算符	(A1:B1 B1:C1)引用两个单元格区域的交叉，返回 B1
	!	工作表引用	Sheet2!A1 表示引用 Sheet2 工作表的 A1 单元格

公式中使用多种运算符时，计算会按运算符的优先级进行，运算符的优先级从高到低为工作表运算符、引用运算符、算术运算符、文本运算符、关系运算符。如果公式中包含多个相同优先级的运算符，应按照从左到右的顺序进行计算。要改变运算的优先级，应把公式中优先计算的部分用圆括号括起来，有多层括号时，里层的括号优先于外层括号。

3. 公式的创建

方法：选定需要输入公式的单元格（即存放计算结果的单元格），在编辑栏中输入以"="号开头的公式，引用单元格时可以直接输入单元格地址，也可以用鼠标选择参与运算的单元格，最后单击编辑栏上的输入按钮"✓"或者直接按 Enter 键。

5.3.2　公式的复制与单元格引用

1. 复制公式

复制公式是 Excel 计算中的重要一环。通过公式的复制，相同的计算可以有效避免重复输入。公式复制时，公式中的单元格地址会按规定自动改变，并自动完成相应的计算，大大提高了数据处理的效率。公式的复制方法和普通数据的复制方法一样，都是通过剪贴板或填充柄完成。

【实战 5-4】用公式计算"销量"工作表中的平均销量：等于总销量除以 4。

（1）单击选中需要输入公式的第一个单元格 H2。

（2）在编辑栏输入"=G2/4"，单击编辑栏上的输入按钮"✓"，得到计算结果。输入公式时，可以用单击单元格 G2 代替输入地址"G2"，两者的结果一样。

（3）将光标定位到 H2 单元格右下角填充柄处，当光标变成细黑"+"形状时，按住左键并向下拖动到最后一行，即可计算其他行的平均销量。双击 H2 查看公式，如图 5-17 所示。

2. 单元格的相对引用

在公式中直接使用单元格地址就是相对引用。把公式从当前单元格复制、移动到目标单元格时，系统根据移动的位置，自动调整公式中单元格的地址。目标单元格的行或列相对原单元格行或列改变多少，则公式中单元格引用的行和列也会改变多少。如图 5-17 中，H2 输入的公式为"=G2/4"，当把公式复制到下一行时，目标单元格为 H3，行号增加 1，公式中的地址 G2 行号也会自动加 1，得到 H3=G3/4。

	A	B	C	D	E	F	G	H
1	编号	书目	1季度	2季度	3季度	4季度	总销量	平均销量
2	0001	红楼梦	20	12	8	18	58	=G2/4
3	0002	财政金融	65	43	34	62	204	51
4	0003	花卉栽培	42	57	25	21	145	36
5	0004	计算机应用	64	88	75	85	312	78
6	0005	西游记	32	26	42	45	145	36
7	0006	财务管理	60	39	28	80	207	52
8	0007	政治经济学	46	60	40	55	201	50
9	0008	日常保健	15	19	14	21	69	17
10	0009	战争与和平	19	23	18	20	80	20
11	0010	机械制图	16	19	5	16	56	14
12								
13								

销量

图 5-17 创建与复制公式

3. 单元格的绝对引用

单元格的绝对引用是在单元格引用的行号和列号前加上半角符号“**$**”，如$A$1。公式复制到目标位置后，绝对引用的单元格地址，其列号和行号保持不变。

【实战 5-5】在“销量”工作表中，求各书目的销量占所有销量的百分比。

分析：计算每本书的销量百分比，都要除以汇总销量，G12 必须使用绝对引用。

（1）选中需要计算的第一个单元格 I2，在编辑栏中输入“=G2/$G$12”，如图 5-18 所示，单击编辑栏上的输入按钮“✓”，得到“红楼梦”销量占汇总销量的比例。

（2）用鼠标拖动 i2 单元格的填充柄，即可计算出其他书目销量占比。

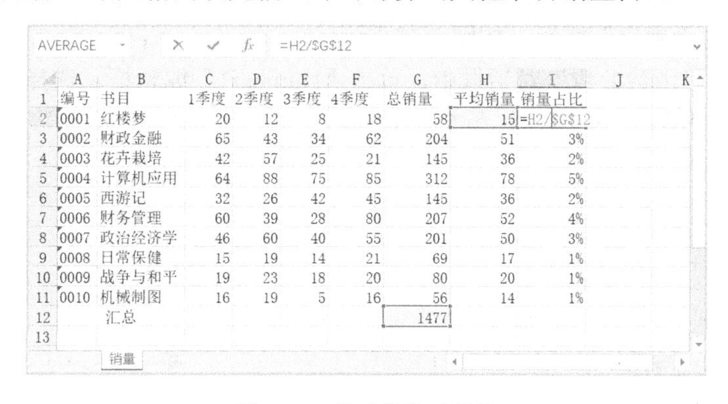

AVERAGE =H2/$G$12

	A	B	C	D	E	F	G	H	I
1	编号	书目	1季度	2季度	3季度	4季度	总销量	平均销量	销量占比
2	0001	红楼梦	20	12	8	18	58	15	=H2/$G$12
3	0002	财政金融	65	43	34	62	204	51	3%
4	0003	花卉栽培	42	57	25	21	145	36	2%
5	0004	计算机应用	64	88	75	85	312	78	5%
6	0005	西游记	32	26	42	45	145	36	2%
7	0006	财务管理	60	39	28	80	207	52	4%
8	0007	政治经济学	46	60	40	55	201	50	3%
9	0008	日常保健	15	19	14	21	69	17	1%
10	0009	战争与和平	19	23	18	20	80	20	1%
11	0010	机械制图	16	19	5	16	56	14	1%
12		汇总					1477		
13									

销量

图 5-18 单元格绝对引用

4. 单元格的混合引用

在一个单元格地址引用中，既有绝对地址引用，也有相对地址引用，则称之为混合引用。如$A1，A$1。如果“**$**”符号在行号前，表示该行位置是“绝对不变”的，而列位置会随目的位置的变化而变化。反之，如果“**$**”符号在列号前，表示该列位置是“绝对不变”的，而行位置会随目的位置的变化而变化。在图 5-18 中，公式在同一列复制，列号不会调整，因此公式也可写为 G2/G$12，与 G2/$G$12 等价。

5.3.3 使用函数计算数据

Excel 工作表函数简称 Excel 函数，是 Excel 内部预先定义的公式，可以进行各种复杂的计算，包括数学、文本、逻辑的运算以及查找工作表的信息等。函数的最终返回结果为值。公式是函数的基础，可以说函数是特殊的公式。

1. 函数构成

Excel 函数通常是由函数名称、左圆括号、参数、半角逗号和右圆括号构成。函数调用的基本格式为：

```
函数名称(参数 1,参数 2,参数 3,…)
```

函数执行后返回函数值，即运行函数的结果。如，AVERAGE(C2:F2)。其中，函数名称 AVERAGE 代表函数的功能，表示求平均值。参数可以是常量、单元格引用、单元格区域引用、公式或其他函数，参数间用逗号（半角符号）隔开。另外有一些函数比较特殊，它仅由函数名和圆括号构成，这类函数没有参数，如 ROW()函数返回当前的行号。

函数只有唯一的名称，不区分大小写，函数名称决定了函数的功能和用途。

2. 函数的输入

函数的输入包括粘贴函数法和直接输入法。使用粘贴函数法由系统做向导，单击编辑栏上的“插入函数”按钮f_x，打开“插入函数”对话框（见图 5-19），选择函数名称，系统出现“函数参数”对话框（见图 5-20）引导完成函数的输入。如果对函数名称和函数的参数较为熟悉，函数又比较简单时，可以直接输入。

【实战 5-6】用函数计算图 5-19 中“销量”工作表的平均销量。

（1）选中需要输入函数的第一个单元格 H2，单击编辑栏上的“插入函数”按钮f_x，弹出“插入函数”对话框，“或选择类别”默认显示“常用函数”，在其下方选择求平均值函数 AVERAGE()，单击“确定”按钮，如图 5-19 所示。

（2）在弹出的“函数参数”对话框中，单击“Number1”编辑框，选择单元格区域或直接输入 C2:F2，单击“确定”按钮，如图 5-20 所示。

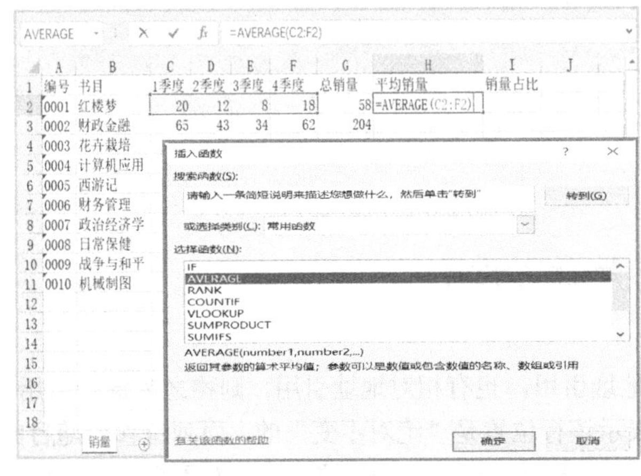
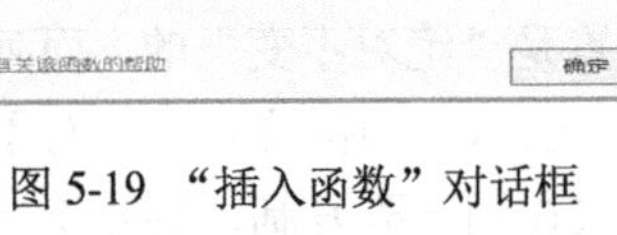

图 5-19 “插入函数”对话框

图 5-20 “函数参数”对话框

（3）用鼠标拖动 H2 单元格的填充柄，即可计算出其他书目的平均销量。

3. 常用函数

Excel 2016 函数根据功能的不同，分有十三类，在“插入函数”对话框的“或选择类别”列表框中列有：常用、全部、财务、日期与时间、数学与三角、统计、查询与引用、数据库、文本、逻辑、信息、工程、多维数据集、兼容性和 Web。表 5-3 列出部分常见函数的格式和功能。选择函数时，如果不是常用函数，可以在“搜索函数”框直接输入名称，单击“转到”按钮。此外，用户还可以自定义函数。

表 5-3 部分常用函数的格式和功能

函 数 名 称	格 式	函 数 值
SUM	SUM(参数 1,参数 2,…)	返回所有参数之和
AVERAGE	AVERAGE(参数 1,参数,2…)	返回所有参数的算术平均值
MAX	MAX(参数 1,参数 2,…)	返回参数中数值的最大值，忽略逻辑值及文本
MIN	MIN(参数 1,参数 2,…)	返回参数中数值的最小值，忽略逻辑值及文本
COUNT	COUNT(参数 1,参数 2,…)	返回所有参数中，数值型参数个数
COUNTIF	COUNTIF(条件，单元格区域)	返回区域中满足给定条件的单元格数目
IF	IF(条件,值 1,值 2)	判断条件，条件满足返回结果值 1，否则返回值 2
RANK	RANK(数字,数字,次序)	返回数字在数据列表中相对于其他数值的升或降序排名
VLOOKUP	VLOOKUP(搜索值,表区域,返回列)	表区域首列匹配搜索值，确定行号，返回这些行对应的列值

【实战 5-7】在“销量”工作表中，使用 IF 函数填写某本书的销售情况，如果书的总销量大于 120，填入“畅销”，否则不填写任何内容。

（1）在“销量”工作表中选择 H2，单击编辑栏上的“插入函数”按钮f_x，弹出“插入函数”对话框，在函数列表中选择函数 IF，单击“确定”按钮。

（2）设置弹出的“函数参数”对话框，在 “Logical_test”项输入判断条件“G2>120”，在“Value_if_true”中输入“畅销”，在“Value_if _false”中输入一个空格，单击“确定”按钮，如图 5-21 所示。

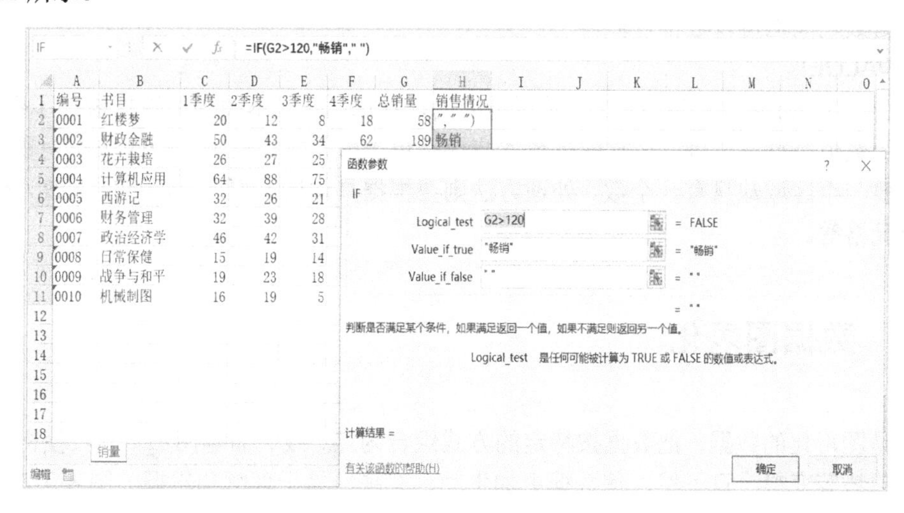

图 5-21 IF 函数参数

（3）用鼠标拖动 H2 单元格的填充柄，即可计算出其他书目的销售情况。

5.3.4 公式的常见问题

使用公式和函数计算的时候，可能得不到正确结果，而是返回一些奇怪的符号。这些符号其实是系统给出的提示代码，用户可以据此识别问题的原因，找到相应的处理方法。以下给出几种常见的提示代码及处理方法，其他的提示代码可以用 Excel 帮助搜索。系统也提供检测功能，可单击“公式”→“公式审核”组中的“错误检查”。

1. ###

当公式计算的结果返回若干#号时，表示数据的宽度超过单元格宽度，数据显示不全，此时系统用“#####”显示。只要移动鼠标到列号之间的竖线，鼠标变为水平双向箭头后拖动列，调整列宽就可以显示数据。

2. #NAME?

如果公式返回的值为“#NAME?”，表示名字错误。这常常是因为在公式中出现了 Excel 无法识别的文本，常见的有函数名拼写错误，使用了没有被定义的区域或单元格名称，引用文本时没有加引号等。解决办法是认真检查公式，逐步分析出现上述几种错误的可能，并加以改正。对于初学者，建议插入函数时使用向导，能减少此类错误。

3. #DIV/0!

在公式中有除数为零，或者有除数为空白的单元格（空白单元格也视为 0）时，公式的返回结果为#DIV/0!。如 E2=D2/B2，B2 值为 0 时，E2 显示“#DIV/0!”。

解决办法是把除数修改为非零的数值，或者用 if 函数进行控制。

把 E2 的公式改为=IF(ISERROR(D2/B2),"", D2/B2)，利用 IF 函数控制，不论 B2 是否为 0，公式都不会出错。公式的含义为：如果 D2/B2 返回错误的值，则整个公式返回一个空字符串，否则显示计算结果 D2/B2。

其中用到 ISERROR(value)函数，它检测参数 value 的值是否为错误值，如果是，函数返回值 TRUE，反之返回值 FALSE。

这个公式中用到两个函数，函数 ISERROR(D2/B2)的值用作 IF 函数的参数，称之为函数的嵌套。函数之间也可以进行计算。

4. #VALUE!

如果公式结果显示“#VALUE!”，常常是因为这些原因：文本类型的数据参与了数值运算，函数参数的数值类型不正确，函数的参数本应该是单一值，却提供了一个区域作为参数；或者说本来是要一个区域却只有一个数。处理方法则要根据具体情况更改，如把文本改为数值，重新引用单元格等。

5.4 数据图表化

图表是图形化的数据，把数据按特定的方式组合为点、线、面等图形。图表使得数据的差异、变化趋势等变得一目了然，使数据更加生动、有趣、易于理解和掌握。图表工具是 Excel 展现、分析数据的重要手段。

5.4.1 图表类型和用途

Excel 提供多种标准的图表类型，每一种图表类型又包括若干种子类型，具有多种组合和变换。选择数据区域，单击“插入”→“图表”→“对话框启动器”按钮，弹出“插入图表”对话框如图 5-22 所示。

不同类型的图表有其各自的适用场合，并表示出不同的数据意义。在众多的图表类型中，选用哪一种图表更合适呢？大致选择方法为：先依据数据分析的要求，结合图表用途选择种类；

其次考虑感觉效果和美观性选择子类型。表 5-4 列出了常见的一些图表的类型及其主要用途，用户可以根据具体数据和展示要求，选择不同类型的图表。

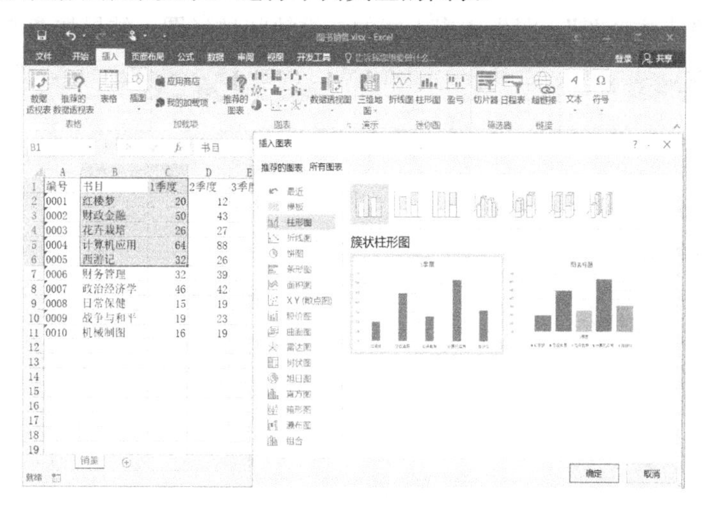

图 5-22 插入图表

表 5-4 常见的图表类型及主要用途

图 表 类 型	主 要 用 途
柱形图	主要用于比较或显示数据之间的差异，是最常用的一种图表类型
条形图	与柱形图类似，但图形为横向排列
折线图	按时间或类别，等间隔地显示数据的变化趋势
饼图	适用于显示数据系列中每一项和各项总和的比例关系，只能显示一个数据系列
散点图	多用于科学数据，适用于比较不同数据系列中的数值，以反映数值之间的关联性
面积图	用于显示局部和整体之间的关系，强调幅度值随时间的变化趋势
股价图	用于显示给定时间内一种股票的最高价、最低价和收盘价。 多用于金融、商贸等行业描述商品价格、货币兑换率和温度、压力测量等
雷达图	显示数据如何按中心点或其他数据变动。每个类别的坐标值从中心点辐射。

5.4.2 图表的创建

Excel 创建图表有两种方法：

（1）选择需要创建图表的单元格区域，单击“插入”选项卡，在“图表”选项组单击某种图的下拉列表，选择相应的图表样式。实战 5-8 用此方法。

（2）选择需要创建图表的单元格区域，单击“插入”→“图表”组的“对话框启动器”按钮，弹出“插入图表”对话框，选择“所有图表”找相应的图表类型。

默认情况下，Excel 生成的图表可以以对象的形式嵌入在当前工作表中，称为嵌入式图表。图表也可以单独存放在一个新工作表中，称为独立图表。生成图表的数据称为图表的“数据源”，不论是哪种图表，当数据源改变了，图表中对应的数据也会自动改变。

【实战 5-8】 在“销量”工作表中，比较前 5 本书 1 季度和 2 季度的销量。

分析选择图表：比较数值大小可以用柱形图或条形图，这里选柱形图。步骤如下：

（1）选择前 5 本书 1、2 季度销量数据，即 B1:D6 单元格区域，特别注意要选 B1-D1。

（2）单击“插入”→“图表”组的“柱形图”按钮，在弹出的下拉列表中，单击“二维柱形图”栏中的“簇状柱形图”，即生成嵌入式的二维簇状柱形图，结果如图 5-23 所示。

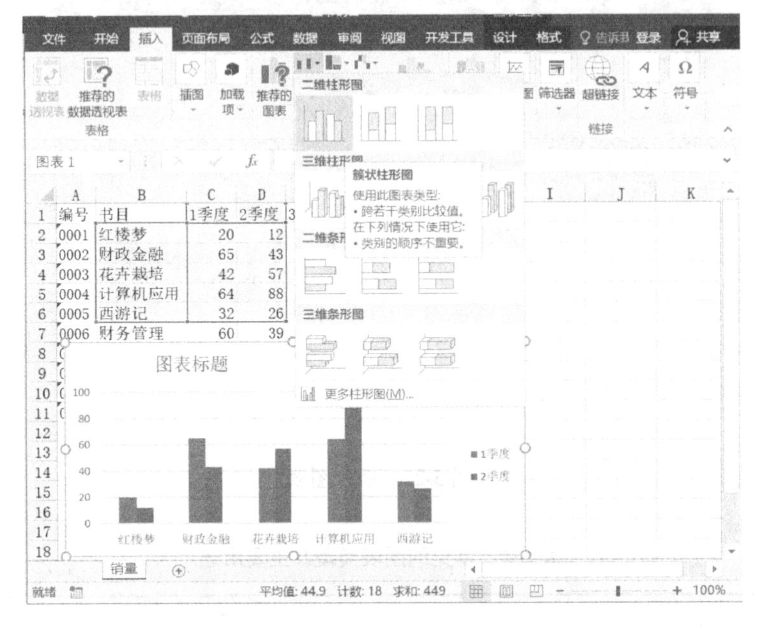

图 5-23　销量比较图

5.4.3　图表的组成

1. 图表的元素

Excel 图表主要由图表区、绘图区、图表标题、数据系列、图例、网格线、坐标轴等组成，如图 5-24 所示。

（1）图表区：图表中最大的白色区域，是其他图表对象的容器。

（2）绘图区：显示图形的矩形区域。

（3）图表标题：用来说明图表内容的文字。

（4）数据系列：在数据区域中，同一列（或同一行）数值数据的集合构成一组数据系列，也就是图表中相关数据点的集合。图表中可以有一组到多组数据系列，多组数据系列之间通常采用不同的图案、颜色或符号来区分，如图 5-24 所示的 2 个季度销量以不同颜色区分。

（5）数据标签：数据标签用来表示数据系列，一个数据标签对应一个单元格的数据，如图 5-24 中，书名为“红楼梦”的柱形上的数据标签，表示其 1 季度的销量为 20。

（6）图例：图例指出图表中的符号、颜色或形状定义数据系列所代表的内容。图例由图例标示和图例项两部分构成。图例标示代表数据系列的图案，如图 5-24 中蓝、红颜色的小方块；图例项是与图例标示对应的数据系列名称。

（7）坐标轴和坐标轴标题：坐标轴是标识数值大小及分类的水平线和垂直线，上面有标志数据值的标志（刻度）。一般情况下，分类轴（X 轴）表示数据的分类。数值轴（Y 轴）表示数值的大小。用户可以自行定义数值轴的刻度。

（8）网格线：贯穿绘图区的线条，用于估算数据系列所示值的标准。

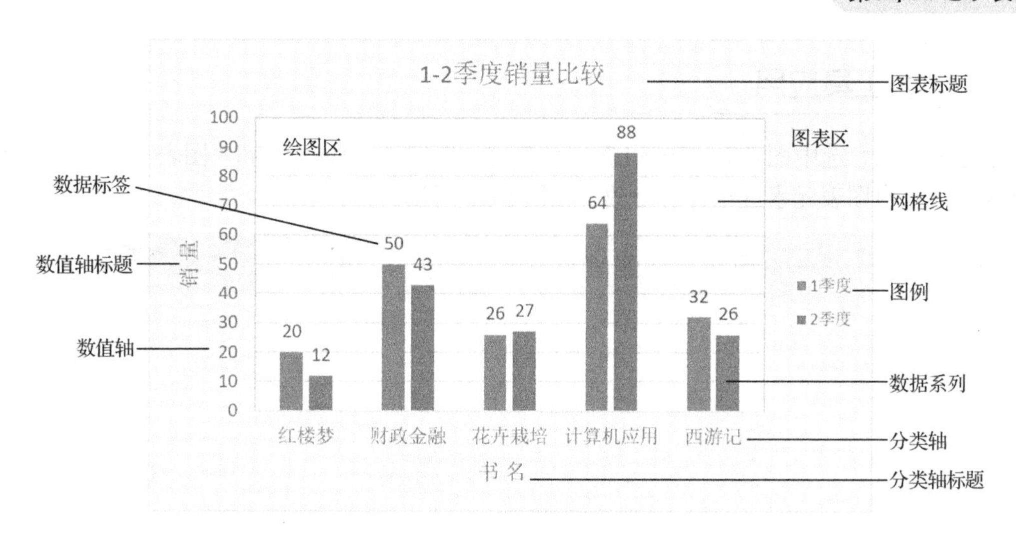

图 5-24 图表组成

要删除图表，可以把鼠标移到“图表区”，当鼠标变成四方向箭头时，单击选中整个图表，按 Delete 键即可。如果在其他位置选择，删除的是该位置对应的图表元素。

2. 迷你图

Excel 迷你图提供在一个单元格中绘制简洁的数据微型图表，并使其美化的方法。Excel 2016 提供了 3 种类型的迷你图，分别是折线图、柱形图和盈亏图。迷你图与所选数据相关联，并以图表格式显示该数据的趋势。

【实战 5-9】为“销量”工作表创建销量趋势折线图，放在“各季度销量比较”列。

（1）单击“插入”→“迷你图”组中“折线图”按钮，弹出“创建迷你图”对话框。

（2）单击“数据范围”框，选择所有书目的销量区域 C2:F11；单击“位置范围”框，选择迷你图存放区域 H2:H11，单击“确定”按钮，结果如图 5-25 所示。

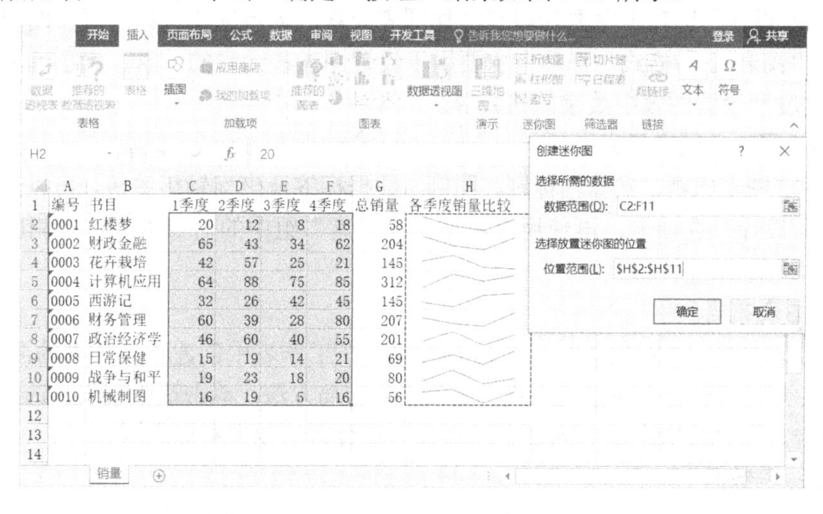

编号	书目	1季度	2季度	3季度	4季度	总销量	各季度销量比较
0001	红楼梦	20	12	8	18	58	
0002	财政金融	65	43	34	62	204	
0003	花卉栽培	42	57	25	21	145	
0004	计算机应用	64	88	75	85	312	
0005	西游记	32	26	42	45	145	
0006	财务管理	60	39	28	80	207	
0007	政治经济学	46	60	40	55	201	
0008	日常保健	15	19	14	21	69	
0009	战争与和平	19	23	18	20	80	
0010	机械制图	16	19	5	16	56	

图 5-25 折线迷你图效果

要删除某个单元格中的迷你图，可以先选中该单元格，单击“迷你图工具/设计”→“分组”→“清除”按钮右侧的按钮，从弹出的下拉列表中选择“清除所选的迷你图”选项；要删除迷你图组，则选择“清除所选的迷你图组”选项。

5.4.4 图表工具应用

创建图表后，选中图表时，Excel 窗口将增加“图表工具/设计”和“图表工具/格式”两个选项卡，可以对图表元素进行各种修改，如图 5-26 所示。

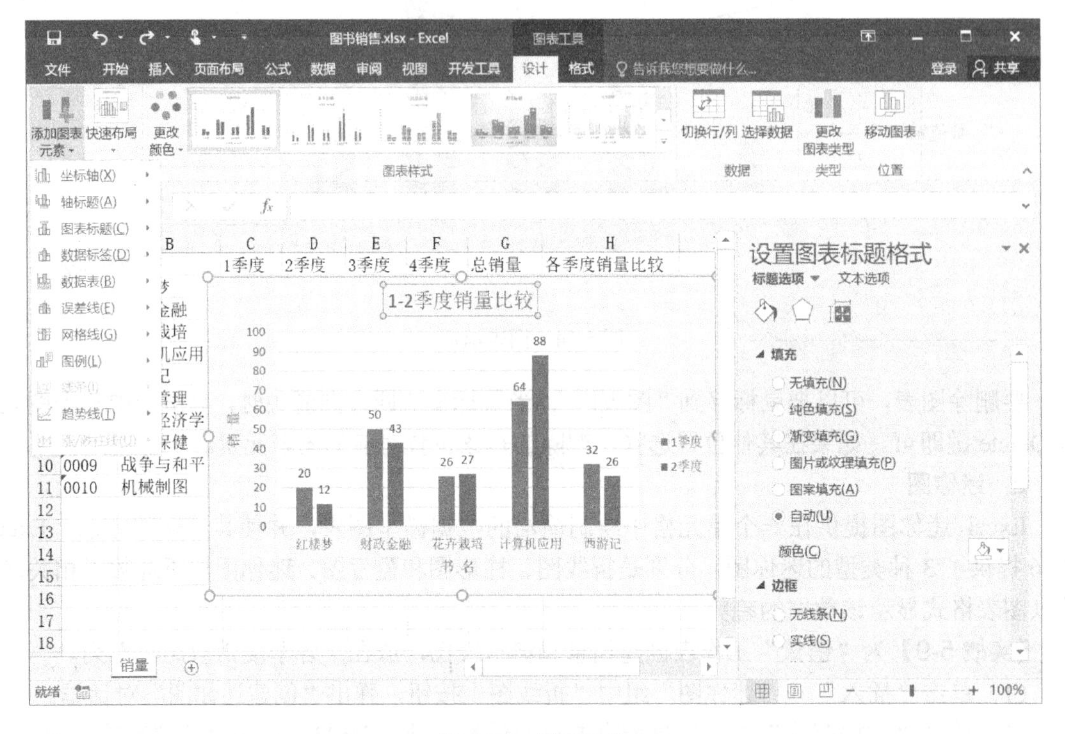

图 5-26 图表工具

“图表工具/设计”选项卡主要功能有添加图表元素、重新选择数据、更改图表类型、移动图表位置等。“图表工具/格式”选项卡主要用于设置图表各元素的形状、大小、填充、改变数值坐标轴的刻度和设置图表中数字的格式等。

1. 添加（更改）图表元素

如果要设置图表标题、坐标轴标题、图例、数据标签及坐标轴标签等，可以选中图表，选择“图表工具/设计”选项卡，再使用“添加图表元素”组中的命令按钮进行相应的设置，如图 5-26 左上角所示。

2. 更改图表布局

图表布局是指图表中对象的显示与分布方式。在工作表中创建指定类型的图表后，Excel 将提供针对该类型图表的多种布局方式。更改图表布局方法：单击选中图表，选择“图表工具/设计”选项卡，在“快速布局”列表中，选择一种合适的图表布局方式。

3. 选择图表数据

创建图表后仍可以更改图表数据源，在图表中添加和删除数据系列。选中图表，单击“图表工具/设计”→“数据”组“选择数据”按钮，弹出“选择数据源”对话框，如图 5-27 所示，在其中重新选择图表的数据区域、添加新的数据系列，编辑或删除已有的数据系列等，单击“确定”按钮。

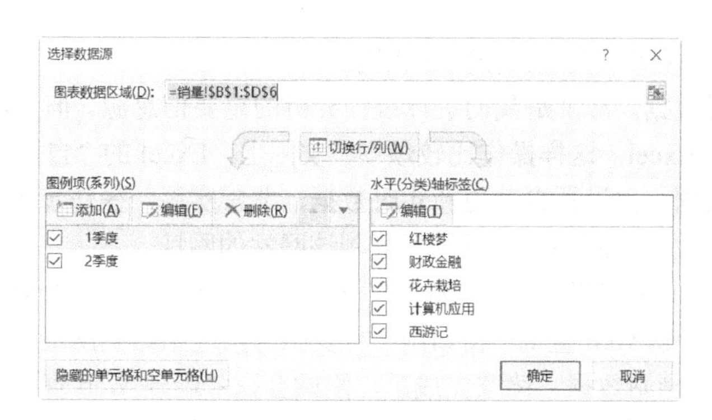

图 5-27 “选择数据源”对话框

4. 更改图表类型

创建图表时必须先选择一种图表类型，但创建后，如果用户觉得这种图表类型不能达到预期的效果，可以更改图表类型。操作方法是：选中图表，单击“图表工具/设计”→“类型”组“更改图表类型”按钮，弹出“更改图表类型”对话框，在其中重新选择一种合适的图表类型，单击“确定”按钮即可。

5. 移动图表位置

Excel 默认生成嵌入式的图表，可以设置图表为一个独立的工作表。方法是选中图表，单击“图表工具/设计”→“位置”组“移动图表”按钮，弹出“移动图表”对话框，勾选“新工作表”，单击“确定”按钮，则图表单独存放在一个新工作表 Chart1 中，用户也可以自己输入工作表名。若勾选“对象位于”列表框，选择其中的工作表，可以把图表嵌入这个工作表中。

6. 设置图表格式

设置图表的格式是指设置图表相关元素的格式，包括字体、字形、字号、颜色、填充方式和阴影效果等。图表元素很多，简洁的设置方法是：直接双击要设置格式的元素对象，在弹出的对话框中进行相应的设置。如设置图表标题的格式时，双击标题后，弹出“设置图表标题格式”对话框，如图 5-26 右侧所示，在其中设置即可。

7. 图表的复制、移动、缩放和删除

图表的复制、移动、缩放和删除方法与 Word 图片的操作类似，关键要选中整个图表区进行操作，而不是只选中图表的某个元素。

5.5 数据分析

Excel 提供了很多方法和工具对数据进行全方位的分析处理，功能设置比较集中在“插入”（重点是图表和数据透视表）、“公式”（重点是函数）和“数据”选项卡。本章通过“数据”下的“获取外部数据”“排序和筛选”“分级显示”几个功能区，介绍 Excel 的排序、筛选和分类汇总等数据分析处理功能。

5.5.1 抓取网络数据

Excel 获取外部数据的方式有：自 Access、自网站、自文本及其他来源，可将其他软件中的数据导入 Excel 工作表中。其中，“自 Access”、“自文本”都是打开已有的数据文件，按照系统引导一步步导入 Excel，大致操作方法相同。

网站发布的实时数据，常常是我们进行统计分析的重要信息源。但是，每次都要复制网站上的数据然后粘贴到 Excel，这样操作比较烦琐。实际上，Excel 的“自网站”获取外部数据功能，可以抓取网站数据，并设置自动更新实时数据，非常实用。操作步骤如下：

（1）打开要抓取数据的网站，在网址栏复制该网站的网址。

（2）新建一个 Excel 工作簿，单击“数据”→“获取外部数据”选项卡中的“自网站”选项。

（3）在弹出的“新建 Web 查询”窗口中，将复制的网址粘贴到网址栏，然后单击“转到”。Excel 工作簿开始读取网站数据，读取完成后，网站会在“新建 Web 查询”的窗口中打开。

（4）在窗口左上方会有提示单击(C) ，然后单击“导入”(C)。，单击网页中“右箭头”图标，图标会切换为打钩的图标（表示选中该表格），然后单击“导入”，如图 5-28 所示。

（5）导入后回到 Excel，如图 5-29 所示。设置抓取数据存放的位置，默认设置为 A1 单元格（便于查看）。再单击“属性”按钮进行设置，实时更新 Excel 中的数据，设置内容如图 5-30 所示。“属性”设置完成后返回到图 5-29 界面，单击“确定”按钮后，网站上的数据将被抓取到 Excel 中来。

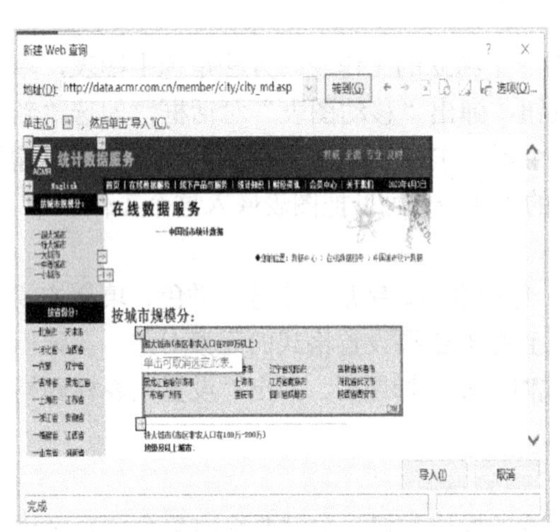

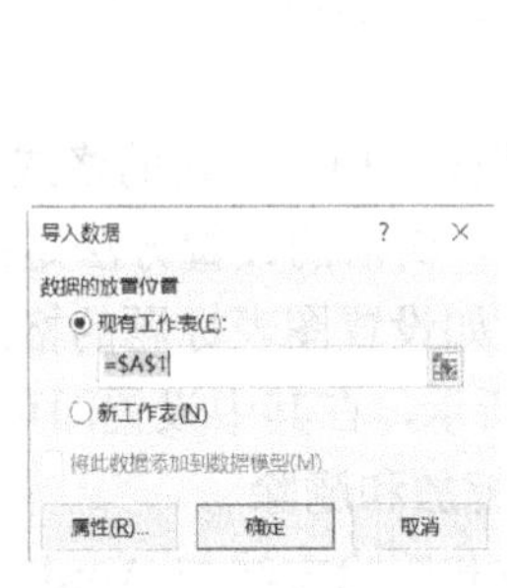

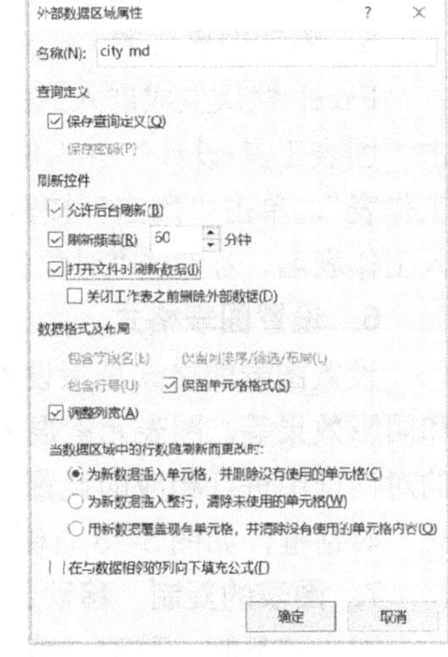

图 5-28　新建 Web 查询　　图 5-29　导入　　图 5-30　导入属性

5.5.2　排序

数据排序是根据某列或某几列的单元格值的大小次序，按行重新排列数据清单中的记录。也可以按行次序重排列，系统默认按列次序排序。Excel 允许对数据清单中的记录进行升序、降序或多关键字排序。

1. 数据清单

Excel 的数据清单又称为数据列表，一般指有表头行字段、无空行、无空列的一个连续数据区域。在执行数据库相关功能的过程中，如查询、排序或汇总数据时，Excel 会自动将数据清单视作数据库来对待。数据清单的列相当于数据库的字段；数据清单中的列标题相当于数据库中的字段名称；数据清单中的每一行对应数据库的一个记录。

数据清单具有以下特点：

（1）数据清单的每一列称为一个字段，每一行称为一条记录，第一行为表头，由若干字段名组成，其余行是数据列表中的数据。

（2）数据清单中不允许存在空行或空列。

（3）每一列必须是性质相同、类型相同的数据，如“性别”列中存放的必须全部是性别信息。

2. 排序规则

数据的排列次序分为升序和降序两种。降序是对单元格区域中的数据按照从大到小的顺序排序，其最大值位于列的最顶端，升序则相反。Excel 有默认的排序次序，不同数据类型的排序次序规则为：

文本：英文字符按其ASCII码值比较，汉字按拼音字母的ASCII码值逐个比较。如："a">"A"，"张">"李"，"张三">"张七"。

数值：数值类型比较与数学大小相同。要注意文本数字不是数值，如文本"9">"10"。

日期：按年月日数字排列的顺序比较大小。

逻辑：FALSE<TRUE。

空单元格：无论升序还是降序，空白单元格总放在最后。

3. Excel 排序功能

Excel 提供简单排序和多条件排序，对应 3 个功能按钮：降序、升序、排序。以单列数据为依据排序直接单击降序或升序即可，称为简单排序。若有多个排序依据（关键字），则必须使用排序功能，称为多条件排序。

简单排序方法是：定位到排序列的任一单元格（注意不要选中该列），单击降序按钮或升序按钮，数据清单将按照这一列的值，以行为单位重新排列。

多条件排序可以指定多个关键字，主要关键字值相同时，依据次要关键字排序。方法是定位到数据清单任一单元格，单击排序按钮，打开“排序”对话框，指定多个关键字，指定次序即可。

【实战 5-10】在“销量”工作表中，按“总销量”进行降序排序，总销量值相同时，再按“4 季度”销量降序排列。

（1）选中“销量”工作表数据区域的任意一个单元格。

（2）单击“数据”→“排序和筛选”组中的“排序”按钮，弹出“排序”对话框。

（3）在“排序”对话框中的“主要关键字”下拉列表选择“总销量”，“次序”下拉列表中选择“降序”。单击“添加条件”按钮，将添加一行“次要关键字”，依次选择“4 季度”“降序”排列，单击“确定”按钮。排序设置和排序结果如图 5-31 所示。

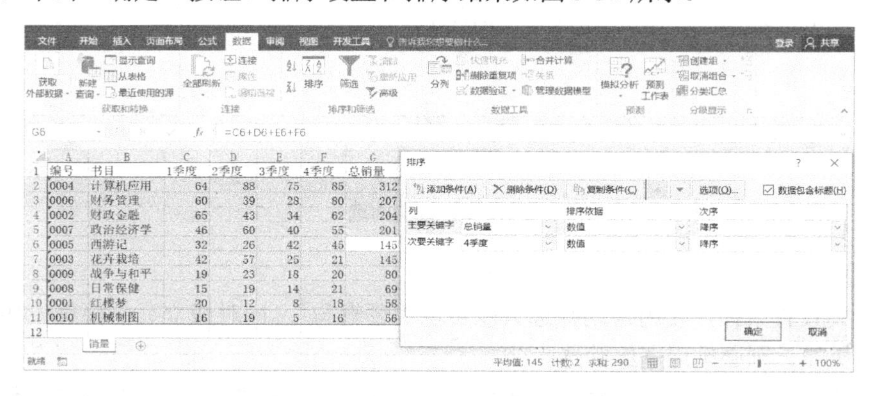

图 5-31　多关键字排序

如果不想让一些行参与排序，也可以先将这些行隐藏起来，不论其他行如何排序，隐藏的行的位置不变。

5.5.3 数据筛选

为方便查看，Excel 筛选数据功能把工作表中不满足条件的行暂时隐藏（并没有被删除），只显示满足条件的行。当筛选条件被删除后，隐藏的记录会恢复显示。

Excel 提供了两种筛选数据列表的功能：自动筛选和高级筛选。

1. 自动筛选

如果只对一个列设置条件，或者设置多列条件时，多列之间是逻辑与（而且）的关系，用自动筛选比较简单。能用自动筛选尽量不用高级筛选。

【实战 5-11】 在“销量”工作表中，找出总销量大于 100 的名著。

分析：条件涉及两个列“类别”“总销量”，两列之间是同时满足，即逻辑与的关系。直接用自动筛选。

（1）单击数据清单中的任一单元格。或者选中全部数据清单。

（2）单击“数据”→“排序和筛选”组中的“筛选”按钮，则数据清单中的每个字段名右边将出现按钮，单击将点开一个下拉列表进行设置。

（3）点开“类别”单元格的下拉列表，取消“全选”，再勾选“名著”左边的复选按钮。同理点开“总销量”的下拉列表，选择“数字筛选”→“大于”选项，弹出“自定义自动筛选方式”对话框，在“大于”列表框中输入 100，单击“确定”按钮，如图 5-32 所示。

（4）单击“确定”按钮，即可显示出所有总销量大于 100 的名著。结果只有一本“西游记”。

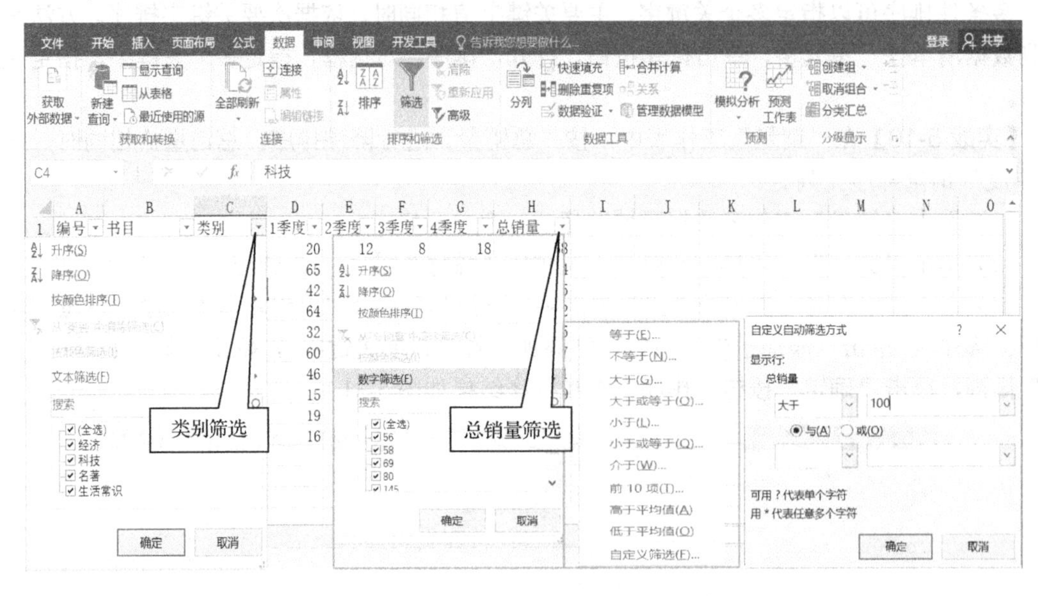

图 5-32　自动筛选

2. 高级筛选

对多个列设置条件，使用自动筛选只能实现“逻辑与”（同时成立）的筛选。如果条件之间是逻辑或关系，则必须用高级筛选。

使用高级筛选之前，需要在数据清单外先建立一个条件区域，用于指定筛选的数据必须满足的条件。条件区域首行中包含的字段名，可以从数据清单上的字段名复制，条件区域中同一行的条件之间是“逻辑与”的关系，不同行的条件之间是“逻辑或”的关系。如果几个条件写在同一行，等价于自动筛选。

【实战 5-12】 在“销量”工作表中，找出所有的名著和总销量大于 100 册的书。

分析：“类别”“总销量”两个条件，满足其一即可，为逻辑“或”，必须用高级筛选功能。

（1）在数据清单外建立条件区域，录入图 5-33 中 C13:D15 区域的条件。

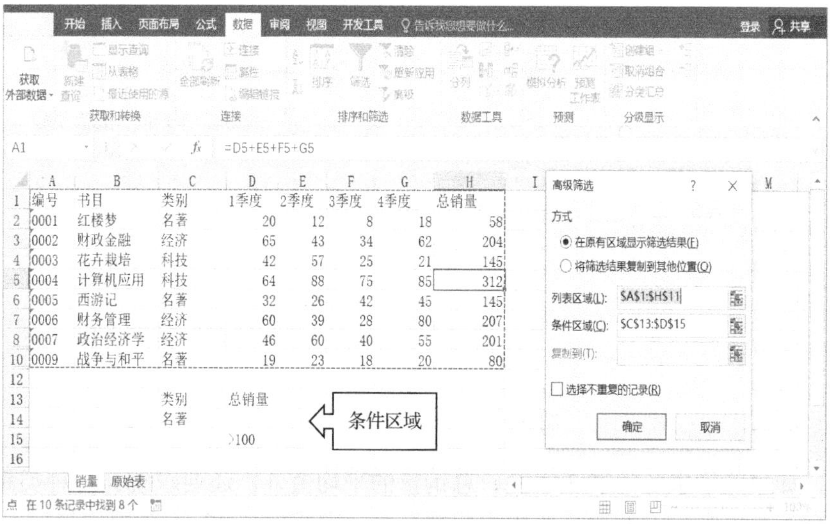

图 5-33　高级筛选

（2）选定数据清单中的任一单元格，单击“数据”→“排序和筛选”→“高级”按钮。

（3）在弹出的“高级筛选”对话框中，选择“在原有区域显示筛选结果”单选按钮，列表区域（数据筛选区域）选择$A$1:$H$11，条件区域选择$C$13:$D$15，单击“确定”按钮。结果有 8 本书，行号变蓝色。

3. 复制高级筛选结果到另一工作表

一般情况下，高级筛选结果在原数据区域显示。但有时需要将筛选结果直接筛选到另一工作表的某位置。如果直接复制，隐藏数据也会粘贴。从图 5-33“高级筛选”对话框中看到，可以勾选“将筛选结果复制到其他位置”，在“复制到”框选择位置，但是单击“确定”按钮之后，系统出错，提示“只能复制筛选过的数据到活动工作表”，怎么解决呢？其实提示的意思是：要求筛选操作和复制到的位置必须在同一工作表。所以操作要从复制位置开始：定位空工作表的某个单元格，单击高级筛选功能；其余操作步骤基本同上例，完成“高级筛选”对话框的填写即可。

5.5.4　数据分类汇总与分级显示

分类汇总是以数据清单的一个字段进行分类，对数据列表中的数值字段完成各种统计，如：同类数据求和、求平均、计数、最大、最小值等，同类数据只能有一个结果值。

1. 分类汇总

对数据清单的字段仅进行一种方式的汇总，称为简单汇总。如果对同一字段进行多种方式的汇总计算，则称为嵌套汇总。特别提醒，在分类汇总前，必须按分类字段排序，使得同类数据放在相邻行，否则同一类数据会出现多个结果。

【实战 5-13】在“销量”工作表中，统计各类别书的 3 季度销量和总销售的平均值。

分析：题目涉及三个字段，其中“类别”用于分类，需要先排序。其他两个为汇总字段。

（1）单击“类别”列任一单元格，单击升序或降序按钮，使得同类别书排在相邻行。

（2）单击数据清单的任一单元格，单击“数据”→“分级显示”组“分类汇总”按钮 分类汇总，弹出“分类汇总”对话框，如图 5-34 所示，按图中的步骤进行操作

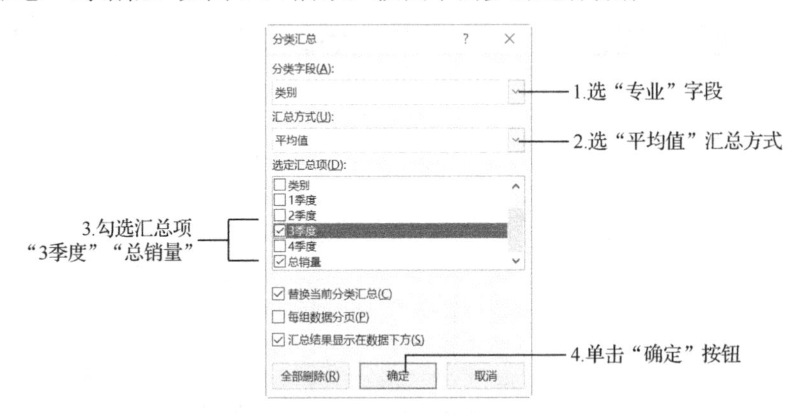

图 5-34 “分类汇总”对话框

本例中，如果除了求各类书 3 季度、总销量的平均值外，还要求统计每种类别有多少书，则要通过嵌套汇总来完成。方法是做两次分类汇总，完成例 5-13 汇总平均值后，做第二次分类汇总时，不用再对类别排序，直接打开如图 5-34 所示“分类汇总”对话框，修改“汇总方式”为“计数”，勾选一个汇总项存放计数结果。最后关键是取消勾选“替换当前分类汇总”复选框，单击“确定”按钮，将同时显示两个分类汇总的结果，如图 5-35 所示。

	A	B	C	D	E	F	G	H
1	编号	书目	类别	1季度	2季度	3季度	4季度	总销量
5			经济 计数					3
6			经济 平均值			34		204
10			科技 计数					3
11			科技 平均值			35		171
15			名著 计数					3
16			名著 平均值			22.667		94.333333
18			生活常识 计数					1
19			生活常识 平均值			14		69
20			总计数					10
21			总计平均值			28.9		147.7
22								

销量

图 5-35 “嵌套汇总”结果

2. 分类汇总的分级显示

分类汇总的结果以分级的方式显示。第一次分类汇总后，数据表的左上角出现 123 级别，每嵌套一个分类汇总增加一个数字。如图 5-35 为两个分类汇总嵌套，有 1234 级别供选择。单击 4 显示所有原始数据和汇总值；单击 3 显示两个汇总的值，也就是图 5-35 中的效果；单击 2 仅显示第一个汇总值；单击 1 就只显示总汇总值，即图 5-35 中 20 和 21 行的数据。

3. 分类汇总的复制与删除

使用分类汇总后，当把汇总的 2 级结果复制粘贴到一个新的数据清单时，得到的是所有内容。怎么才能只复制汇总结果？方法是利用 Alt+“;”（分号）组合键，其功能是选择当前屏幕

中选定的内容（若没选定区域则默认整个工作表）。先选择想复制的结果区域，同时按下 Alt+“;”，再单击复制，到目标位置单击粘贴，这样才能复制分类汇总的结果。

删除分类汇总，先定位数据清单中的任一单元格，单击“数据”→“分级显示”组中的“分类汇总”按钮，在“分类汇总”对话框中单击“全部删除”按钮，删除的是汇总的数值，原数据不变。

5.5.5　数据透视表

分类汇总只能按一个字段进行分类，对该字段进行汇总。对于大型数据表分析，常常需要按多个字段进行分类并汇总，这时使用分类汇总功能就难以实现。为此，Excel 提供了一个强有力的工具，即数据透视表。数据透视表是一种对大量数据快速汇总和建立交叉列表的交互式表格，可以转换行和列来查看源数据的不同汇总结果，而且可以显示感兴趣区域的明细数据。它提供了一种以不同角度观看数据清单的简便方法。

【实战 5-14】在“一级考试成绩”工作表中，分别按“院系名称”和“性别”统计“理论”“操作”成绩的平均分。

分析：有两个分类字段“院系名称”和“性别”，必须使用“数据透视表”功能。

（1）单击需要建立数据透视表的数据清单中任一单元格。

（2）单击“插入”→“表格”组中的“数据透视表”。

（3）在“创建数据透视表”对话框中，“选择一个表或区域”选择当前数据清单所在的区域，在“选择放置数据透视表位置”处选择“现有工作表”，输入至少在数据清单末尾空 2 行以上的某个单元格，图 5-36 中选择了 A2072，单击“确定”按钮。

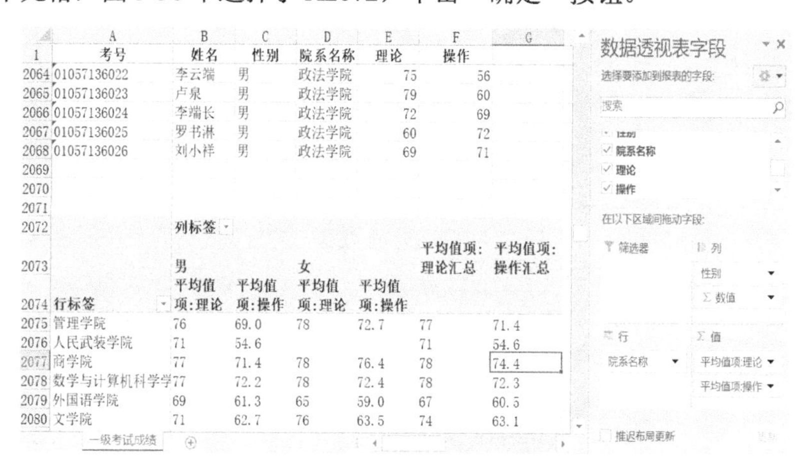

图 5-36　“数据透视表字段”设计与结果

（4）设计“数据透视表字段”，如图 5-36 所示。拖动“院系名称”到“行”标签中，把“性别”拖到“列”标签中，将“理论”“操作”两门成绩依次拖到“Σ值”中，点开字段名右边的小三角箭头，其中“值字段设置”可以设置汇总的方式，默认为求和。还可以设置格式，如小数位数等。

（5）汇总结果显示从 2 072 行开始，行、列标签可以选择显示/隐藏哪些数据。如果拖动“院系名称”到“筛选器”，“院系名称”的选择将上移到 2 070 行。

思考与练习

1．简述 Excel 2016 的工作簿、工作表与单元格之间的关系？
2．如何进行工作表的插入、删除、移动、复制、更名和隐藏操作？
3．如何输入学号、身份证号码等文本型数据？如何输入分数、日期和时间？
4．如何设置单元格的条件格式？
5．在 Excel 单元格中输入公式或函数时，应以什么号开头？常见的函数有哪几种？
6．什么是单元格的相对引用、绝对引用和混合引用？它们之间有何联系与区别？
7．图表主要由哪些元素组成？请简述创建图表的操作步骤。
8．什么是数据清单？数据清单有什么特点？
9．什么是简单排序与多条件排序？请简述多条件排序的操作过程。
10．什么是数据筛选？请简述自动筛选与高级筛选的基本过程。
11．对数据进行分类汇总前，首先要完成什么操作？请简述分类汇总的操作过程。
12．什么是数据透视表？数据透视表与分类汇总有何不同？

第 6 章 演示文稿

教学目标：

通过本章的学习，掌握利用 PowerPoint 创建、编辑和使用演示文稿的方法。

教学重点和难点：

- 演示文稿的创建及编辑技巧。
- 演示文稿的放映、打印和发布。

演示文稿（Microsoft Office PowerPoint）是微软公司推出的 Microsoft Office 办公套件中的一个组件，它可以把静态文件制作成动态文件浏览，把复杂的问题变得通俗易懂，使之更生动。适合于制作课件、报告和演讲稿等各种文档，其作品广泛运用于各种会议、产品演示、学校教学以及广告宣传等场合。

6.1 演示文稿制作软件 PowerPoint

PowerPoint 2016 操作简单、使用方便，利用它用户不必费多大工夫就可创建出专业的课件和演示文稿。一个演示文稿就是一个 PowerPoint 文件，扩展名为.pptx。演示文稿由若干张幻灯片组成，每张幻灯片的内容各不相同，却又相互关联，共同阐述一个演示主题（也就是该演示文稿要表达的内容）。在幻灯片中可以添加文字、图片、图形和表格等对象。用户在制作演示文稿时，实际上就是在创建一张张的幻灯片。

6.1.1 PowerPoint 窗口组成

启动 PowerPoint 2016 后，其打开的主窗口如图 6-1 所示。其窗口风格与 Word、Excel 等其他 Office 软件窗口类似，包括文件选项、快速访问工具栏、标题栏、选项卡、功能区、幻灯片窗格等部分。

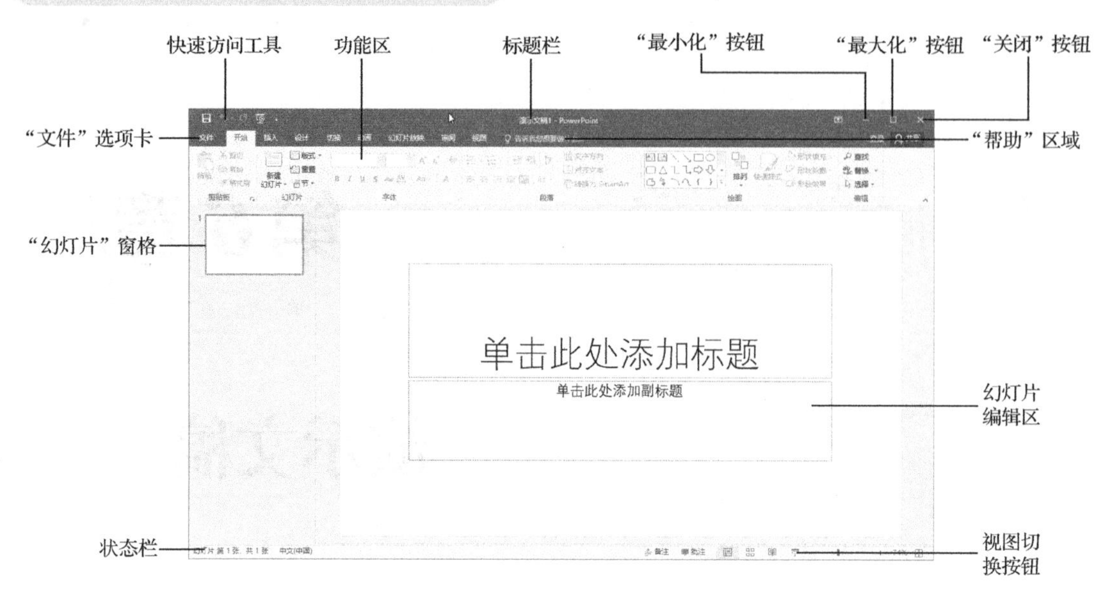

图 6-1　PowerPoint 2016 主窗口

1. 标题栏

标题栏位于窗口的最顶端，用于显示当前正在编辑的演示文稿名称等信息。

2. 快速访问工具栏

PowerPoint 2016 中的快速访问工具栏代替了 2003 版中的常用工具栏，用户可以将常用的命令添加到快速访问工具栏中。快速访问工具栏是一个可以进行自定义的工具栏，它包含一组独立于当前所显示的选项卡的命令。用户可以在快速访问工具栏中添加或删除表示命令的按钮，也可以移动快速访问工具栏的位置。

在默认情况下。快速访问工具栏位于功能区的上方，单击快速访问工具栏右边的小三角，在弹出的控制菜单中可以选择需要添加到快速访问工具栏的命令。

3. 功能区

标题栏的下方是功能区，功能区的每一个命令都是可见的，在进行操作时使用命令按钮可以更加方便、快捷。功能区包括选项卡和组，每个选项卡中都包含几个组，比如：开始选项卡中，包含剪贴板、幻灯片、字体、段落和编辑等组。

每个组中又包含了几种命令，有的命令直接单击可以产生效果，有的则会弹出下拉列表，如单击“开始”选项卡“编辑”组中“选择”下三角按钮，会弹出下拉列表；有的组右下方有对话框启动器 ，单击它会弹出相应的设置对话框。

如果用户在文稿中插入图片、艺术字或视频等内容，系统会自动在功能区显示出与插入内容对应的选项卡，如在演示文稿中插入了一张图片，在功能区就会添加“格式”选项卡。

4. 幻灯片编辑区

在幻灯片编辑区可以进行输入文本、编辑文本、插入各种媒体和编辑各种效果等操作，该区域是进行幻灯片处理和操作的主要环境。

5. “幻灯片”窗格

“幻灯片”选项卡是在编辑时以缩略图的形式在演示文稿中观看幻灯片的主要场所。

6. 状态栏

状态栏位于屏幕底端，显示目前的幻灯片编辑状态信息，包括当前幻灯片的页次、幻灯片总数等。

7. 视图切换按钮

单击 PowerPoint 操作界面下方的 4 个按钮，可以切换到相应的视图模式。这 4 个按钮分别是“普通视图”、“幻灯片浏览”、“阅读视图”和“幻灯片放映”按钮。

6.1.2　PowerPoint 的视图模式

PowerPoint 提供了普通视图、幻灯片浏览视图、阅读视图和幻灯片放映视图等多种不同的视图模式，除备注页视图外，各视图间的切换可以用水平滚动条右端的视图切换按钮来切换。另外，也可以选择“视图”→“演示文稿视图”组，选择相应的视图模式进行切换。

1. 普通视图

普通视图是主要的编辑视图，该视图有 3 个工作区域：最左边以缩略图显示的是“幻灯片”选项卡，或称之为“幻灯片”窗格，可对幻灯片进行简单的操作（例如选择、移动、复制幻灯片等）；右边是幻灯片窗口，用来显示当前幻灯片的一个大视图，可以对幻灯片进行编辑。在大视图的底部是“备注”窗格，可以对幻灯片添加备注。普通视图是默认的视图，多用于加工单张幻灯片，不但可以处理文本和图形，而且可以处理声音、动画及其他特殊效果。

2. 幻灯片浏览视图

幻灯片浏览视图可把所有幻灯片缩小并排放在屏幕上，通过该视图可重新排列幻灯片的显示顺序，查看整个演示文稿的整体效果，可以方便地在幻灯片之间添加、删除和移动。

3. 阅读视图

阅读视图用于用户自己查看演示文稿，而非受众（例如，通过大屏幕）放映演示文稿。如果用户希望在一个设有简单控件以方便审阅的窗口中查看演示文稿，而不想使用全屏的幻灯片放映视图，可以在自己的计算机上使用阅读视图。

4. 幻灯片放映视图

在幻灯片放映视图下，幻灯片充满整个屏幕，以最清晰的方式向观看者展示幻灯片上的内容，可以使用上下键或 Page down 键或 Page up 键来切换幻灯片。

6.1.3　PowerPoint 的基本操作

与 PowerPoint 2010 相比，PowerPoint 2016 在操作上有些不同，下面介绍如何创建和编辑演示文稿。

1. 创建演示文稿

在 PowerPoint 中创建新演示文稿的常用方法有：创建空白演示文稿、根据“模板”创建等，用户可以根据实际情况选择创建方法。启动 PowerPoint 2016 后，在打开的界面中选择“空白演示文稿”选项，即可新建一个空白演示文稿。或者先启动 PowerPoint，然后按以下方法操作。

1）创建空白演示文稿

选择“文件”→“新建”命令，在图 6-2 所示的窗口中选择“空白演示文稿”选项，PowerPoint 会打开一个没有任何设计方案和示例，只有默认版式（标题幻灯片）的空白幻灯片，用户可以根据实际需要进一步选择版式、输入内容、设计背景等，并不断添加新的幻灯片。

图 6-2　新建空白演示文稿

2）根据“模板”创建

模板是系统提供已经设计好的演示文稿，其样式、风格，包括幻灯片的背景、装饰图案、版面布局和颜色搭配等都已经设置好。PowerPoint 2016 提供多种丰富多彩的模板，用户可以在此基础上创建更加出众的演示文稿，选择“文件”→“新建”命令，在图 6-2 所示的窗口中选择所需的模板，单击“创建”按钮，即可新建该模板样式的演示文稿，如图 6-3 所示。

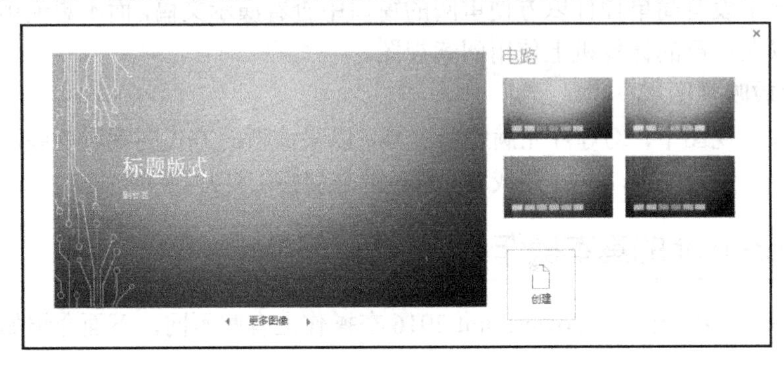

图 6-3　根据“模板”创建演示文稿

2. 编辑演示文稿

一个完整的演示文稿往往由多张幻灯片组成，因此，新建的演示文稿经常需进行幻灯片的添加、删除、复制和移动等操作。

1）添加幻灯片

要添加新的幻灯片，可以直接单击“开始”选项卡中的“幻灯片”组中的“新建幻灯片”按钮，就会向演示文稿中直接添加一张默认的“标题和内容”版式的幻灯片，如果要选择其他的版式，可以单击“新建”按钮下面的展开按钮，会弹出如图 6-4 所示“版式选择”列表，在其中单击需要的版式即可。

图 6-4 选择幻灯片版式

（2）删除幻灯片

选中要删除的幻灯片，按键盘上的 Delete 键即可。或在选中的幻灯片上单击右键，在弹出的快捷菜单中选择“删除幻灯片”选项，也可完成删除幻灯片操作。

小知识：选择多张幻灯片时，连续的幻灯片可以按住 Shift 键单击首尾幻灯片，不连续的幻灯片则需要按住 Ctrl 键选中。

3）复制幻灯片

在 PowerPoint 中，可以将已设计好的幻灯片复制到任意位置。其操作步骤如下：

（1）选中要复制的幻灯片。

（2）单击“开始”选项卡上的“复制”按钮，或使用组合键 Ctrl+C，如图 6-5 所示。

（3）选择插入点。

图 6-5 复制幻灯片

（4）单击“开始”选项卡上的“粘贴”按钮，或使用组合键 Ctrl+V，即完成了幻灯片的复制。

4）*移动幻灯片*

在普通视图的“幻灯片”窗格中或幻灯片浏览视图下，选中要移动的幻灯片，按住鼠标左键不放，将幻灯片直接拖曳到指定位置后放开鼠标左键，如图 6-6 所示。

图 6-6　移动幻灯片

6.1.4　美化幻灯片

1. 改变幻灯片的主题设计

主题是 PowerPoint 为帮助用户快速统一演示文稿而提供的一组设置好颜色、字体和图形外观效果的选择方案。利用这些主题，即使不会版式设计的用户，也可以制作出精美的演示文稿。

1）*更改主题样式*

打开演示文稿，选择“设计”选项卡，单击“主题”组中的展开按钮,在展开的主题列表中选择需要使用的主题，即可看到演示文稿中所有幻灯片的颜色、字体和图形效果等均发生了变化，如图 6-7 所示。

图 6-7　更改主题样式

小知识：如果想要将选定的幻灯片更改为某一主题样式，可以在主题列表中右键单击所需使用的主题，选择“应用于选定幻灯片”。

2）更改主题颜色、字体和效果

主题的颜色、字体和效果是构成主题的三大要素。修改主题的颜色可以快速更改演示文稿的主体色调，营造出不同的意境和气氛，它对演示文稿的更改效果最为显著。主题字体的修改可以为演示文稿配置新的个性化字体，满足不同用户的需求。主题效果是指应用于文件中元素的视觉属性集合，它可以指定如何将效果应用于图表、SmartArt 图形、表格、艺术字和文本等。打开需修改的演示文稿，选择“设计”选项卡，在“主题”组右侧的“变体”组中单击下拉按钮，然后在展开的库中选择所需要的“颜色”（字体或效果），即可将当前幻灯片更改为选定的“颜色”（字体或效果），如图 6-8 示。

图 6-8　更改主题颜色（字体或效果）

2. 在幻灯片中插入文本、图片、形状和多媒体文件

图文并茂是演示文稿的特色，为了更好地表达演示文稿的主题和内容，用户可以在演示文稿中添加文本、图片、形状、声音和视频等多种媒体对象，使演示文稿更加丰富。

1）添加文本

文本是幻灯片中不可或缺的一部分，在幻灯片中添加文本的方法与 Word 等其他文本编辑工具类似，不同的是幻灯片中需要先单击插入文本的占位符，才能进行输入，如图 6-9 所示。

小知识：如果幻灯片中没有占位符，则可以先单击“插入”→文本→“文本框”，添加文本框作为占位符，再添加文本。

2）添加图片

在幻灯片中添加与表达内容相符的图片，可以让整个画面更加丰富，也使观众更加容易理解。选择“插入”→“图像”→“图片”命令，在弹出的“插入图片”对话框中选择图片文件，然后单击“插入”按钮，即可插入图片，如图 6-10 和图 6-11 所示。

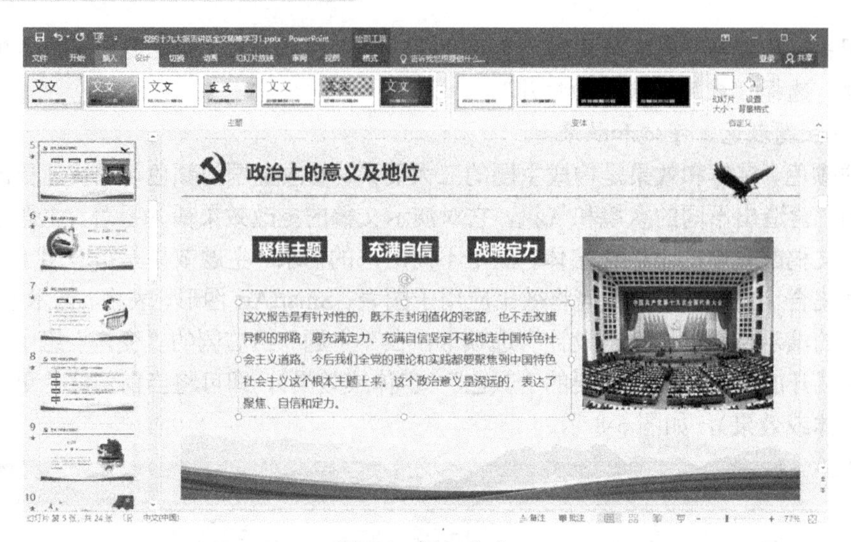

图 6-9　添加文本

图 6-10　添加图片

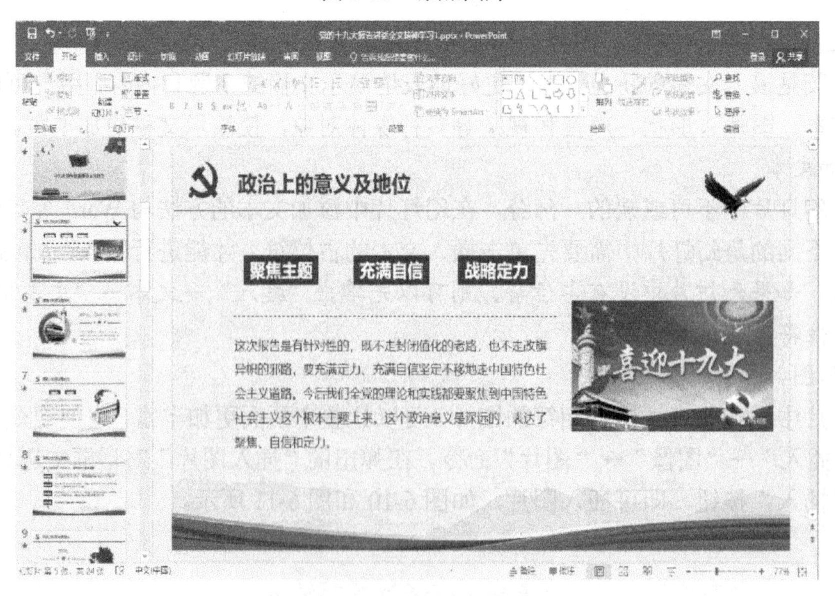

图 6-11　添加图片后的效果

3）添加形状

在进行幻灯片编辑时，经常会用到示意图形，如箭头、矩形和星形等，可以通过添加形状的方式来完成。选择“插入”→“插图”→“形状”命令，在打开的“形状”列表中选择需要使用的形状即可，如图 6-12 所示。

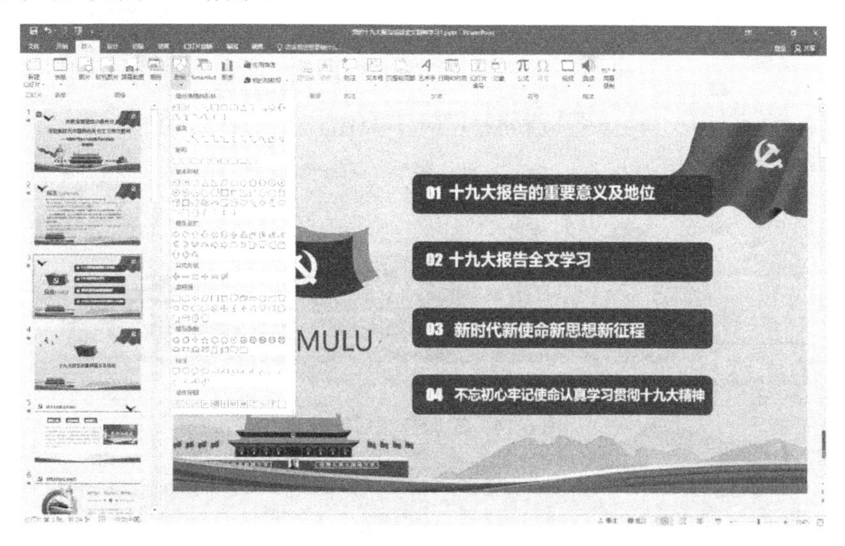

图 6-12 添加形状

4）添加声音或视频

在演示文稿中添加声音和视频等元素，可以增加观众对内容的认知，从而增强演示文稿的感染力。可以添加到 PowerPoint 中的声音文件格式有 MP3、WAV、MID、WMA 等。AVI、MPEG、ASF、MOV 等视频文件也可以插入到 PowerPoint 中。下面的实战 6-1 详细介绍了声音文件的添加和设置方法。（视频的添加和设置方法类似）

【实战 6-1】在幻灯片中添加背景音乐，并设置其跨幻灯片播放，放映时隐藏音频控制图标。

（1）单击“插入”→“媒体”→“音频”→“PC 上的音频”命令，在弹出的“插入音频”对话框中选择需要使用的背景音乐，单击“插入”按钮，如图 6-13 所示。

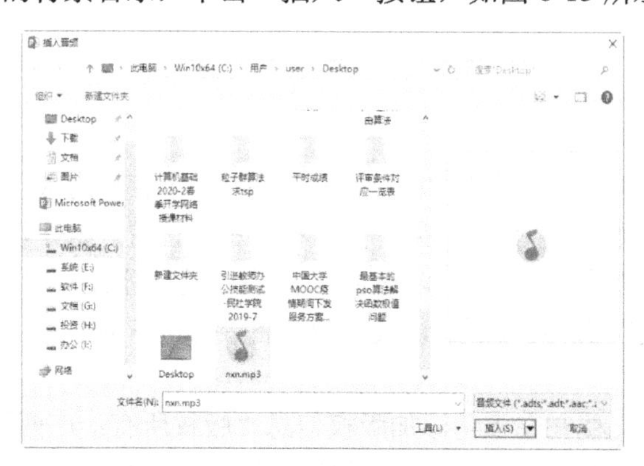

图 6-13 添加音频

（2）音频添加后，幻灯片中显示出一个小喇叭图片，如图 6-14 所示。

（3）选中幻灯片中的小喇叭，选择“音频工具”→“播放”选项卡，将“开始”项设置为:

跨幻灯片播放，选中“跨幻灯片播放”和“放映时隐藏”复选框，如图 6-15 所示。

图 6-14　添加音频后的效果

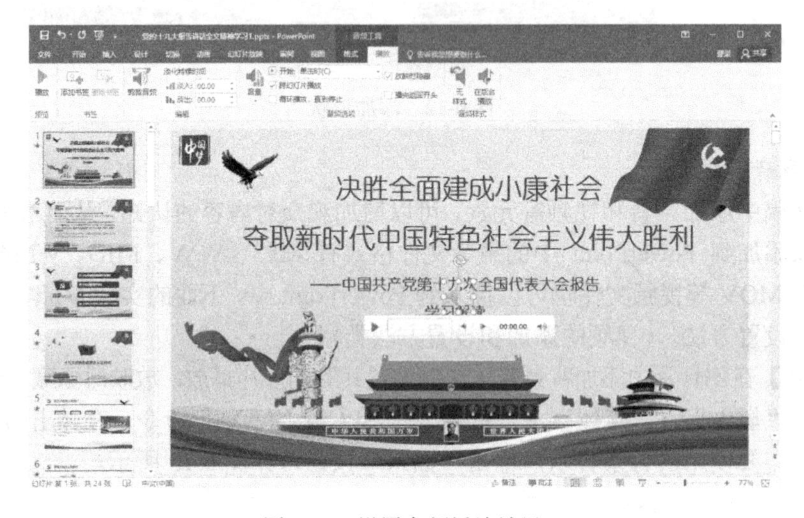

图 6-15　设置音频播放效果

3. 幻灯片母版

幻灯片的母版是幻灯片层次结构中的顶层幻灯片，用于存储有关演示文稿的主题和幻灯片版式信息，包括背景、颜色、字体、效果、占位符大小和位置。每个演示文稿至少包含一个幻灯片母版。修改和使用幻灯片母版可以对演示文稿中的每张幻灯片进行统一的样式更改。PowerPoint 中的母版分为幻灯片母版、讲义母版和备注母版 3 种，下面以幻灯片母版为例讲解母版的设置方法。

【实战 6-2】为演示文稿在左下角添加版权信息“版权所有：广西民族大学”。

（1）选择“视图”→“母版视图”→“幻灯片母版”命令，选中“幻灯片母版缩略图”，单击“插入”→“文本”→“文本框”→“横排文本框”，然后在幻灯片编辑窗口中创建一个输入版权信息的文本框，如图 6-16 所示。

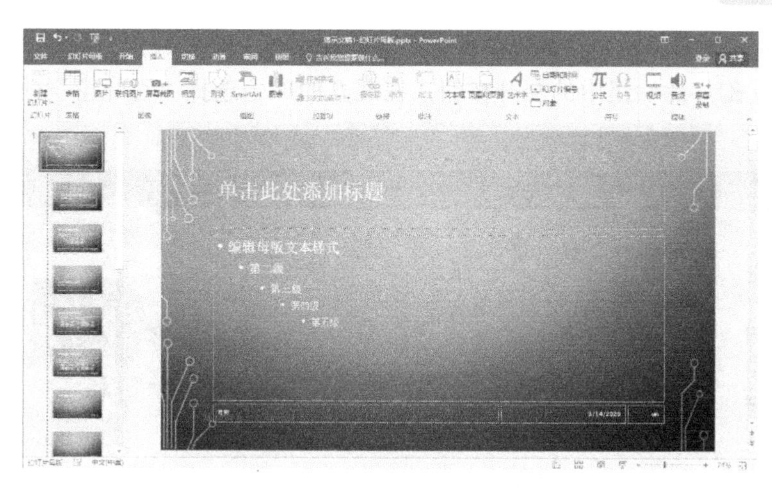

图 6-16 在母版中添加版权信息

（2）在文本框中输入“版权所有：广西民族大学”，选择“幻灯片母版”选项卡，单击“关闭母版视图”按钮，即可看到除封面外的幻灯片均添加了版权信息，如图 6-17 所示。

小知识：在幻灯片母版中设置标题，文本字体、字号和配色方案等方法跟幻灯片中的设置方法类似。

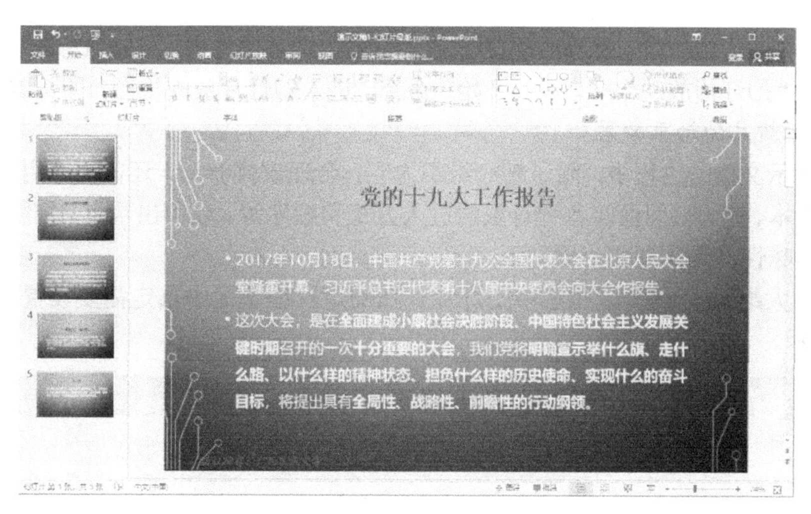

图 6-17 添加版权信息后的幻灯片

4. 幻灯片的动态效果设置

幻灯片中合理的文字、图形、图像等对象的布局能够给观众耳目一新的感觉。为了使演示过程更加生动、有趣，可以给幻灯片中的对象添加声音、影视和动画效果，以及设置幻灯片切换效果等。

1）设置幻灯片的切换效果

幻灯片的切换效果是指演示期间从一张幻灯片切换到另一张幻灯片时在“幻灯片放映”视图中出现的动画效果。添加幻灯片的切换效果后，用户还可以控制切换效果的速度、出现的方向，也可以为切换效果添加相应的声音提示。

【实战 6-3】为演示文稿的前 5 张幻灯片设置“百叶窗”切换效果，方向为垂直，换片方式为“单击鼠标时”。

（1）打开演示文稿，在左边的“幻灯片”区中选中前 5 张幻灯片，选择“切换”选项卡，单击“切换到此幻灯片”组中的展开按钮，在展开的库中选择“百叶窗”效果，如图 6-18 所示。

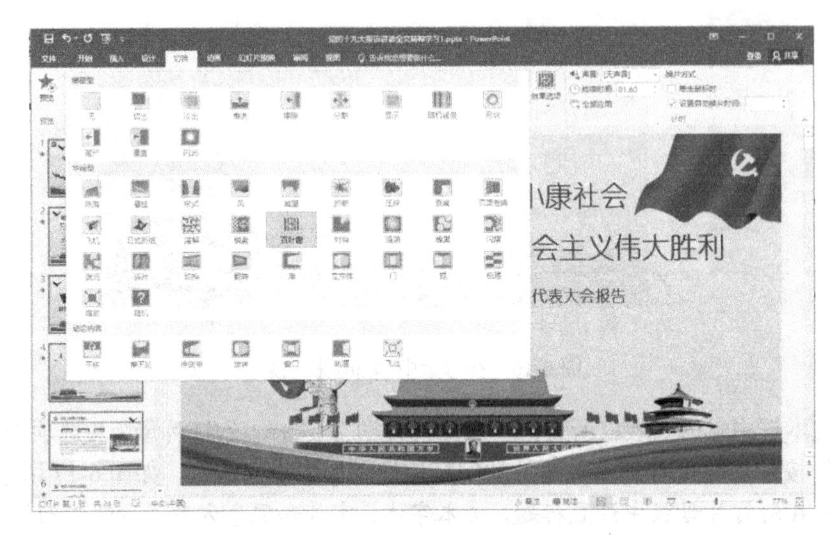

图 6-18　设置幻灯片的切换效果

（2）在“效果选项”中，选择“垂直”，在“计时”选项中选中“单击鼠标时”前的复选框。

（3）选择“幻灯片放映”→“从头开始”命令，进入幻灯片放映视图，即可看到切换效果。

2）设置幻灯片的动画效果

在制作演示文稿的过程中，除了精心组织内容，合理安排布局，还需要应用动画效果控制幻灯片中的文本、声音、图像等各种对象的进入方式和顺序等，以突出重点，控制信息的流程，提高演示的趣味性，具体操作步骤如下：

（1）在“大纲/幻灯片”区中选中幻灯片，在幻灯片编辑区中选定需要设置动画的对象，如图 6-19 所示。

图 6-19　选中添加动画的对象

（2）选择“动画”选项卡，单击“动画”组中的展开按钮，在展开的动画库中选择所需设置的动画效果，如图 6-20 所示。

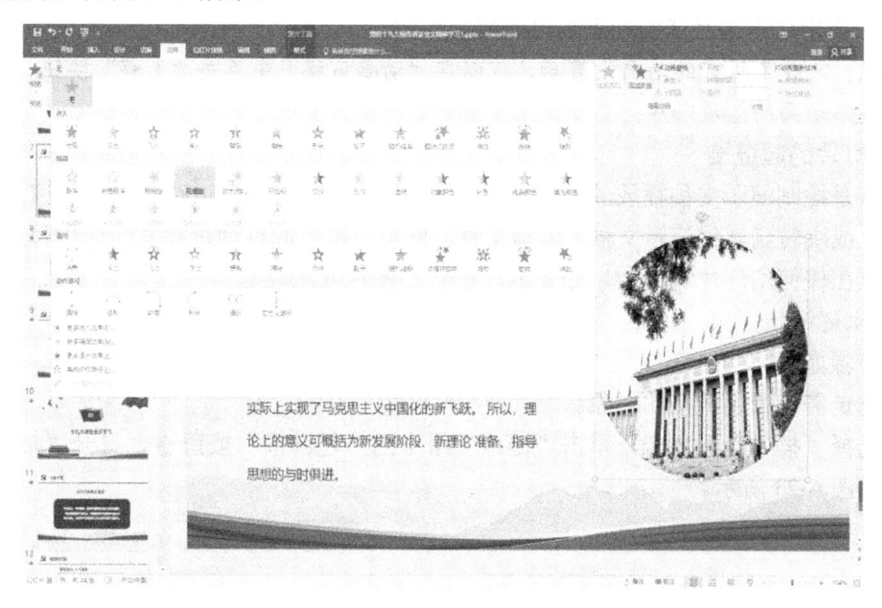

图 6-20　选择动画效果

（3）选中已经添加动画效果的对象，单击“动画窗格”按钮，在弹出的菜单中选择“效果选项”命令，弹出动画的具体效果设置对话框，如图 6-21 和图 6-22 所示。

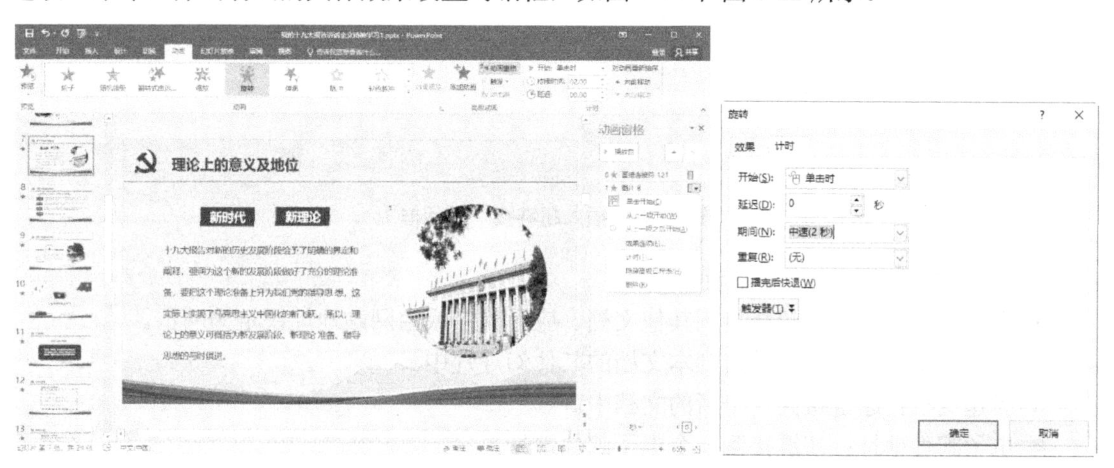

图 6-21　设置动画效果　　　　图 6-22　动画效果设置框

（4）在动画效果设置对话框中设置动画的数量、速度、声音等效果。

（5）如果要更改动画效果的开始方式，可以单击“计时”组中的“开始”下拉列表框右边的下三角按钮，从打开的下拉列表中选择一种方式。

“开始”下拉列表框中的具体选项说明如下：

- 单击时：选择此项，则当幻灯片放映到动画效果序列中的该动画时，单击鼠标才开始动画显示幻灯片的对象；否则将一直停在此位置以等待用户单击鼠标来激活。
- 同时：选择此项，则该动画效果和前一个动画效果同时发生，这时其序号将和前一个用单击来激活的动画效果的序号相同。

- 之后：选择此项，则该动画效果将在前一个动画效果播放完时发生，这时其序号将和前一个用单击来激活的动画效果的序号相同。

小知识：完成了所有的动画设置后，可以在“动画窗格”中单击“上移”按钮 和“下移”按钮 来调整动画的播放顺序。

5. 幻灯片的超链接

超链接是控制演示文稿播放的一种重要手段，利用超链接，可以跳转到当前演示文稿的某一张幻灯片或跳转到其他演示文稿、磁盘文件、网页、电子邮件地址和其他应用程序等。超链接可以建立在任何幻灯片对象上，如文本、形状、图片或图表等。

1）建立超链接

操作步骤如下：

（1）选定需设置超链接的对象。

（2）选择“插入”选项卡，单击“链接”组中的“超链接”按钮，打开“插入超链接”对话框，如图 6-23 所示。

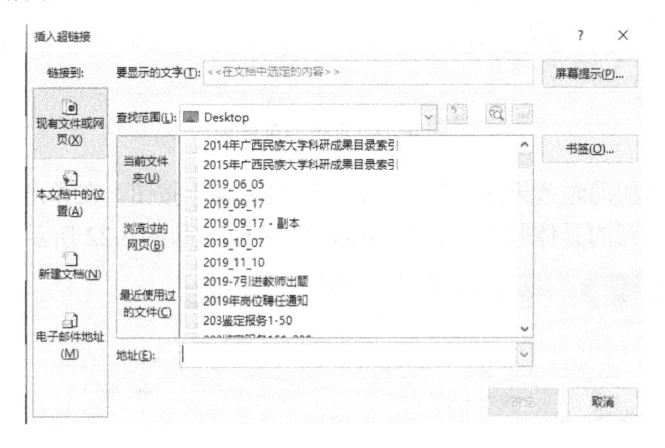

图 6-23 “插入超链接”对话框

在此对话框中可以完成如下设置。

- 现有文件或网页：超链接到其他文档、应用程序或由网站地址决定的网页。
- 本文档中的位置：超链接到本文档的其他幻灯片中。
- 新建文档：超链接到一个新的文档中。
- 电子邮件地址：超链接到一个电子邮件地址。

2）利用动作设置创建超链接

操作步骤如下：

（1）选定需设置超链接的对象。

（2）选择“插入”选项卡，单击“链接”组中的“动作”按钮，打开“动作设置”对话框，如图 6-24 所示。

（3）单击“超链接到”单选项，在打开的列表中选择链接位置即可，如图 6-25 所示。

3）删除超链接

在已设置超链接的对象上右击鼠标，在打开的快捷菜单中选择“删除链接”命令。

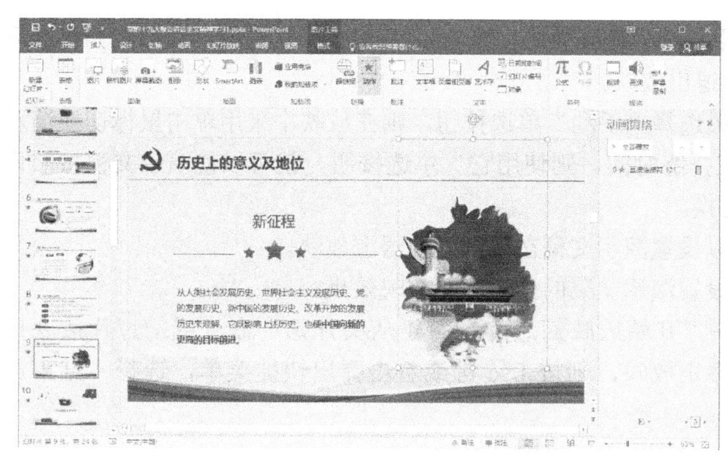

图 6-24 利用动作创建超链接

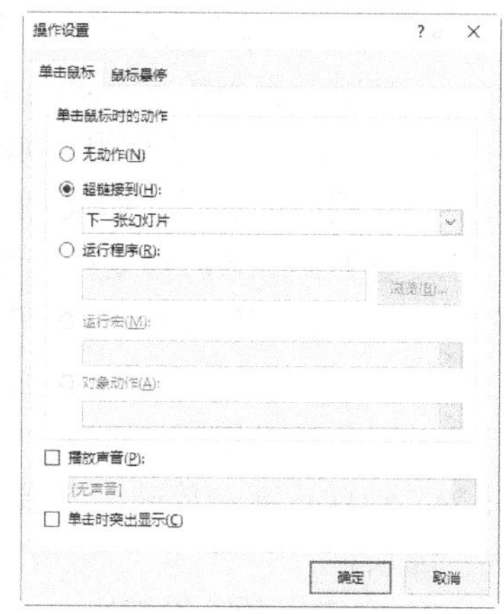

图 6-25 超链接位置设置

6.1.5 演示文稿的放映

制作演示文稿的最终目的是要放映或展示给观众，PowerPoint 提供了多种放映方式，可以根据创作的用途、放映环境或观众需求，选择合适的放映方式。

1. 设置放映方式

设置幻灯片放映方式的具体操作步骤如下：

（1）单击“幻灯片放映”→“设置幻灯片放映”，弹出如图 6-26 所示的“设置放映方式”对话框。

（2）在图 6-26 中选择所需的放映类型、放映选项、放映范围和换片方式等，单击“确定”按钮即可。

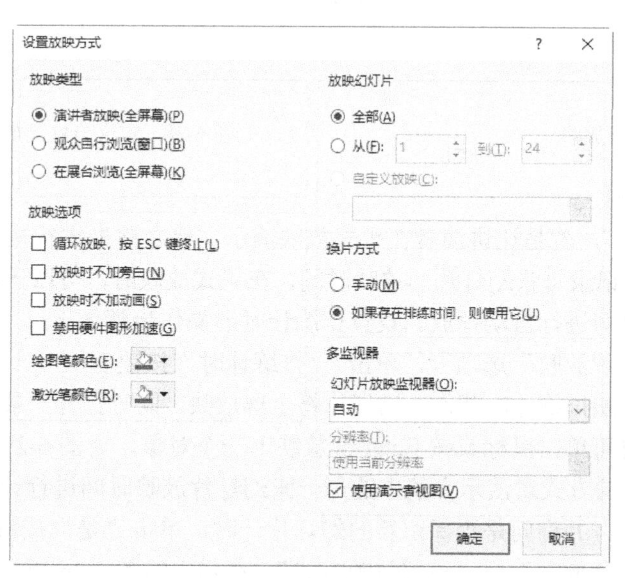

图 6-26 设置放映方式

● “放映类型”选项组：可以选择演示文稿的不同放映形式，其中“演讲者放映（全屏幕）”方式是默认的全屏幕放映方式，通常用于演讲者亲自讲解的场合。

- “放映选项”选项组：如果勾选“循环放映，按 ESC 键终止”复选框，演示文稿将循环放映，直到按下 Esc 键才退出放映。
- “换片方式”选项组：如果选择“手动”单选按钮，则在放映中采用单击鼠标切换演示文稿；如选择“如果存在排练时间，则使用它”单选按钮，就可以使演示文稿按照设置的排练计时自动进行切换。
- “多监视器”选项组：可以设置演示文稿在多台监视器上放映。
- “分辨率”选项组：可以设置演示文稿的分辨率等放映效果。

（3）选择“幻灯片放映”→“开始放映幻灯片”→“从头开始”命令或幻灯片放映按钮，幻灯片就会放映，若要停止放映，则按 Esc 键或右击弹出快捷菜单，选择“结束放映”选项。

2. 自定义放映幻灯片

所谓自定义放映，即由用户从演示文稿中挑选若干张幻灯片，组成一个较小的演示文稿，定义一个放映名称，作为独立的演示文稿来放映，其设置方法为：

（1）单击“幻灯片放映”→“自定义放映”，弹出如图 6-27 所示的“自定义放映”对话框。

（2）单击“新建”按钮，弹出如图 6-28 所示的“定义自定义放映”对话框，在对话框左边的方框中把需要放映的幻灯片按顺序添加到右边方框（可调整放映顺序），单击“确定”按钮即可。

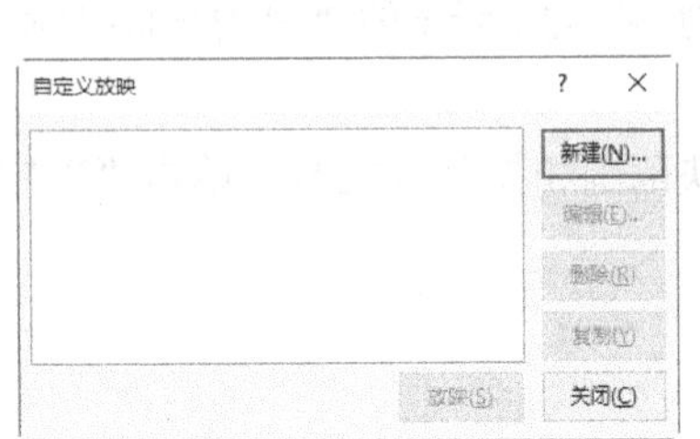

图 6-27　自定义放映

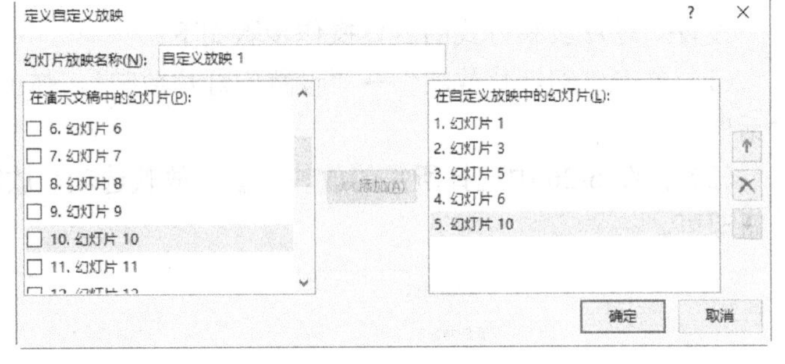

图 6-28　定义自定义放映

3. 设置排练计时

所谓“排练计时”，就是让讲演者在正式放映演示文稿之前先进行排练，预先放映演示文稿，PowerPoint 自动记录每张幻灯片的放映时间。在正式放映时，可以让演示文稿在无人控制的情况下按照排练时间进行自动播放。设置排练计时的操作步骤如下：

（1）选择“幻灯片放映”选项卡，单击 “排练计时”按钮。

（2）系统进入放映排练计时状态，幻灯片将全屏放映，同时打开“录制”工具栏并自动为该幻灯片计时，此时可单击鼠标或按 Enter 键放映下一个对象，如图 6-29 所示。

（3）系统按同样的方式对演示文稿中的每一张幻灯片放映时间进行计时，放映完毕后提示总共的排练计时时间，并询问是否保留新的幻灯片计时，单击“是”按钮进行保存。

（4）单击“幻灯片放映”→“设置放映方式”，在弹出的图 6-26 所示的“设置放映方式”对话框中的“换片方式”选项组中选择“如果存在排练时间，则使用它（U）”。

图 6-29 排练计时状态

（5）单击“幻灯片放映”选项卡→“从头开始”按钮，则按排练好的时间自动播放演示文稿。

6.1.6 演示文稿的打印

打印演示文稿即将制作完成的演示文稿按照要求通过打印设备输出并呈现在纸张上，它不仅方便观众更好地理解演示文稿所传达的信息，还有助于演讲者日后的回顾与整理。打印输出演示文稿前，需要进行页面设置和打印参数选项的设置。

1. 演示文稿的页面设置

（1）单击“设计”→“自定义幻灯片大小”命令，弹出如图 6-30 所示的幻灯片大小对话框。

（2）在“幻灯片大小对话框”中设置打印的“幻灯片编号起始值”、高度和宽度，幻灯片及“备注、讲义和大纲”的打印方向等，单击“确定”按钮即可。

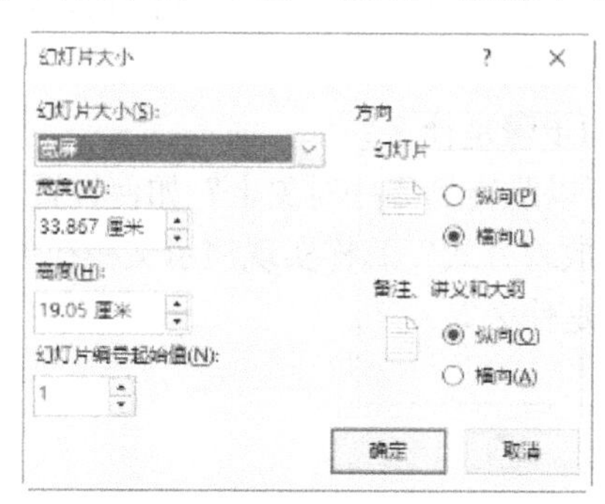

图 6-30 幻灯片大小对话框

2. 设置打印参数选项

演示文稿的打印有幻灯片、讲义和大纲等多种形式，其操作方法是：

（1）选择“文件”→“打印”命令，弹出如图 6-31 所示的打印设置窗口。

（2）在设置窗口中选择打印机类型，选择打印范围以及打印的形式，单击“打印”按钮即可。

图 6-31　打印设置窗口

思考与练习

1. 演示文稿与幻灯片有什么区别与联系？
2. PowerPoint 有哪几种视图模式？如何切换不同的视图模式？
3. 创建演示文稿有哪几种方法？
4. 什么是幻灯片的主题？如何使整个演示文稿的所有幻灯片都更改为统一的主题？
5. 如何在幻灯片中添加文本、图片、形状、声音和视频等多种媒体对象？
6. PowerPoint 母版有哪几种？修改母版对演示文稿中的幻灯片有什么影响？
7. 如何设置幻灯片的切换效果？
8. 设置幻灯片动画效果的步骤是什么？
9. PowerPoint 的超链接可以跳转到哪些对象上？如何设置幻灯片的超链接？
10. 如何设置演示文稿的放映方式？怎样实现演示文稿在无人控制时自动播放？
11. 演示文稿的打印步骤是什么？

第7章 网络与信息安全

教学目标：

通过学习本章内容，了解计算机网络的层次模型和通信协议，局域网和因特网的应用，信息安全与病毒等相关知识。

教学重点和难点：

- 计算机网络的分类及最常见的拓扑结构、网络介质。
- 计算机网络的基础结构、协议、地址、域名。
- 局域网、Internet的应用技术。
- 网络安全技术。
- 计算机病毒的预防与查杀。

过去数十年，计算机网络飞速发展，由最初的军事用途逐渐扩展到商用、民用，渗透至普通人生活的方方面面，在各个领域都发挥着巨大作用。网络的发展带动社会进入一个计算机互联的时代。

7.1 计算机网络概述

7.1.1 计算机网络的发展

计算机网络是利用通信设备和传输介质，将分布在不同地理位置上的具有独立功能的计算机相互连接，在网络协议控制下进行信息交流，实现资源共享和协同工作，以资源共享为主要目的。

计算机网络出现的历史不长，但发展很快，大致可分为四个阶段：

第一阶段：诞生阶段。20世纪60年代中期，之前的第一代计算机网络是以单个计算机为中心的远程联机系统。典型应用是由一台计算机和全美范围内2000多个终端组成的飞机订票系统。终端是一台计算机的外部设备，包括显示器和键盘，无CPU和内存。随着远程终端的增多，在主机前增加了前端机（FEP）。当时，人们把计算机网络定义为“以传输信息为目的而连接起来，实现远程信息处理或进一步达到资源共享的系统”，但这样的通信系统已具备了网络的雏形。

第二阶段：形成阶段。20 世纪 60 年代中期至 20 世纪 70 年代的第二代计算机网络是以多个主机通过通信线路互联起来，为用户提供服务，兴起于 60 年代后期，典型代表是美国国防部高级研究计划局协助开发的 ARPAnet。主机之间不是直接用线路相连，而是由接口报文处理机（IMP）转接后互联的。IMP 和它们之间互联的通信线路一起负责主机间的通信任务，构成了通信子网。通信子网互联的主机负责运行程序，提供资源共享，组成了资源子网。这个时期，网络概念为“以能够相互共享资源为目的互联起来的具有独立功能的计算机之集合体”，形成了计算机网络的基本概念。

第三阶段：互联互通阶段。20 世纪 70 年代末至 20 世纪 90 年代的第三代计算机网络是具有统一的网络体系结构并遵循国际标准的开放式和标准化的网络。ARPAnet 兴起后，计算机网络发展迅猛，各大计算机公司相继推出自己的网络体系结构及实现这些结构的软硬件产品。由于没有统一的标准，不同厂商的产品之间互联很困难，人们迫切需要一种开放性的标准化实用网络环境，这样应运而生了两种国际通用的最重要的体系结构，即 TCP/IP 体系结构和国际标准化组织的 OSI 体系结构。

第四阶段：高速网络技术阶段。20 世纪 90 年代末至今的第四代计算机网络，由于局域网技术发展成熟，出现光纤及高速网络技术、多媒体网络、智能网络，整个网络就像一个对用户透明的大的计算机系统，发展为以 Internet 为代表的互联网。

概括来讲，计算机网络的发展过程第一阶段是以单个计算机为中心的远程联机系统，构成面向终端的计算机通信网；第二阶段是多个向主功能的主机通过通信线路互联，形成资源共享的计算机网络；第三阶段形成了具有统一的网络体系结构、遵循同际标准化协议的计算机网络；第四阶段是向互联、高速、智能化方向发展的计算机网络。图 7-1 所示为一个简单的计算机网络系统，它将若干台计算机、打印机和其他外部设备互连成一个整体。

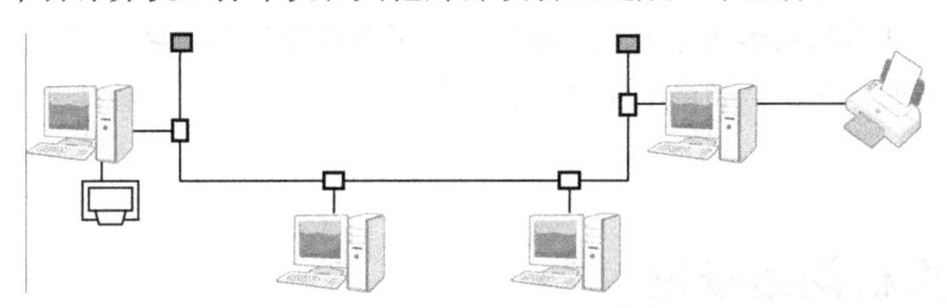

图 7-1　计算机网络示意图

小知识：一个开放式标准化网络的著名例子是 Internet，它对任何计算机系统开放，只要遵循 TCP/IP 标准，就可以接入 Internet。

7.1.2　计算机网络的基本功能

计算机网络的基本功能是实现资源共享、信息交流和协同工作。各种特定的计算机网络具有不同的功能，其主要功能集中在以下 4 个方面：

（1）资源共享

资源共享是指网络中的用户可以部分或全部使用计算机网络资源。计算机网络的资源指硬件资源、软件资源和信息资源。硬件资源有：交换设备、路由设备、存储设备、网络服务器等设备。例如，网络硬盘可以为用户免费提供数据存储空间。软件资源有：网站服务器（Web）、文件传输服务器（FTP）、邮件服务器（E-mail）等，它们为用户提供网络后台服务。信息资源有：网页、论坛、数据库、音频和视频文件等，它们为用户提供新闻浏览、电子商务等功能。资源共享可使网络用户对资源互通有无，大大提高网络资源的利用率。

2）信息交流

计算机网络使用传输线路将各台计算机相互连接，完成网络中各个结点间的通信，为人们相互间交换信息提供快捷、方便的途径。信息交流的形式有很多种，如电话是一种远程信息交流方式，但是只有音频，没有视频；电视是一种具有音频和视频的远程信息传播方式，但是交互性不好。在计算机网络中，信息交流可以以交互方式进行，主要有网页、邮件、论坛、即时通信、IP 电话、视频点播等形式。

3）集中管理

计算机网络技术的发展和应用，已使得现代的办公手段、经营管理等发生了变化。目前，已经有了许多管理信息系统、办公自动化系统等，通过这些系统可以实现日常工作的集中管理，提高工作效率，增加经济效益。

4）分布式处理

分布式处理可以将大型综合性的复杂任务分配给网络系统内的多台计算机协同并行处理，从而平衡各计算机的负载，提高效率。对解决复杂问题来说，联合使用多台计算机并构成高性能的计算机体系，这种协同工作、并行处理所产生的开销要比单独购置高性能的大型计算机所产生的开销少得多。当某台计算机负载过重时，网络可将任务转交给空闲的计算机来完成，这样能均衡各计算机的负载，提高处理问题的能力。

5）提高系统可靠性

在网络中的不同计算机中，同时存储比较重要的软件资源和数据资源，如果某台计算机出现故障，则可由网络其他计算机中的副本或由其他计算机代替工作，从而保障系统的可靠性和稳定性。

7.1.3 计算机网络的分类

计算机网络有多种分类方法，这些分类方法从不同角度体现了计算机网络的特点。最常见的分类方法是 IEEE（电气和电子工程师协会）根据网络通信涉及的地理范围进行划分，将网络分为局域网（LAN）、城域网（MAN）和广域网（WAN）。

（1）局域网

局域网（Local Area Network，LAN）是在有限的地理区域内构成的计算机网络，通常在一幢建筑物内或相邻几幢建筑物之间，数据传输率不低于几兆位每秒（Mbps）。光通信技术的发展使得局域网覆盖范围越来越大，往往将直径达数 km 的一个连续的园区网（如大学校园网、智能小区网）也归纳到局域网的范围。局域网技术广泛采用以太网（Ethernet）技术，局域网的软件平台有 Windows 平台、UNIX 或 Linux 等。

（2）城域网

城域网（Metropolitan Area Network，MAN）是在整个城市范围内创建的计算机网络，往往由许多大型局域网组成，一个重要用途是作为骨干网，主要为个人用户、企业局域网用户提供网络接入，并将用户信号转发到因特网中。有线电视（CATV）网是传送电视节目的模拟信号城域网的典型例子。城域网和局域网应用如图 7-2 所示。

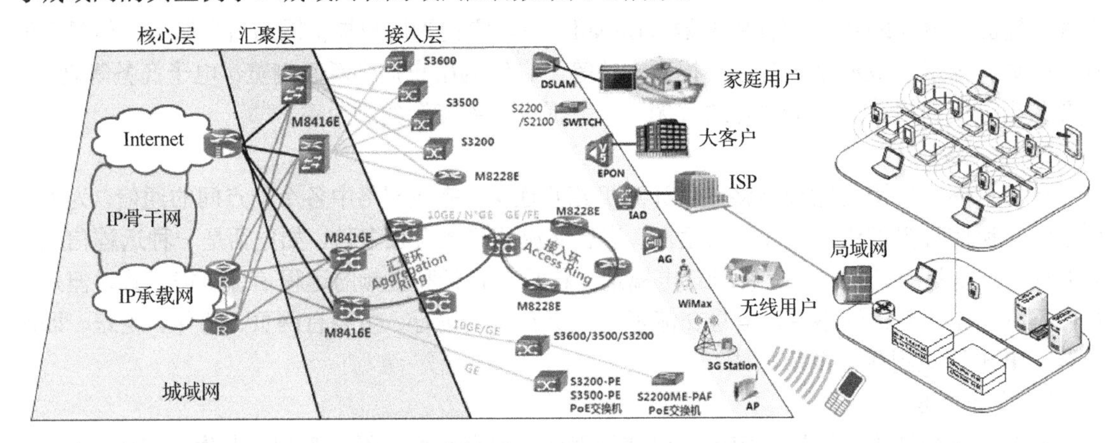

图 7-2　城域网和局域网应用案例示意图

（3）广域网

广域网（Wide Area Network，WAN）覆盖范围通常在数千 k ㎡以上，一般由在不同城市之间的局域网或者城域网互联而成。广域网一般采用光纤进行信号传输，网络主干线路数据传输速率非常高，网络结构较为复杂。Internet 就是全球最大的广域网。全球互联网骨干线路和 CERNet2 教育网基本结构如图 7-3 所示。

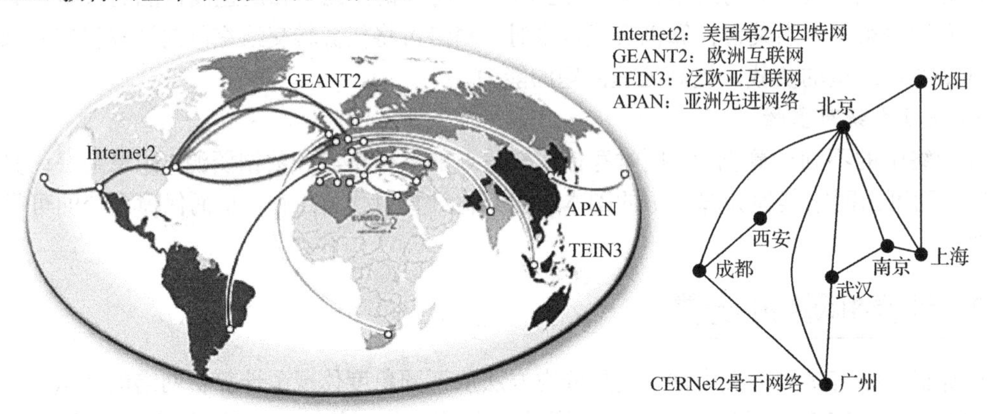

图 7-3　全球互联网骨干线路（左）和 CERNet2 教育网（右）基本结构示意图

计算机网络的分类还可以按以下方式划分：

- 按通信方式划分，计算机网络分为点对点传播网络和广播传播网络。
- 按传输介质划分，计算机网络分为有线网络和无线网络。
- 按信号传输形式划分，计算机网络分为基带传输网络和宽带传输网络，基带传输网络上传输数字信号，宽带传输网络通常采用频分复用技术同时传输多路模拟信号。

7.1.4　计算机网络体系结构

计算机网络体系结构描述各个网络部件之间的逻辑关系和功能，从整体角度抽象地定义计算机网络的构成，并给出计算机网络协调工作的方法和必须遵守的规则。

1. 网络协议

在计算机网络中有一套关于信息传输顺序、信息格式和信息内容等的规则或约定，使得接入网络的各种类型的计算机之间能正确传输信息。这些规则、标准或约定称为网络协议。

网络协议的内容至少包含3个要素，即语法、语义和时序。语法规定数据与控制信息的结构或格式，解决“怎么讲”的问题；语义规定控制信息的具体内容，以及通信双方应当如何做，主要解决“讲什么”的问题；时序规定计算机操作的执行顺序，以及通信过程中的速度匹配，主要解决“顺序和速度”的问题。

2. 网络协议的分层

为了减小网络协议的复杂性，设计人员把网络通信问题划分为许多小问题，并为每一个小问题设计一个通信协议，这样使得每一个协议的设计、分析、编码和测试都比较容易。计算机网络的协议分层则按照信息的流动过程，将网络的整体功能划分为多个不同的功能层。每一层之间有相应的通信协议，相邻层之间的通信约束称为接口。在分层处理后，相似的功能出现在同一层内，每一层仅与相邻上、下层之间通过接口通信，使用下一层提供的服务，并向它的上一层提供服务。

为避免协议分层带来负面影响，分层结构通常要遵循一些原则，层次数量不能过多，真正需要时才划分一个层次；层次数量也不能过少，要保证能从逻辑上将功能分开，不同的功能不要放在同一层，功能类似的服务应放在同一层。

3. 网络体系结构

网络协议的层次化结构模型和通信协议的集合称为网络体系结构。出于各种目的，许多计算机厂商在研究和发展计算机网络体系时，相继发布了自己的网络体系结构，其中一些在工程中得到了广泛应用，也有一些被国际标准化组织（ISO）采纳，成为计算机网络的国际标准。常见的计算机网络体系结构有OSI/RM（开放式系统互联参考模型）和TCP/IP（传输控制协议/网际协议）等。

OSI/RM是国际标准化组织提出的作为发展计算机网络的指导性标准，它只是技术规范，而不是工程规范。TCP/IP是在Internet上采用的性能卓越的网络体系结构，并成为事实上的国际标准。图7-4所示为OSI/RM和TCP/IP层次结构模型和主要协议。

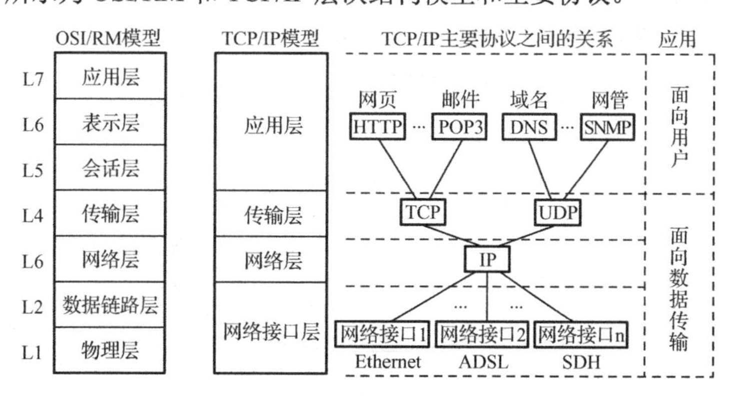

图7-4 OSI/RM和TCP/IP层次结构模型和主要协议

OSI/RM各个功能层的基本功能如下：

（1）物理层规定在一个结点内如何把计算机连接到通信介质上，规定了机械的、电气的功能。该层负责建立、保持和拆除物理链路；规定如何在此链路上传送原始比特流，比特如何编码，使用的电平、极性，连接插头、插座的插脚如何分配等。在物理层数据的传送单位是比特。

（2）数据链路层在物理层提供比特流服务的基础上，建立相邻结点之间的数据链路，通过差错控制提供数据帧（Frame）在信道上无差错地传输，并进行各电路上的动作系列。该层的作用包括：物理地址寻址、数据的成帧、流量控制、数据的检错、重发等。

（3）网络层的任务就是选择合适的网间路由和交换结点，确保由数据链路层提供的帧封装的数据包及时传送。该层的作用包括地址解析、路由、拥塞控制、网际互联等。传送的信息单位是分组或包（Packet）。

（4）传输层为源主机与目的主机进程之间提供可靠的、透明的数据传输，并给端到端数据通信提供最佳性能。传输层传送的信息单位是报文（Message）。

（5）会话层提供包括访问验证和会话管理在内的建立且维护应用之间通信的机制。如服务器验证用户登录便是由会话层完成的。

（6）表示层主要解决用户信息的语法表示问题，即提供格式化的表示和转换数据服务。如数据的压缩和解压缩、加密和解密等工作都由表示层负责。

（7）应用层处理用户的数据和信息，由用户程序（应用程序）组成，完成用户所希望的实际任务。

7.2 计算机网络组成

7.2.1 计算机网络系统的组成

计算机网络系统是计算机应用的高级形式，它是一个非常复杂的系统，根据网络应用范围、目的、规模、结构及采用的技术不同，网络的组成也不相同。但对用户而言，计算机网络可看作一个透明的数据传输机构，用户在访问网络中的资源时不必考虑网络的存在。

1. 计算机网络的逻辑组成

从网络逻辑功能角度来看，所有的计算机网络系统都由两级子网组成，即资源子网和通信子网，如图 7-5 所示。两级子网有不同的结构，能够完成不同的功能。

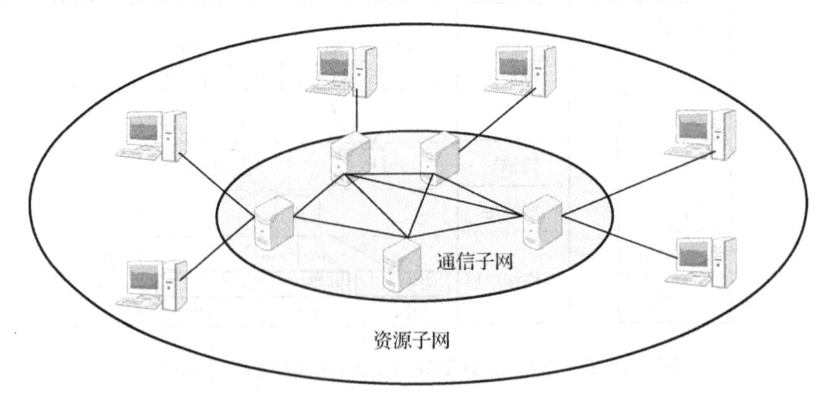

图 7-5 计算机网络的逻辑组成

通信子网处于网络的内层，它是由通信设备和通信线路组成的独立的数据通信系统，负责完成网络数据的传输和转发等通信处理任务，即将一台计算机的输出信息传送到另一台计算机。当前的通信子网一般由路由器、交换机和通信线路组成。

资源子网又称用户子网，它处于网络的外层，由主机、终端、外设、各种软件资源和信息资源等组成，负责网络外围的信息处理，向网络投入可供用户选用的资源。资源子网通过通信线路连接到通信子网。

2. 计算机网络的系统组成

计算机网络的系统组成可以划分为网络硬件和网络软件两部分。在网络系统中，硬件的选择对网络的性能起决定性的作用，而网络软件则是支持网络运行，利用网络资源的工具。

7.2.2 网络硬件

网络硬件是计算机网络系统的物质基础。要构成计算机网络系统，首先要将各网络硬件连接起来，实现物理连接。不同的计算机网络系统在硬件方面是有差别的。随着计算机技术和网络技术的发展，网络硬件日趋多样化和复杂化，且功能越来越强大。常见的网络硬件有计算机、网络适配器、传输介质、网络互联设备、共享的外部设备和网络通信设备等。

1. 网络中的计算机

网络环境中的计算机，可以是微机、大型机及其他数据终端设备（如 ATM 机）。根据计算机在网络中的服务性质，可以将其划分为服务器和工作站两种。

服务器（Server）是指在计算机网络中担负一定的数据处理任务和向网络用户提供资源的计算机。服务器运行网络操作系统，是网络运行、管理和提供服务的中枢，它直接影响着网络的整体性能。除对等网外，每个独立的计算机网络系统中至少要有一台服务器。一般在大型网络中采用大型机、中型机和小型机作为服务器，以保证网络的性能。而对于网点不多，网络流量不大，且对数据安全可靠性要求不高的网络，也可使用高性能微型机作为服务器。根据担负的网络功能的不同，服务器可分为文件服务器、通信服务器、备份服务器和打印服务器等。在 Internet 环境中，常见的有 WWW 服务器、电子邮件服务器、FTP 服务器和 DNS 服务器等。

工作站（Workstation）是指连接到网络上的计算机，它可作为独立的计算机被用户使用，同时又可以访问服务器。工作站不同于服务器，服务器可以为整个网络提供服务并管理整个网络，而工作站只是一个接入网络的设备，它的接入和离开不会对网络系统产生影响。在不同网络中，工作站有时也称为“客户机（Client）”。

2. 网络适配器

网络适配器（Net Interface Card，NIC）俗称网卡，用于将计算机与网络互连，通常插在计算机总线插槽内或连接到某个外部接口上，进行编码转换和收发信息。目前的计算机主板都集成了标准的以太网卡，不需要另外安装网卡。图 7-6 所示为计算机网络接口和网卡。

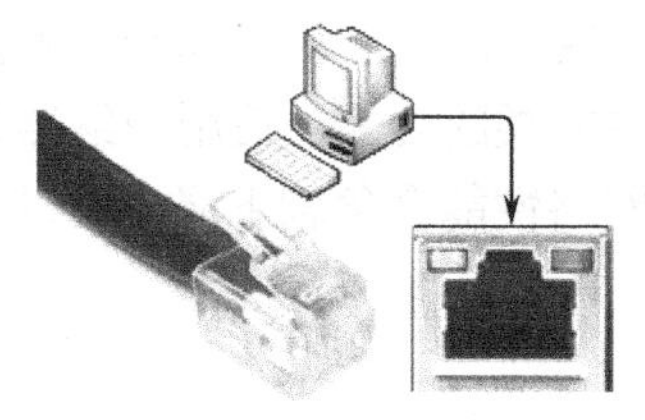

网线接头 主机RJ-45接口

主板集成网卡芯片

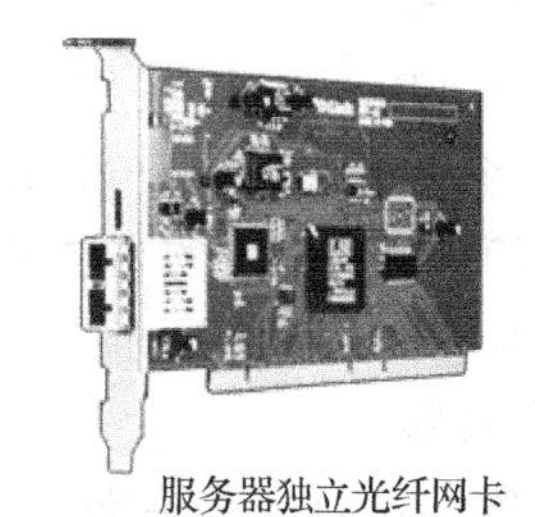

服务器独立光纤网卡

图 7-6 计算机网络接口和网卡

3. 传输介质

传输介质（Transmission Medium）是将信息从一个结点向另一个结点传送的连接线路实体。

计算机网络中有多种物理介质可用于实际传输，它们可以支持不同的网络类型，具有不同的传输速率和传输距离。在组网时根据计算机网络的类型、性能、成本及使用环境等因素的不同，分别选用不同的传输介质。常用的传输介质有双绞线、同轴电缆、光纤和无线传输介质等4种。

1）双绞线

双绞线由4对两根相互绝缘的铜线绞合在一起组成，如图7-7（a）所示。双绞线价格便宜，易于安装，但在传输距离和传输速度等方面受到一定的限制。因为具有较高的性价比，目前被广泛使用。一般局域网中常见的网线是五类、超五类或者六类非屏蔽双绞线。双绞线的两端都必须安装RJ-45连接器（俗称水晶头）。

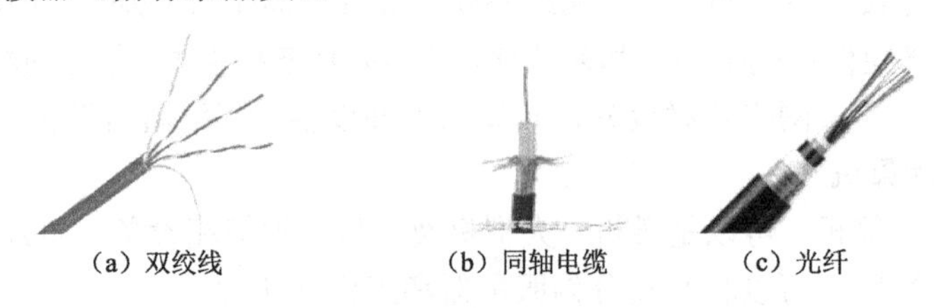

（a）双绞线　　（b）同轴电缆　　（c）光纤

图7-7　几种常用的传输介质

2）同轴电缆

同轴电缆以硬铜线为芯，外包一层绝缘材料，如图7-7（b）所示。这层绝缘材料用密织的网状导体环绕，网外覆盖一层保护性材料。同轴电缆比双绞线的抗干扰能力强，可进行更长距离的传输。同轴电缆按直径分为粗缆和细缆两种。

3）光缆

光缆即光导纤维，采用非常细且透明度较高的石英玻璃纤维作为纤芯，外涂一层低折射率的包层和保护层，如图7-7（c）所示。一组光纤组成光缆，光缆通信容量大，数据传输率高，抗干扰性和保密性好，传输距离长，在计算机网络布线中被广泛应用。光纤分为单模光纤和多模光纤两类。

4）无线传输

无线传输常用于有线传输介质铺设不便的地理环境，或者作为地面通信的补充。无线传输有微波、红外线和激光等点对点通信，以及大范围的卫星通信。

4. 网络互联设备

1）中继器

中继器（Repeater）工作在OSI的物理层，用于连接使用相同介质访问和相同数据传输速率的局域网，如图7-8（a）所示。它只具有信号放大、再生之类的功能。使用中继器是扩充网络距离最简单、最廉价的方法之一，但当负载增加时，其网络性能会急剧下降，所以只有在网络负载很少和网络延时要求不高的条件下才能使用。

2）集线器

集线器（Hub）又称多端口中继器，作用是将一个端口接收到的所有信息分发到各个网段，如图7-8（b）所示。它能提供多个端口服务，在各个端口间连接传输介质。

3）网桥

网桥（Bridge）工作在OSI的数据链路层，又称桥接器，如图7-8（c）所示。用于连接类型或结构相似的两个局域网，具有信号过滤和转发的功能。

4）交换机

交换机（Switch）工作在OSI的数据链路层，用于连接类型或结构相似的多个局域网，如图7-8（d）所示。它除了具有数据交换功能外，还增强了路由选择功能。交换机是目前较热门的网络设备之一，取代了集线器和网桥。

5）路由器

路由器（Router）工作在OSI的网络层，为多个独立的子网之间提供连接服务的存储/转发设备，最主要的任务是选择路径，如图7-8（e）所示。在实际应用中，路由器通常作为局域网与广域网连接的设备。

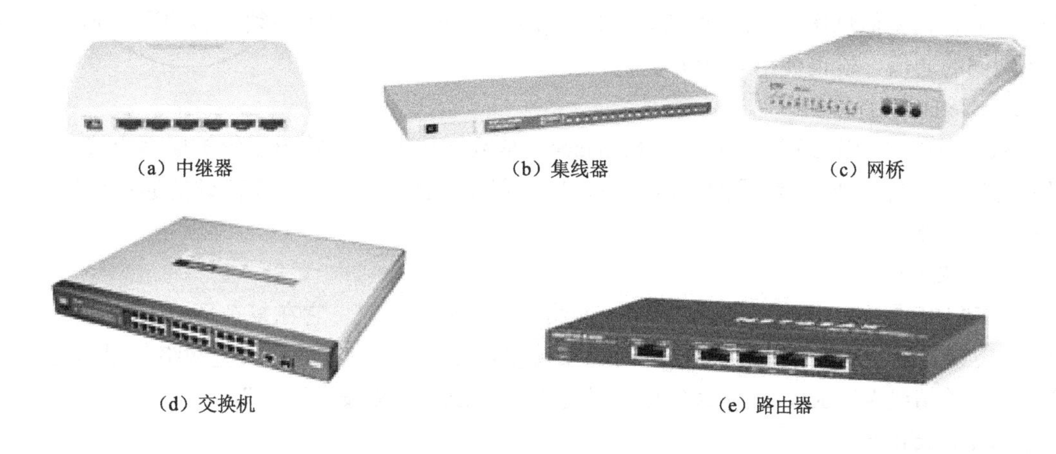

（a）中继器　（b）集线器　（c）网桥

（d）交换机　（e）路由器

图7-8　网络互联设备

6）网关

网关（Gateway）工作在OSI的高层（传输层以上），又称协议转换器，是软件和硬件结合的产品，用于不同协议的网络之间的互联，在网络中起到高层协议转换的作用，它是最复杂的网络互联设备。目前，网关是网络上用户访问大型主机的通用工具。

7.2.3　网络软件

网络软件指在计算机网络环境中，用于支持数据通信和各种网络活动的软件。网络软件能帮助用户方便、安全地使用网络；同时管理和调试网络资源，提供网络通信和用户所需的各种网络服务。计算机网络软件主要包括网络操作系统、网络协议、网络管理软件和网络应用软件等。

1. 网络操作系统

网络操作系统（Network Operating System，NOS）是网络系统管理软件和通信控制软件的集合，它负责整个网络软件、硬件资源的管理，以及网络通信和任务的调度，并提供用户与网络之间的接口。相对于单机操作系统，网络操作系统更复杂，具有更高的并行性和安全性。

网络操作系统主要分为两类，一类是端到端的对等式（Peer-To-Peer）网络操作系统，另一类是主从式（Client-Server）网络操作系统。在对等网络（工作组）中所有计算机都具有同等地位，没有主次之分，网络中任何一个结点拥有的资源都可作为网络资源，可被网络中其他结点的网络用户共享。在主从式网络中有几台计算机专门充当服务器，服务器需要运行操作系统的服务器版本。

小知识： 目前，可作为专门的服务器网络操作系统的有 UNIX、Windows 2000 Server、Windows Server 2003、NetWare 和 Linux 等。UNIX 是唯一的跨微型机、小型机和大型机的网络操作系统。

2. 协议软件

网络协议是计算机网络工作的基础，两台计算机通信时必须使用相同的网络协议。目前流行的网络协议有：

1）TCP/IP

TCP/IP 是一个包括 100 多个不同功能的协议族，其中最主要的是 TCP（Transmission Control Protocol，传输控制协议）和 IP（Internet Protocol，网际协议）。TCP 用于保证被传送信息的完整性，IP 负责将信息送达目的地。TCP/IP 是接入 Internet 的计算机必须安装的通信协议。多个局域网间的通信一般也使用 TCP/IP。

2）NetBEUI

NetBEUI（NetBIOS Extend User Interface）是网络基本输入/输出系统扩展用户接口，它专门为几台到百余台 PC 所组成的单网段小型局域网而设计，是一个小而高效的通信协议，但不具备路由功能。

3）IPX/SPX

IPX/SPX 是 Novell 公司为 NetWare 网络开发的通信协议。它在复杂环境下具有很强的适应性，安装方便，同时具有路由功能，可以实现多网段间的通信，适合大型网络使用。Microsoft 公司将其移植到 Windows 操作系统中，并更名为“IPX/SPX 兼容协议”。

4）AppleTalk

AppleTalk 协议是 Macintosh（简称 Mac）机器之间联网使用的网络协议，服务器版的 Windows 操作系统中集成了 AppleTalk 协议，便于 Mac 机器与 Windows 服务器联网。

3. 网络管理软件

网络管理软件就是能够完成网络管理功能的网络管理系统，包括自动监控各个设备和线路的运行情况、网络流量及拥堵的程度、虚拟网络的配置和管理等。常用的网络管理软件种类很多，功能各异，具有代表性的国外有 HP 公司的 HP Open View，Cisco 公司的 Cisco Works，Novell 公司的 NetWare Manage Wise 和代表未来智能网络管理方向的 Cabletron 公司的 SPECTRUN。

4. 网络应用软件

网络应用软件是指能够为网络用户提供各种服务的软件，它用于提供或获取网络上的共享资源。如浏览软件、传输软件、远程登录软件，还包括网络上的各种数据库管理系统、办公自动化管理系统及一些其他必要软件等。随着网络技术的发展，现在的各种应用软件都考虑到网络环境下的应用问题。

7.3 局域网

计算机局域网是指在某一区域内由多台计算机互联成的计算机组，一般是方圆几千米以内，是目前常见的一类计算机网络。

7.3.1　局域网概述

1．局域网国际标准

计算机局域网是覆盖范围仅限于有限区域的计算机通信网络，为一个部门或单位所拥有，具有规模小，网络结构多样，传输特性好，软、硬件有所简化，通常采用广播方式传输数据等特点。

计算机局域网标准采用 IEEE 802 标准，经国际标准化组织（ISO）确认后成为 ISO 802 标准。IEEE 802 标准由美国电气与电子工程师协会专门成立的一个计算机局域网标准化委员会（IEEE 802 委员会）提出。在 IEEE 802 系列标准中，目前局域网使用较为广泛的是 IEEE 802.3 以太网标准和 IEEE 802.11 无线局域网标准。

每台计算机内部都有一个全球唯一的物理地址，这个地址又称 MAC 地址。IEEE 802.3 标准规定的 MAC 地址为 48 位，这个 MAC 地址固化在计算机网卡中，用以标识全球不同的计算机。MAC 地址有 6 个字节的信息，常用十六进制数表示。前 3 个字节为网络设备生产厂商的代号，后 3 个字节为网络设备厂商自定义的序列号，如 00-26-22-55-60-D2。

在 Windows 操作系统中，可在“命令提示符”窗口中通过输入“ipconfig /all”命令查看所使用的计算机网卡的 MAC 地址信息，如图 7-9 所示。

图 7-9　利用 ipconfig 命令查看 MAC 地址

2．以太网（Ethernet）

以太网是指各种采用 IEEE 802.3 标准组建的局域网。以太网是有线局域网，具有性能高、成本低、技术最为成熟和易于维护管理等优点，是目前应用较为广泛的一种计算机局域网。

IEEE 802.3 标准采用载波侦听多路访问/冲突检测（Carrier Sense Multiple Access/Collision Detect，CSMA/CD）控制策略工作，是一种常用的总线局域网标准。待发数据包的结点首先监听总线有无载波，若没有载波说明总线可用，该结点就将数据包发往总线。如果总线已被其他结点占用，则该结点须等待一定的时间，再次监听总线。当数据包发往总线时，该结点继续监听总线，以了解总线上数据是否有冲突，如果出现冲突将导致传输数据出错，须重发数据。

目前常用的计算机局域网是以 IEEE 802.3u 标准为基础的 100Base-T 快速以太网，如图 7-10 所示。它在物理上是以集线器/交换机为中心的星形拓扑结构，而在逻辑上是一种总线结构的以太网。它采用非屏蔽双绞线（UTP）连接，以基带信号（数字信号）传输，速率为100Mbps，局域网中工作站到集线器或交换机的最大长度为100m。

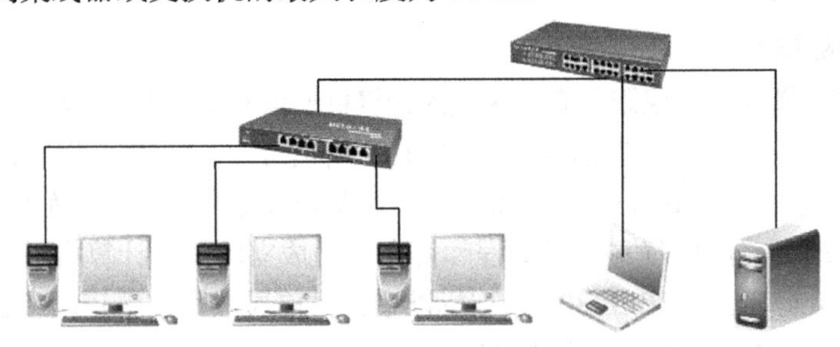

图 7-10　100Base-T 以太网

以太网优点：网络廉价而高速。以太网以高达 100、1 000 Mbps（Mbps 即 Mbit/s）的速率（取决于所使用的电缆类型）传输数据。例如，从 Internet 下载 10MB 大小的照片，最佳条件下在 10 Mbps 网络上大概需要 8s，在 100 Mbps 网络上大概需要 1s，而在 1000 Mbps 网络上需要的时间不到 1s。

以太网的缺点：必须将以太网双绞线通过每台计算机，并连接到集线器、交换机或路由器。

3. 无线局域网

无线局域网（Wireless LAN，WLAN）是指采用 IEEE 802.11 标准组建的局域网，它是局域网与无线通信技术相结合的产物。无线局域网采用的主要技术有蓝牙、红外、家庭射频和符合 IEEE 802.11 系列标准的无线射频技术等。其中，蓝牙、红外和家庭射频由于通信距离短，传输速率不高，主要用于覆盖范围更小的无线个人局域网（Wireless Personal Area Network，WPAN）。IEEE 802.11 系列标准是无线局域网的主流，目前应用的多数无线局域网技术标准为 IEEE 802.11g（兼容 IEEE 802.11b，以最大速率 54 Mbps 传输数据）和 IEEE 802.11n（兼容 IEEE 802.11g，从理论上说，802.11n 的数据传输速率可达 150 Mbps、300 Mbps、450 Mbps 或 600 Mbps）。无线局域网作为有线局域网的补充，在许多不适合布线的场合有较广泛的应用。

组建无线局域网需要的设备有无线网卡、无线接入点（AP）、计算机及其他有关设备。无线接入点是数据发送和接收的设备，如无线路由器等设备，通常一个接入点能够在几十米至上百米的范围内连接多个无线用户，如图 7-11 所示。

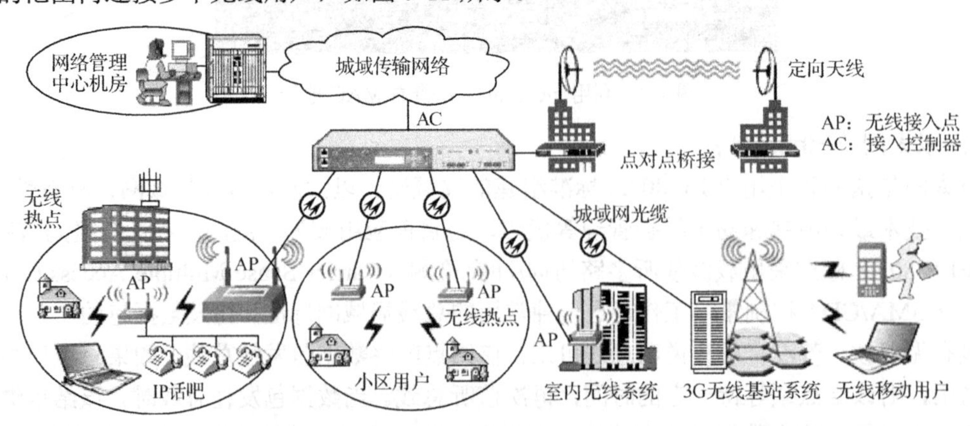

图 7-11　无线网络应用

无线网络的优点：由于没有电缆的限制，因此移动计算机将十分方便；安装无线网络通常比安装以太网更容易。

无线网络的缺点：无线技术的速度通常比其他技术的速度慢，在所有情况（除理想情况之外）下，无线网络的速度通常大约是其标定速度的一半；无线网络可能会受到某些物体的干扰，如无绳电话、微波炉、墙壁、大型金属物品和管道等。

Wi-Fi（Wireless Fidelity 的缩写）是一个基于 IEEE 802.11 系列标准的无线网络通信技术的品牌，目的是改善基于 IEEE 802.11 标准的无线网络产品之间的互通性，由 Wi-Fi 联盟（Wi-Fi Alliance）所持有，是无线局域网中的一个技术。目前许多移动数码设备都支持 Wi-Fi，方便接入网络。

7.3.2 网络的拓扑结构

1. 网络拓扑结构的基本概念

在计算机网络中，如果把计算机、打印机或网络连接设备（如中继器和路由器）等实体抽象为“点”，把网络中的传输介质抽象为“线”，这样就可以将一个复杂的计算机网络系统，抽象成为由点和线组成的几何图形，这种图形称为网络拓扑结构。从网络拓扑的观点来看，计算机网络由一组结点和连接结点的通信链路组成。

2. 计算机网络拓扑结构的分类

拓扑结构影响着整个网络的设计、功能、可靠性和通信费用，是设计计算机网络时值得注意的问题。根据通信子网设计方式的不同，计算机网络划分成不同的拓扑结构。如图 7-12 所示，网络的基本拓扑结构有：总线型结构、星形结构、环形结构、树形结构、网状结构和蜂窝状结构。在实际设计网络时，大多数网络是这些基本拓扑结构的结合体。

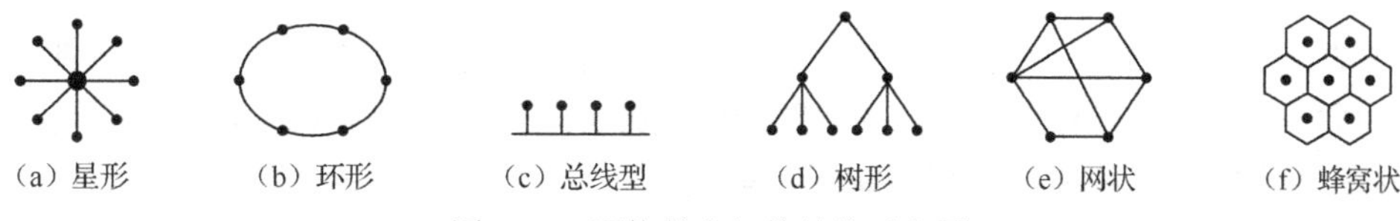

图 7-12 网络基本拓扑结构示意图

1）星形拓扑结构

星形拓扑结构由一个中央控制结点与网络中的其他计算机或设备连接，如图 7-13 所示。这种结构比较简单，且易于管理和维护，但对中央结点要求高。目前星形网的中央结点多采用交换机等网络设备。

2）环形拓扑结构

环形拓扑结构中所有设备被连接成环，信号沿着环传送，如图 7-14 所示。这种结构传输路径固定，数据传输速率高，但灵活性差，管理及维护困难。

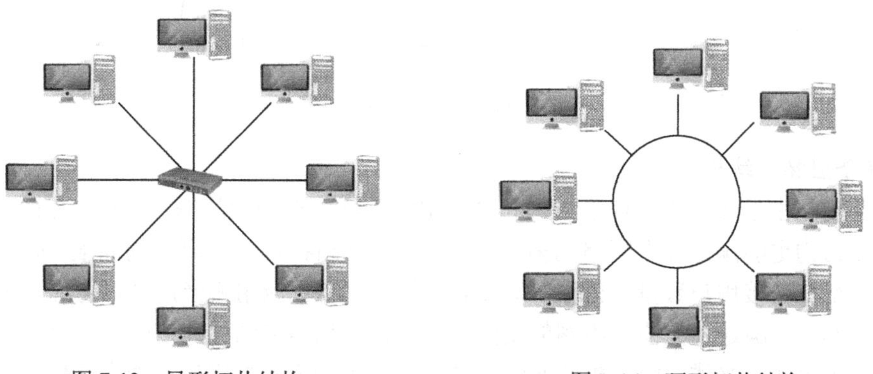

图 7-13 星形拓扑结构

图 7-14 环形拓扑结构

3）总线型拓扑结构

总线型拓扑结构将网络中所有设备通过一根公共总线连接，通信时信号沿总线进行广播式传送，如图 7-15 所示。这种结构也较简单，增、删结点很容易，但是网络中任何结点产生故障时，都会造成网络瘫痪，因而可靠性不高。

4）网状拓扑结构

网状拓扑结构将各网络结点与通信线路互连成不规则的形状，每个结点至少有两条链路与其他结点相连，如图 7-16 所示。冗余链路的存在提高网络可靠性，也导致网络结构复杂，线路成本高，不易管理和维护。

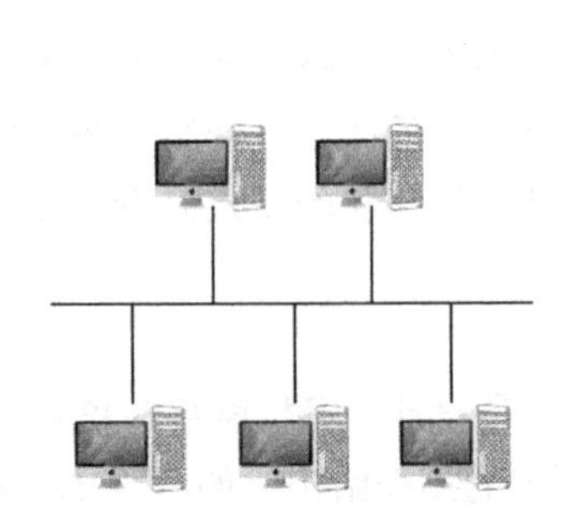

图 7-15　总线型拓扑结构图

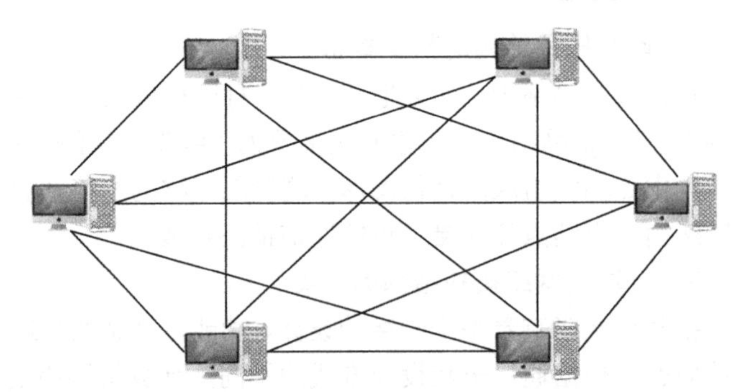

图 7-16　网状拓扑结构

5）树形拓扑结构

树形结构是分级的集中控制式网络，如图 7-17 所示。与星状结构相比，它的通信线路总长度短，成本较低，节点易于扩充，寻找路径比较方便，但除了叶节点及其相连的线路外，任一节点或其相连的线路故障都会使系统受到影响。

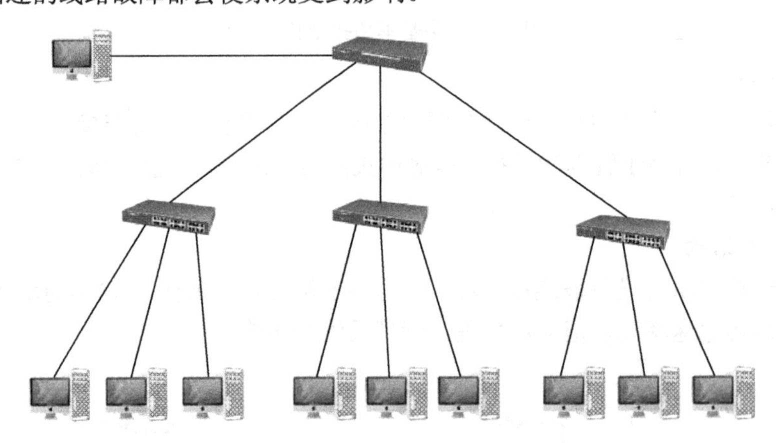

图 7-17　树形拓扑结构图

6）混合型拓扑结构

混合结构是由星形结构或环形结构和总线型结构结合在一起的网络结构，如图 7-18 所示。这样的拓扑结构更能满足较大网络的拓展，解决星形网络在传输距离上的局限，而同时又解决了总线型网络在连接用户数量上的限制。混合结构的优点：应用相当广泛，它解决了星形和总线型结构的不足，满足了大公司组网的实际需求；扩展相当灵活；速度较快，因为其骨干网采用高速的同轴电缆或光缆，所以整个网络在速度上应不受太多的限制。混合结构的缺点：由于仍采用广播式的消息传送方式，因此在总线长度和节点数量上也会受到限制；同样具有总线型结构的网络速率会随着用户的增多而下降的弱点，较难维护；这主要受到总线型结构的制约，如果总线断，则整个网络也就瘫痪了。

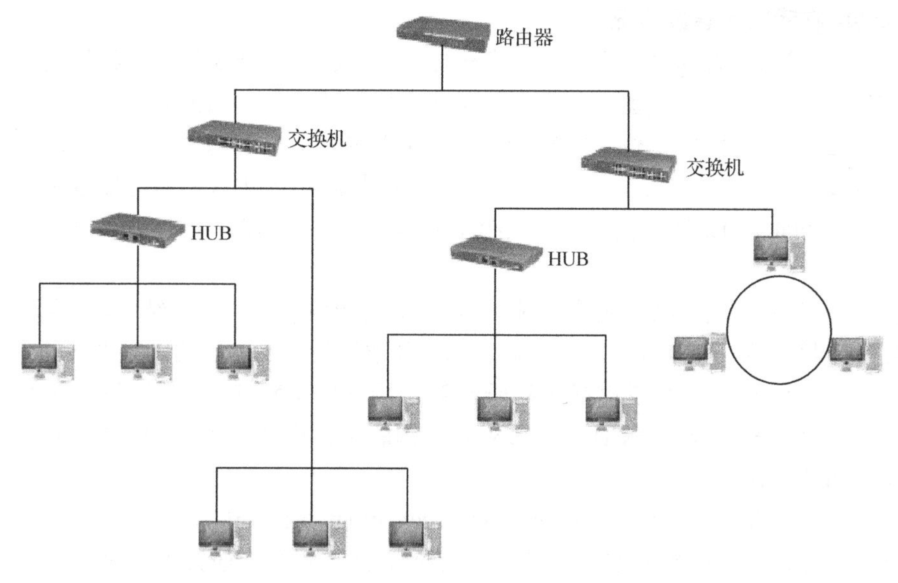

图 7-18　混合型拓扑结构图

7.4　因特网应用

因特网是 Internet 的中文译名，它是全世界范围内的资源共享网络，它为每一个网上用户提供信息。因特网覆盖了世界各地的各行各业，任何运行 TCP/IP 协议、愿意接入 Internet 的网络都可以成为 Internet 的一部分。

7.4.1　因特网概述

1. 因特网的发展

Internet 最早来源于美国国防部高级研究计划局的前身 ARPA 建立的 ARPAnet（阿帕网），该网于 1969 年投入使用，主要用于军事研究目的。进入 20 世纪 80 年代，计算机局域网得到了迅速发展。局域网依靠 TCP/IP 协议，可以通过 ARPAnet 互联，使互联网络的规模迅速扩大。除了美国，世界上许多国家或地区通过远程通信将本地的计算机和网络接入 ARPAnet。后来随着许多商业部门和机构的加入，Internet 迅速发展，最终发展成当今世界范围内以信息资源共享及学术交流为目的的国际互联网，成为事实上的全球电子信息的“信息高速公路”。

今天的 Internet 已不再是计算机人员和军事部门进行科研的领域，而是变成了一个开发和使用信息资源的覆盖全球的信息海洋。在 Internet 上，按从事的业务分类包括了广告公司、航空公司、农业生产公司、艺术、导航设备、书店、化工、通信、计算机、咨询、娱乐、财贸、各类商店和旅馆等 100 多类，覆盖了社会生活的方方面面，构成了一个信息社会的缩影。

Internet 经过多年的发展，用户数量剧增和自身技术限制，使得 Internet 无法满足高带宽占用型应用的需要。为此，许多国家都在研究、开发和应用采用新技术的下一代宽带 Internet 2。Internet 2 与传统的 Internet 的区别在于它更大、更快、更安全、更及时以及更方便，网络速度大幅度提高，远程教育、远程医疗等成为最普遍的网络应用。

2. 因特网在我国的建设情况

因特网进入我国的时间虽然不长，但其发展却十分迅速。1993 年中国科学院高能物理所建成了与美国斯坦福线形加速器中心相连的高速通信专线，经美国能源网与因特网互联，成为我国第一家进入因特网的单位。1994 年 4 月，中关村地区教育与科研示范网络（中国科技网的前身）代表中国正式接入 Internet，并于当年 5 月建立 cn 主域名服务器设置，可全功能访问 Internet。2004 年 12 月，我国国家顶级域名 cn 服务器的 IPv6 地址成功登录到全球域名根服务器。

目前中国计算机互联网已形成骨干网、大区网和省市网的 3 级体系结构。任何部门和个人如果希望进行网络远程互连或接入 Internet，都必须通过骨干网。我国国家批准的骨干网络有中国科技网（CSTNET）、中国教育和科研计算机网（CERNET）、中国公用计算机互联网（ChinaNet）、中国金桥信息网（CHINAGBN）、中国联通计算机互联网（UNINET）、中国移动互联网（CMNET）等。

1）中国科学网 CSTnet（China Science and Technology Network）

CSTnet 是在中科院主持下建立的计算机互联网，主要以科学研究为目的。

2）中国教育和科研计算机网 CERnet（China Education and Research Network）

CERnet 是在国家教委主持下建立的计算机互联网，总部设在清华大学网络中心，主要由清华大学、北京大学、上海交通大学、西安交通大学、华中理工大学、电子科技大学、华南理工大学、东南大学等十所大学承建。CERnet 上内容丰富，用户主要是高校的教师和学生，主要服务于教学科研，以公益型经营为主，采用免费服务或低收费方式，并非商业网。

3）中国公用计算机互联网 ChinaNet（China Network）

中国公用计算机互联网骨干网（ChinaNet），是中国第一个由国人自己设计、建设及运营管理的大型公用计算机互联网，是以 TCP/IP Internetworkillg 技术覆盖全中国所有省份，以提供公共服务为主要目的，在全国范围内实现用户全透明漫游和统一的中英文用户界面的大型数据通信网络。整个网络具有充足的高速路径来保证网络的高度可靠性，并采用了先进的安全技术来保证全网的安全性。

4）中国金桥信息网 ChinaGBN（China Golden Bridge Network）

ChinaGBN 是我国第二个用于商业服务领域的计算机互联网，覆盖了全国各个省市和自治区。

我国在实施国家基础设施建设计划的同时，也积极参与 Internet 2 的研究与建设。由教育科研网牵头，以现有网络设施为依托，建设并开通了基于 IPv6 的中国第一个下一代互联网示范工程（CNGI）核心网之一的 CERNET 2 主干网。

3. 因特网常见专业术语

1）Web 页与 Web 网站

用户在 WWW 浏览中所看到的页面称为网页，又称 Web 页。多个相关的 Web 页组合在一起便成为一个 Web 站点。放置 Web 站点的计算机称为 Web 服务器。一个 Web 站点的所有 Web 页中，最重要的是网站的首页，称为主页（Home Page）。从主页出发可以访问本网站的其他 Web 页，也可以访问其他网站。

Web 页采用超文本的格式。它除了包含文本、图像、声音和视频等内容外，还包含指向其他 Web 页的超链接，通过标记为“超链接”的文本或图形，直接访问其他 Web 站点，浏览这些站点上丰富的信息资源。

2）超链接

超链接是指从一个网页内的文本、图形等指向一个目标的连接关系，这个目标可以是网页、图片、视频、电子邮件地址、文件或者应用程序等任何形式的文件。一个网页中，除了包含有文本、图形、图像、声音、视频等信息外，还包含有超链接。超链接是网页之间和 Web 站点的主要导航方法。

在网页中，当移动鼠标指针到超链接对象上时，鼠标指针会变成小手形状，这时单击已经链接的文字或图片后，链接目标将显示在浏览器上，并且根据目标的类型来打开或运行，目标可以是同一网页内的某个位置，或打开一个新的网页，或打开某一个新的 WWW 网站中的网页。

3）统一资源定位（URL）

全球有数亿个网站，一个网站有成千上万个网页，为了使这些网页调用不发生错误，就必须对每一个信息资源（如网页、下载文件等）都规定了一个全球唯一的网络地址，该网络地址称为 URL。URL 用来确定信息资源的位置，方便用户通过应用软件查阅这些信息资源。URL 的完整格式为：

```
协议类型://主机名[:端口号]/路径/[;参数][?查询][#信息片段]          （[ ]内为可选项）
```

其中，协议类型指定访问该信息资源时使用的传输协议，常用的有 HTTP、FTP、HTTPS 协议等。端口号用数字表示，通常是默认的，如 WWW 服务器使用 80 端口，一般不需要给出。路径/文件名是网页在服务器中的位置和文件名（若 URL 未明确给出文件名，则表示是 Web 站点的主页文件，一般是 index.html 或者 default.html）。

4）超文本传输协议（HTTP）

HTTP 是 Hypertext Transfer Protocol 的缩写，是一种发布和接收 HTML 页面的方法，是 WWW 服务程序所用的网络传输协议。所有的 WWW 文件都必须遵守这个标准，这是一组面向对象的协议，为了保证 WWW 客户机与 WWW 服务器之间通信不会产生歧义，HTTP 精确定义了请求报文和相应报文的格式。下面是两个基于 HTTP 协议的 URL 地址。

```
http://119.75.217.56/    //访问 IP 地址为 119.75.217.56 的网站（百度）//
http://www.lib.gxu.edu.cn/content/dzzy.asp?link=display.asp?cataid=12
```

5）超文本标记语言（HTML）与可扩展标记语言（XML）

HTML 是 Hyper Text Markup Language 的缩写，它的作用是定义超文本文档的结构和格式，经常用来创建 Web 页面。HTML 文件是带有格式标识符和超文本链接的内嵌代码的 ASCII 文本文件，能使众多、风格各异的 WWW 文档都能在 Internet 上的不同机器上显示出来，同时能告诉用户在哪里存在超级链接。

XML 是 Extensible Markup Language 的缩写，它与 HTML 一样，都是标准通用标记语言（Standard Generalized Markup Language，SGML）。XML 是 Internet 环境中跨平台的、依赖于内容的技术，是当前处理结构化文档信息的有力工具。XML 比较简单，易于掌握和使用。

XML 与 HTML 为不同的目的而设计：HTML 被设计用来定义数据，焦点在数据的外观，旨在显示信息；XML 被设计用来传输和存储数据，旨在传输信息。

7.4.2 TCP/IP 协议与网络地址

目前，基于 TCP/IP 的 Internet 已逐步发展为当今世界上规模较大的计算机网络，因此 TCP/IP 也成为事实上的工业标准，并且 TCP/IP 网络已成为当代计算机网络的主流。

1. TCP/IP 协议

在因特网内,不同的网络采用不同的网络技术，每个网络技术又都采用不同的通信协议。在网络中传输数据时为了保证数据安全可靠地到达指定目的地，因特网采用一种统一的计算机网络协议，即 TCP（传输控制协议）和 IP（互联网协议）。这样不管网络结构是否相同，只要遵守 TCP/IP 协议就可以互相通信，交流信息。TCP/IP 协议与 OSI 参考模型不符合，大致上 TCP 协议对应着 OSI 参考模型的传输层，IP 协议对应着网络层。虽然 OSI 参考模型是计算机网络协议的标准，但因其开销太大，真正采用的并不多，而 TCP/IP 因它的实用、简洁得到广泛应用。TCP/IP 协议的层次结构如表 7-1 所示。

表 7-1 TCP/IP 的层次结构

名　称	功　能
应用层	直接支持用户的通信协议
传输层	传输控制协议
网络层	网际协议
网络接口层	访问具体的 LAN

传输协议 TCP 可在众多的网络上工作，提供虚拟电路服务和面向数据流的传送服务。TCP 是一种面向数据流的协议，用户之间交换信息时，TCP 先把数据存放在缓冲器里，将数据分成若干段发送。

网际协议 IP 是网络层的重要协议，基本功能是无连接的数据包传送和数据包的路由选择，通过 IP 地址，操作系统可以方便地在网络中识别不同的计算机，在 TCP/IP 协议中提供了称为域名解析服务(DNS)的方案，它可以将 IP 地址转化为用文字表示的计算机名称，例如 www.microsoft.com，这种用文字表示主机的方法，可以使用户更加容易理解 IP 地址所代表的含义或者拥有该地址的计算机所代表的公司或提供服务的领域，避免了纯数字的枯燥乏味。另外，TCP/IP 协议是一种可以路由的协议，通过识别子网掩码，可以在多个网络间传递和复制信息。

2. IP 地址及结构

在接入 TCP/IP 网络中的任何一台计算机，都被指定了唯一的编号，这个编号称为 IP 地址。IP 地址统一由 Internet 网络信息中心（InterNIC）分配。

目前 Internet 中仍采用第 4 版的 IP 地址，即 IPv4。IPv4 规定 IP 地址由 32 位二进制数组成，一般采用“点分十进制”的方法表示，即将这组 IP 地址的 32 位二进制数分成 4 组，每组 8 位，用小数点将它们隔开，然后把每一组数都翻译成相应的十进制数，每一组数范围为 0～255。例如“点分十进制”IP 地址（210.168.1.34），实际上是 32 位二进制数（11010010101010000000000100100100），如表 7-2 所示。

表 7-2　IP 地址“点分十进制”转换

32 位二进制的 IP 地址	11010010　10101000　00000001　00100100
各自译为十进制	210　168　1　36
“点分十进制”的 IP 地址	210.168.1.34

IP 地址的结构可以视为网络标识号码与主机标识号码两部分，一部分为网络地址，另一部分为主机地址。在 Internet 上寻址时，先按 IP 地址中的网络标识号找到相应的网络，再在这个网络中利用主机标识号找到相应的主机。

3. IP 地址的分类

为了充分利用 IP 地址空间，Internet 委员会定义了 A、B、C、D、E 5 类 IP 地址类型，由 InterNIC（国际互联网络信息中心）在全球范围内统一分配。它们适用的类型分别为：大型网络、中型网络、小型网络、多目地址、备用。常用的是 B 和 C 两类。

在 IPv4 协议下，A 类地址第一位以 0 开头，或者十进制数中第一段数字小于 128；B 类地址前两位以 10 开头，或者十进制数中第一段数字范围在 128～191；C 类地址前 3 位以 110 开头，或者十进制中第一段数字范围在 192～223。Internet 整个 IP 地址空间的情况如表 7-3 所示，表中“N”由 NIC 指定，H 由网络所有者的网络工程师指定。

表 7-3　Internet 的 IP 地址空间容量

类型	IP 地址格式	IP 地址结构				段 1 取值范围	网络个数	每个网络最多主机数
		段 1	段 2	段 3	段 4			
A	网络号.主机.主机. 主机	N.	H.	H.	H	1～126	126	1677 万
B	网络号.网络号.主机.主机	N.	N.	H.	H	128～191	1.6 万	6.5 万
C	网络号.网络号.网络号.主机	N.	N.	N.	H	192～223	209 万	254

例如，对 IP 地址为 210.36.64.25 的主机来说，第一段数字为 210，范围为 192～223，是小型网络（C 类）中的主机，其 IP 地址由如下两部分组成：

（1）网络地址：210.36.64（或写成 210.36.64.0）。

（2）本网主机地址：25。

两者结合起来得到唯一标识这台主机的 IP 地址：210.36.64.25。

小知识：除 A、B、C 三种主要类型的 IP 地址之外，还有几种有特殊用途的 IP 地址。如第一字节以 1110 开始的地址是 D 类地址，为多点广播地址；第一字节以 11110 开始的地址是 E 类地址，保留使用；用于局域网而不能在 Internet 上使用的 A 类私网地址（10.0.0.0 ~ 10.255.255.255）、B 类私网地址（172.16.0.0 ~ 172.31.255.255）和 C 类私网地址（192.168.0.0 ~ 192.168.255.255）；用于本机测试的保留地址（127.0.0.0 ~ 127.255.255.255）等。

4. IPv6

IPv6 是 TCP/IP 协议第 6 版，新一代的 Internet2 采用的协议。IPv6 是为了解决 IPv4 所存在的一些问题和不足而提出的，同时它还在许多方面进行了改进，例如路由方面、自动配置方面等。它最明显的特征是采用 128 位长度的 IP 地址，拥有 2128 个 IP 地址空间。扩大了下一代互联网的地址容量。

IPv6 采用冒号十六进制数表示：每 16 位划分成一组，128 位分成 4 组，每组被转换成一个 4 位十六进制数，并用冒号分隔。例如 CA01:37B3:BB67:BADF。在经过一个较长的 IPv4 和 IPv6 共存的时期后，IPv6 最终会完全取代 IPv4。

2004 年 1 月 15 日，Internet2、GEANT 网和 CERNET2 这 3 个全球最大的学术互联网同时开通了全球 IPv6 互联网服务。

5. 域名系统

1）域名系统（DNS）

数字式的 IP 地址（如 210.43.206.103）难于记忆，如果使用易于记忆的符号地址（如 www.csust.cn）来表示，就可以大大减轻用户的负担。这就需要一个数字地址与符号地址相互转换的机制，这就是因特网的域名系统。

域名系统是一个分布在因特网上的主机信息数据库系统，它采用客户端/服务器工作模式。域名系统的基本任务是将域名翻译成 IP 协议能够理解的 IP 地址格式，这个工作过程称为域名解析。域名解析工作由域名服务器来完成，域名服务器分布在不同的地方，它们之间通过特定的方式进行联络，这样可以保证用户通过本地域名服务器查找到因特网上所有的域名信息。

因特网域名系统规定，域名格式为：结点名.三级域名.二级域名.顶级域名。

2）顶级域名

所有顶级域名由 INIC（国际因特网信息中心）控制。顶级域名目前分为两类：行业性和地域性顶级域名，如表 7-4 所示。

表 7-4　常见顶级域名

行业性顶级域名				地域性顶级域名	
早期顶级域名	机构性质	新增顶级域名	机构性质	域　名	国家或地区
com	商业组织	firm	公司企业	au	澳大利亚
edu	教育机构	shop	销售企业	ca	加拿大
net	网络中心	web	因特网网站	cn	中国
gov	政府组织	arts	文化艺术	de	德国
mil	军事组织	rec	消遣娱乐	jp	日本
org	非营利性组织	info	信息服务	hk	中国香港
int	国际组织	nom	个人	uk	英国

美国没有国别顶级域名，通常见到的是采用行业领域的顶级域名。

因特网域名系统逐层、逐级由大到小进行划分，DNS 结构形状如同一棵倒挂的树，树根在最上面，而且没有名字。域名级数通常不多于 5 级，这样既提高了域名解析的效率，同时也保证了主机域名的唯一性。

（3）根域名服务器

根域名服务器是因特网的基础设施，它是因特网域名解析系统（DNS）中最高级别的域名服务器。全球共有 13 台根域名服务器，这 13 台根域名服务器的名字分别为“A”至“M”，其中 10 台设置在美国，另外各有一台设置于英国、瑞典和日本。部分根域名服务器在全球设有多个镜像点，因此可以抵抗针对根域名服务器进行的分布式拒绝服务攻击（DDoS）。根域名服务器中虽然没有每个域名的具体信息，但储存了负责每个域（如COM、NET、ORG等）解析域名服务器的地址信息。

7.4.3　因特网服务

1. 接入Internet

1）Internet服务提供商

Internet服务提供商简称ISP，计算机接入Internet时，并不直接连接到Internet，而是采用某种方式与ISP提供的某台服务器连接起来，通过它再接入Internet。

目前，我国的几大骨干网，各自拥有自己的国际信道和基本用户群，其他的Internet服务提供商属于二级ISP。这些ISP为众多企业和个人用户提供接入Internet的服务。选择ISP时应注意其提供的接入方式、收费标准、网络质量和网络服务等。

2）接入Internet方式

Internet接入方式按组网架构可分为单机直接接入和局域网接入。

单机直接接入方式是一种简单、方便的方式，适用于个人、家庭用计算机。连接线路可以根据计算机所在的通信线路状况而选择普通电话线、ADSL、有线电视网和宽带线路等。连接线路不同，要求的硬件设备也有所不同，如用普通电话线拨号上网时，除了需要电话线和计算机外，还需要Modem（调制解调器）。单机接入到Internet后，在使用之前要向ISP申请一个账号。用户申请成功后，会从该ISP得到合法的账号与密码等有关信息。

局域网接入方式大部分政府机关、企业和学校都组建了自己的有线或无线局域网，只要局域网与Internet的一台主机已连接，局域网内的用户无须增加设备就能访问Internet。局域网与Internet连接一般使用专线接入，如采用ADSL、DDN和帧中继等相对固定不变的通信线路，以保证局域网上的每一个用户都能正常使用Internet资源。

3）代理服务器

代理服务器（Proxy Server）是介于用户的计算机和网络服务器之间的一台服务器，它是接入Internet时非常重要的一项技术。用户通过代理服务器上网浏览时，用户计算机不是直接到网络服务器取回信息，而是向代理服务器发出请求，由代理服务器取回所需要的信息，并传送给用户的计算机。

代理服务器是Internet链路级网关所提供的一种重要的安全功能，它的工作主要在开放式系统互联（OSI）模型的对话层，主要功能是为其他不具有IP地址的计算机提供访问Internet的代理服务；提供缓存功能，提高访问Internet速度；为使用代理服务器的网络提供安全保障。

2. 因特网基本服务

因特网的资源主要体现在它的服务，有WWW、文件传输、电子邮件等众多服务。

1）万维网

万维网（World Wide Web，WWW），简称Web，万维网可让用户方便地访问各种信息，包括文本、图形图像、声音视频等等。万维网工作在客户机/服务器模式下。客户机和服务器之间采用超文本传输协议HTTP（HyperText Transfer Protocol）进行对话。目前，Internet的其他各种服务逐步被网页设计者集成到网页中，用户大都以WWW作为访问Internet的主要工具。

2）文件传输（FTP）服务

文件传输服务是因特网上用户把文件从一台计算机传送到另一台计算机的服务。通过文件传输服务，可进行文字和非文字信息的传输，如计算机程序、动画信息等。FTP 服务实际上是把各种可用资源都放在 FTP 主机上，屏蔽计算机所处位置、连接方式以及操作系统等细节，使 Internet 上的计算机之间实现文件的传送。

3）电子邮件服务（E-mail）

电子邮件是因特网上使用最广泛的功能之一。电子邮件是利用计算机网络交换的电子媒体信件，它不仅可以传送文本信息，还可以传送图像、声音等各种多媒体信息。它是一种传递迅速和费用低廉的通信手段，利用它能够快速而方便地收发各类信息。

4）信息发布 BBS 和论坛

在网络上进行信息发布的方式主要有 BBS、网络论坛、博客、微博等。BBS 是电子公告板系统（Bulletin Board System，BBS）的英文缩写，它提供一块公共电子白板，每个用户都可以在上面书写，可发布信息或提出看法。有时 BBS 也泛指网络论坛或网络社群。用户在 BBS 或论坛上可以获得发布信息、进行讨论和聊天等信息服务。

5）博客（Blog）、播客（Podcast）和微博（MicroBlog）

博客是基于个人的信息发布平台。播客则是以音频和视频信息为主要表现形式的博客。相对于强调版面布置的博客来说，微博则是微型博客，内容短小，要求没有博客那么高，更加简单易用。

6）电子商务

电子商务是在 Internet 开放的网络环境下进行的商贸活动，是一种新型商业运营模式。交易中买卖双方不需见面，通过网上购物、商户之间的网上交易和在线电子支付以及各种商务活动、交易活动、金融活动及相关综合服务活动实现。

7）即时通信

即时通信（IM）服务也称为“聊天”服务，它可以在因特网上进行即时的文字信息、语音信息、视频信息、电子白板等方式的交流，还可以传输各种文件。在个人用户和企业用户网络服务中，即时通信起到了越来越重要的作用。即时通信软件分为服务器软件和客户端软件，用户只需要安装客户端软件。即时通信软件非常多，常用的客户端软件主要有我国腾讯公司的 QQ 和美国微软公司的 MSN。QQ 主要用于在国内进行即时通信，而 MSN 可以用于国际因特网的即时通信。2011 年 1 月 21 日，腾讯公司推出微信（WeChat），它是一个为智能终端提供信服务的免费应用程序，成为目前亚洲地区最大用户群体的移动即时通信软件。

7.4.4 网络应用软件

Internet 中的 WWW 信息资源分布在全球成千上万个 Web 服务器站点上，这些资源由提供信息的专门机构进行管理和更新。网络应用软件非常多，以下介绍用户浏览信息、上传下载文件、收发电子邮件的常用工具。

1. 浏览器

浏览器是指可以显示网页服务器或者文件系统的 HTML 文件内容，并让用户与这些文件交互的网络软件。它用来显示在万维网或局域网等内的文字、图像及其他信息。这些文字或图像，可以是连接其他网址的超链接，用户可迅速并轻易地浏览各种信息浏览器软件很多，常见的有 Internet Explorer（简称 IE）、Microsoft Edge、Firefox、Opera、Chrome 和 Safari 等不同独立内核的浏览器，还有其他以 IE 为内核的浏览器，如 360 安全浏览器、傲游浏览器、搜狗浏览器、腾讯 TT 浏览器、世界之窗浏览器等。IE 和 Microsoft Edge 是 Windows 10 系统自带的浏览器，其他浏览器需要用户自行安装。各浏览器的基本功能和操作大同小异，具体使用哪个浏览器，可根据个人喜好而定。下面以 Microsoft Edge 为例介绍使用浏览器浏览网页时的方法和技巧。

1）浏览网站

启动 Microsoft Edge 后，在地址栏中输入相应的网址，按 Enter 键即可访问该网站。如果要浏览其他网站，只要在地址栏中输入新的网址即可。

浏览网页时，当鼠标指针移动到某些内容（如文字和图片等）上时，若出现一个手形，则说明该处是一个超链接，单击它可链接到另一个页面，或者从一个网站跳转到另一个网站。

有时为了方便浏览，希望用新打开的窗口浏览链接页面内容。链接新窗口有些是网页设计者指定自动打开的。如果没有自动打开新窗口，可以右击超链接，在快捷菜单中选择“在新标签页中打开”。

2）保存浏览的信息

在 Microsoft Edge 中浏览网页时，对一些感兴趣的内容，可以将它们保存下来，以便在无 Internet 连接时也可脱机阅读。要想保存当前浏览的网页，可以单击浏览器地址栏右边的收藏按钮（五角星的图标☆），在弹出的对话框中选择阅读列表，如图 7-19 所示，并指定名称，最后单击“添加”按钮即可。

图 7-19　保存网页到阅读列表

小知识： 要想保存网页中的某张图片，可在该图片上右击，在弹出的快捷菜单中选择“将图片另存为”命令，在弹出的对话框中指定保存到的文件夹、文件名和类型，并单击“保存”按钮。

3）更改浏览器的设置

浏览器的设置里能够设置浏览器的很多操作，如主页、安全、隐私等，也能解决很多实际的问题，如打开某一网页时，一些视频或 Flash 文件打不开。再有打开一些网页发现部分控件无法使用，如网银登录时只出现账号录入，却没看到密码输入的地方等，这些可能和你的浏览器密切相关。下面以 Microsoft Edge 为例，简单介绍更改浏览器设置。

首次启动 Microsoft Edge 浏览器时打开的是微软的欢迎主页。用户可以根据自己的喜好，将自己喜欢的主页设为默认主页。这样，每次启动浏览器时，首先显示的就是自己喜爱的主页。

【实战 7-1】 设置浏览器主页。

（1）可以从开始菜单中启动 Microsoft Edge 浏览器，如果桌面或任务栏有快捷方式也可以直接从桌面或任务栏启动。

图 7-20　设置主页

（2）在 Microsoft Edge 浏览器中选择右上角的菜单按钮（三个小点的图标…），在弹出的下拉菜单中单击“设置”按钮。

（3）在“Microsoft Edge 打开方式”选项下选择“特定页”，如图 7-20 所示。

（4）在“特定页”下方的地址栏中输入网址，然后单击右边的保存按钮，如图 7-20 所示。

浏览器在用户浏览网页的过程中会自动将浏览过的图片、动画和 Cookies 文本等数据信息保留在硬盘的某个文件夹内，这样做的目的是便于下次访问该网页时迅速调用已保存在硬盘中的文件，从而加快浏览网页的速度。随着浏览时间增长，临时文件夹容量也越来越大，容易导致磁盘碎片的产生，影响系统的正常运行。因此，最好定期清除临时文件，或将保存临时文件的路径移到某个使用频率低的磁盘分区中，这样可减小系统的负担。

【实战 7-2】管理浏览器的临时文件。

（1）启动 Microsoft Edge 浏览器。

（2）单击浏览器右上角的菜单按钮（三个点的图标…）。

（3）从下拉菜单中选择“设置”选项，弹出设置窗口。

（4）单击“清除浏览数据”选项下的“选择要清除的内容”按钮，如图 7-21 所示。

（5）从浏览数据分类列表中勾选需要清除的数据类型，并单击“清除”按钮，如图 7-22 所示。然后等待清理数据，大约 10 秒钟左右就可清除完成。

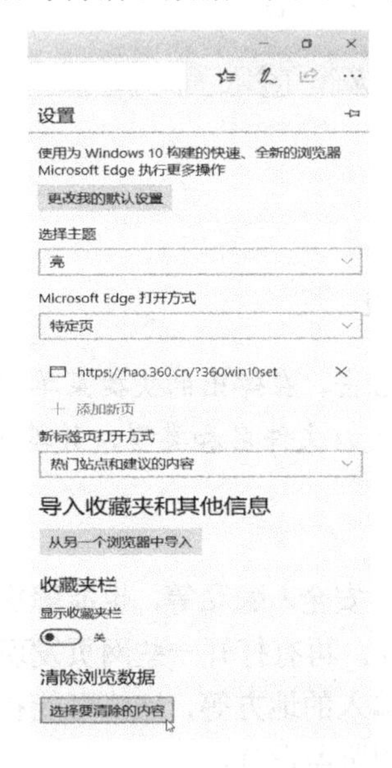

图 7-21　选择要清除的内容

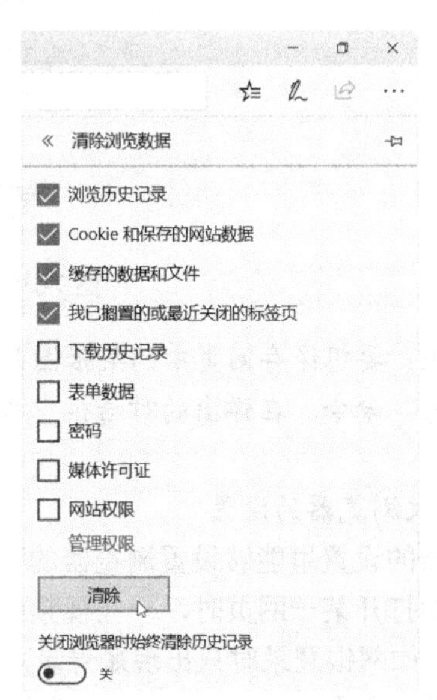

图 7-22　勾选需要清除的数据类型

4）使用浏览器的收藏夹

当浏览到有感兴趣信息的网站时，为方便以后使用，可以收藏该网站的网址。当需要再次访问这些网站时，可以直接从收藏夹中选择收藏的网址。如果收藏夹内收藏的网址比较多，还可以通过整理收藏夹对它们进行管理。

【实战 7-3】用浏览器收藏网址。

（1）单击浏览器地址栏右边的收藏按钮（五角星的图标☆），弹出图 7-23 所示的对话框。

（2）在该对话框中给收藏的网站设置一个名字。

（3）单击“添加”按钮，即可将网址收藏到收藏夹中。

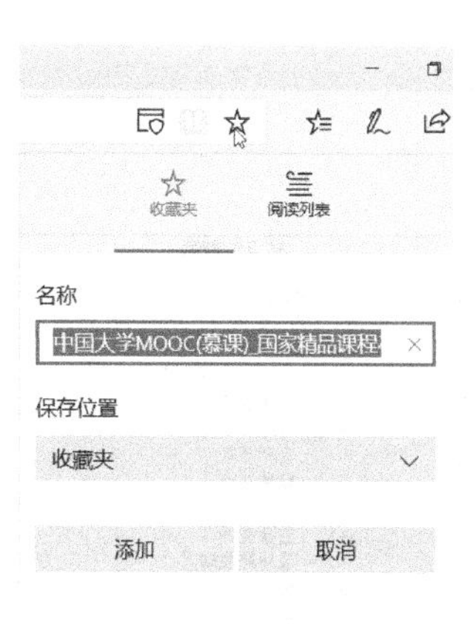

图 7-23　添加到收藏夹

2. 下载文件

Internet 中包含有丰富的软件资源，各种各样的免费试用软件可供用户下载，如系统软件、网络工具软件、压缩软件、图像处理软件、音频文件和视频文件等。除了免费的文件资源外，还有许多需要付费后获得授权才能下载的有偿资源。下载的过程就是进行文件传输。

文件传输是指经过 Internet 互相传送文件的过程。传输过程必须按照文件传输协议 FTP（File Transfer Protocol）进行，用户与 FTP 服务器建立连接，从而将本地计算机文件传送到远程计算机（称为上传文件），或将远程计算机上的文件复制到本地计算机中（称为下载文件）。FTP 是 TCP/IP 协议族中的一个，凡是接入到 Internet 的计算机，都可以进行文件传输。

在 Internet 中，许多主机存放着可供用户下载的文件，并运行 FTP 服务程序，这些主机称为 FTP 服务器；用户在自己的计算机上运行 FTP 客户程序，由 FTP 客户程序与服务程序协同工作来完成文件传输。

在文件传输服务中一般使用较多的是下载文件，因为对于上传文件，许多 FTP 服务器是有限制的，需要相应的权限。在 Internet 中，大多数的 FTP 服务器支持匿名下载文件。

1）使用浏览器下载文件

在浏览网页时，用户可以通过网页上的文字或图片链接，下载网站提供的各类文件。

【实战 7-4】使用浏览器下载图片文件。

（1）在浏览器中打开某个页面，将鼠标指针置于相应图片上并右击，弹出图 7-24 所示的快捷菜单。

（2）选择“将图片另存为”命令，弹出“另存为”对话框，根据需要输入适当的文件名并选择存放的目标文件夹，然后保存即可。

在新标签页中打开
在新窗口中打开
在新 InPrivate 窗口中打开
将目标另存为
复制链接
添加到阅读列表
询问 Cortana 关于此图片的信息
将图片另存为
共享图片
全选
复制
查看源
检查元素

图 7-24　图片下载快捷菜单

2）使用 FTP 工具

使用 FTP 工具软件下载文件，相比浏览器而言，具有界面友好、操作简便、支持断点续传（需要 FTP 服务器支持）和传输速度快等特点。常用的 FTP 工具软件有 CuteFTP、LeapFTP 和 FlashFXP 等，这些都是共享软件，需要注册才能使用其全部功能。

利用 FTP 工具软件提供的站点管理功能，可以对常用的 FTP 站点进行管理，方便以后使用。以 CuteFTP 8.2.0 为例，Professional 中的“站点管理器”窗格如图 7-25 所示。

成功接入 ftp.pku.edu.cn 后，主界面如图 7-26 所示，在工作窗口中，左侧窗格显示本地计算机的文件夹结构，右侧窗格显示 FTP 服务器的文件夹结构和显示连接及命令信息的状态栏，下方窗格显示要传输的文件队列。拖动左侧窗格和右侧窗格中的文件或文件夹，到下方队列窗口中，然后在工具栏单击“上传”或“下载”按钮，即可完成文件的传输操作。

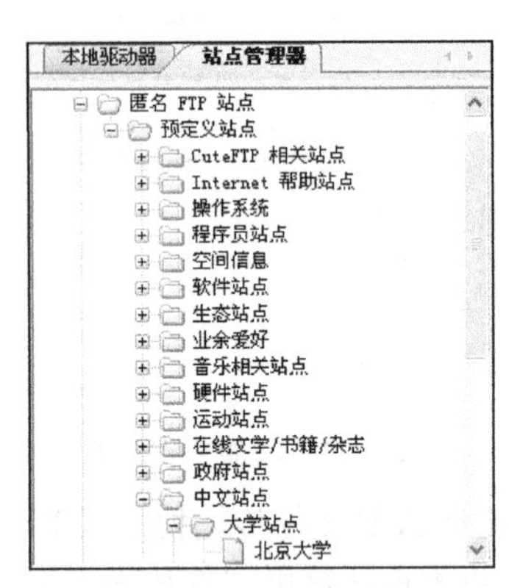

图 7-25　CuteFTP 站点管理器

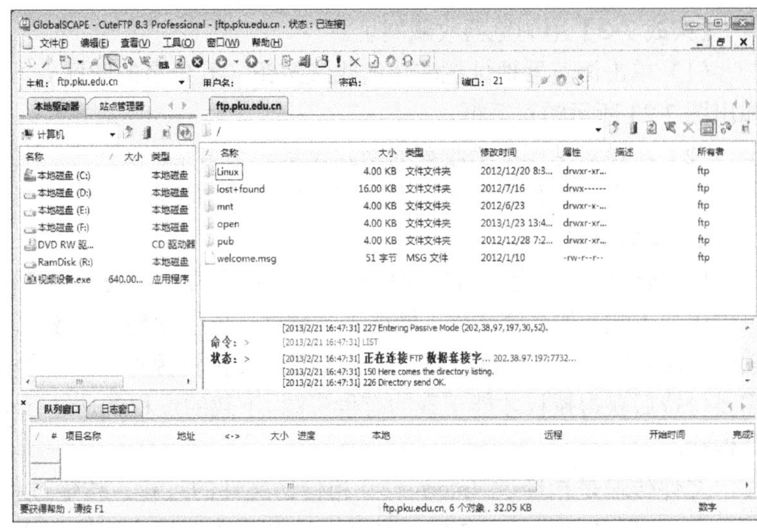

图 7-26　CuteFTP 主界面

3）使用网络下载工具

用浏览器下载文件，方法简单但花费时间长，有时还会因为中途断线而不得不重新下载，很不方便。要解决这个问题，可以使用专门的文件下载工具，常用的有以下几种，如表 7-5 所示。

表 7-5　常用下载工具及特点

下 载 工 具	软 件 特 点
网际快车（FlashGet）	使用率很高的一款免费的专用下载工具软件。其主要特点是采用多线程技术，把一个文件分割成几个部分，而且可从不同的站点同时下载，支持断点续传，从而成倍地提高下载速度；还能对下载的文件进行分类管理，支持改名和查找等功能
电驴 eMule	开源免费的软件，目前世界上较大、较可靠的点对点文件共享客户端之一。它是基于开源协议 GNU 通用公共许可证发布的，任何组织和个人都可以在遵守 GNU GPL 的基础上下载使用其源代码，对 eMule 进行修改并发布，并且必须遵守开源协议。于是出现了许多修改版，这些修改版通称为 eMule MOD
迅雷	新型的基于多资源超线程技术的下载软件。迅雷使用的多资源超线程技术基于网格原理，能够将网络上存在的服务器和计算机资源进行有效的整合，构成独特的迅雷网络，通过迅雷网络各种数据文件能够以较快的速度进行传输
BT 下载 BitTorrent	多点下载的源码公开的 P2P 软件，使用非常方便。BitTorrent 下载工具软件采用多点对多点的传输原理，其特点是下载的用户越多，速度越快

3. 电子邮件客户端软件

电子邮件是—种用电子手段提供信息交换的通信方式，是互联网应用最广的服务。通过网络的电子邮件系统，用户可以以非常低廉的价格（不管发送到哪里，都只需负担网费）、非常快速的方式（几秒钟之内可以发送到世界上任何指定的目的地），与世界上任何一个角落的网络用户联系。电子邮件不仅能传递文字、图像、声音和视频等多种形式的信息，还可以得到大量免费的新闻、专题邮件，并实现轻松的信息搜索。

1）电子邮件的收/发过程

电子邮件系统采用客户机/服务器模式，由邮件服务器端与邮件客户端两部分组成。邮件服务器端包括发送邮件服务器和接收邮件服务器。

- 发送邮件服务器：当发信人发出一份电子邮件时，邮件由发送邮件服务器负责发送，它将电子邮件送到收信人的接收服务器内相应的电子邮箱中。发送邮件服务器遵循简单邮件传输协议（Simple Mail Transfer Protocol，SMTP），故发送邮件服务器又称 SMTP 服务器。
- 接收邮件服务器：当收信人将自己的计算机连接到接收邮件服务器并发出接收请求后，接收方可以通过邮局协议版本 3（Post Office Protocol 3，POP3）或 Internet 消息访问协议（Internet Message Access Protocol，IMAP）读取电子邮箱内的邮件，因此接收邮件服务器又称 POP 或 IMAP 服务器。接收邮件服务器用于暂时存放收信人收到的邮件。用户可以随时读取。

图 7-27 所示为电子邮件的收/发过程，常见的邮件通信协议如表 7-6 所示。

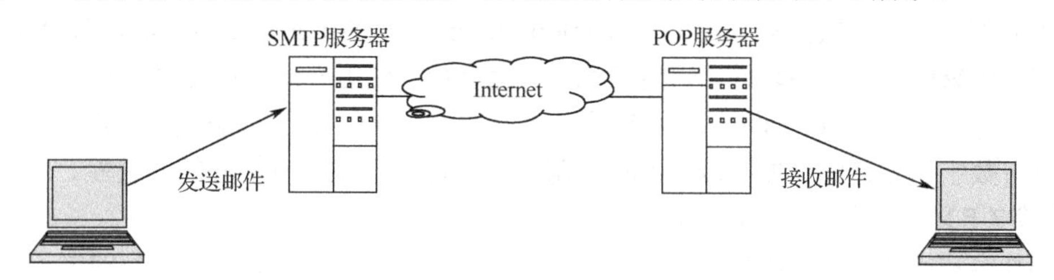

图 7-27 电子邮件的收/发过程

表 7-6 常见的邮件通信协议

协 议	说 明
POP3	负责接收工作，可以将邮件服务器中对应邮箱的所有邮件下载到计算机中，以供收件人阅读
SMTP	负责发送工作，将邮件发送到收信人的接收邮件服务器中
IMAP	与 POP3 相似，同样是负责收取邮件，不过此协议可供收件人在服务器中选择想要下载的邮件，或者通过远程控制，直接在 IMAP 主机阅读或编辑邮件
HTTP	可使收件人通过浏览器来收/发与编辑邮件，此收件方式也称为 Web Based Mail

2）电子邮件的收发方式

收发电子邮件有两种方式：服务器端的浏览器方式和客户机端的专用工具方式。

- 浏览器方式：大多数的邮箱都支持浏览器方式收取信件，并且都提供一个友好的管理界面，只要在提供免费邮箱的网站登录界面，输入自己的用户名和密码，就可以收发信件并进行邮件的管理。需要你每次都去登录邮件服务器，从服务器读取邮件，很不方便。
- 专用邮箱工具方式：就是用一个邮件管理软件来收发邮件，直接在客户端收发，可以将邮件从服务器上下载到本地保存，查阅方便。

3）电子邮件地址

不管使用哪种方式来收发电子邮件，必须先拥有一个合法的电子邮箱。当前电子邮箱主要有收费电子邮箱和免费电子邮箱两类。收费电子邮箱要求用户交纳一定的费用，安全性较好。

同时，Internet 中有许多 ISP 提供免费电子邮箱服务。提供免费电子邮箱服务的网站很多，如 QQ、网易、Yahoo 和新浪等。

每个电子邮箱都用一个电子邮件地址来标识，以便与其他电子邮箱进行区分。全球的电子邮件地址是不重复的。电子邮件的典型地址格式如下：

用户名@邮件服务器名

例如：gxunjsj@163.com，@符号前面的字母表示邮箱的用户名，@符号后面表示邮箱的域名。用户名可以自己设置，它是用户在电子邮件服务机构注册时获得的名称，邮件服务器名由网络服务商提供，是存放电子邮件的计算机主机域名。

4）邮件客户端软件使用

使用客户端软件收/发邮件，登录时不用下载网站页面内容，免去登录网页邮箱的烦恼，速度更快；使用客户端软件收到的和发送过的邮件都保存在用户的计算机中，不用打开网页就可以对旧邮件进行阅读和管理。正是由于邮件客户端软件的种种优点，它已成为人们工作和生活中必不可少的交流工具之一。

常用的邮件客户端软件有 Foxmail、Outlook Express 和 Windows Live Mail 等。Foxmail 是一款国产的优秀邮件客户端软件，它运行稳定，速度快，使用方便，其最大的特色是具备强大的反垃圾邮件功能。Windows Live Mail 是微软推出的一款邮件客户端软件，支持多用户、多账号，具有数字签名、邮件加密以及反垃圾邮件等功能，而且具有很好的安全性。

【实战 7-5】使用客户端软件 Foxmail 收发电子邮件。

在邮件客户端软件中首次使用新的电子邮箱时，需要在软件中添加申请到的电子邮箱，指定正确的接收服务器（如 POP3）和发送服务器（如 SMTP）名称或地址，并指定访问这些服务器时的有关参数，才能与邮件服务器联系，正确地接收和发送邮件。步骤如下：

（1）用浏览器方式登录邮箱，在邮箱的设置中开启客户端协议服务（接收电子邮件的常用协议是 POP3 和 IMAP，发送电子邮件的常用协议是 SMTP），如图 7-28 所示。

（2）下载并运行 Foxmail，它是免费软件，网络下载安装即可。

（3）首次运行，弹出“建立新的用户账户”向导。填写步骤（1）中设置的邮箱地址和密码，如图 7-29 所示，单击“下一步”。

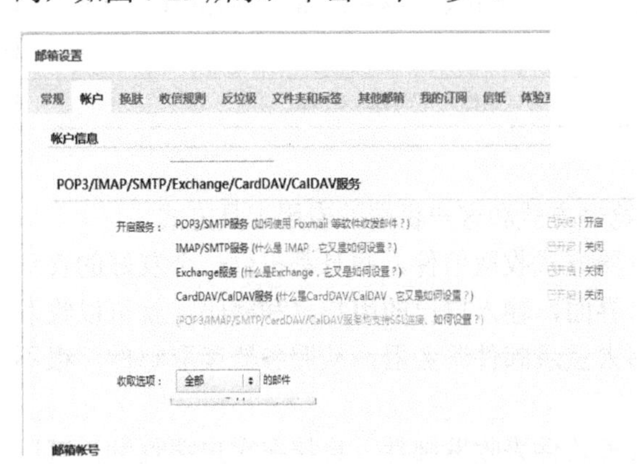

图 7-28　邮箱设置

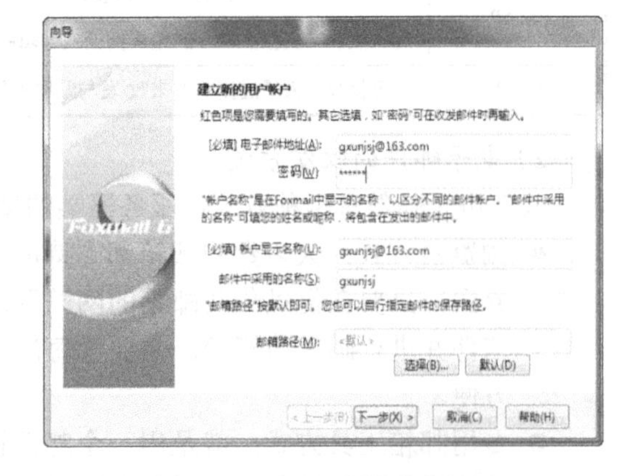

图 7-29　建立用户账户向导

（4）填写邮件服务器，Foxmail 会自动给出（有些客户端软件需用户自行填写），如图 7-30 所示，单击“下一步”。

（5）在完成对话框单击“测试”按钮，测试通过如图 7-31 所示，关闭测试框。单击“完成”按钮。

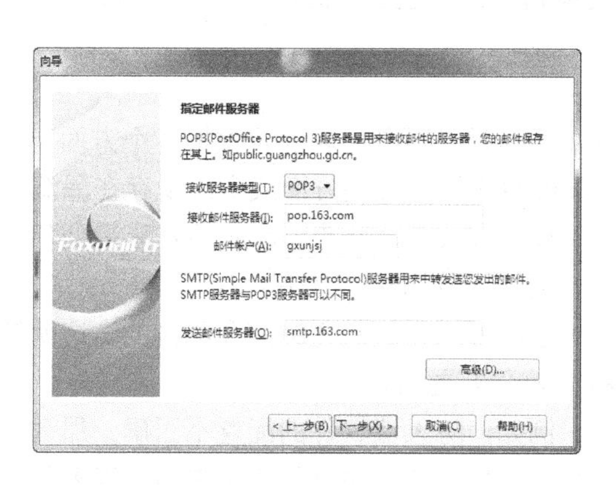

图 7-30　设置邮件服务器

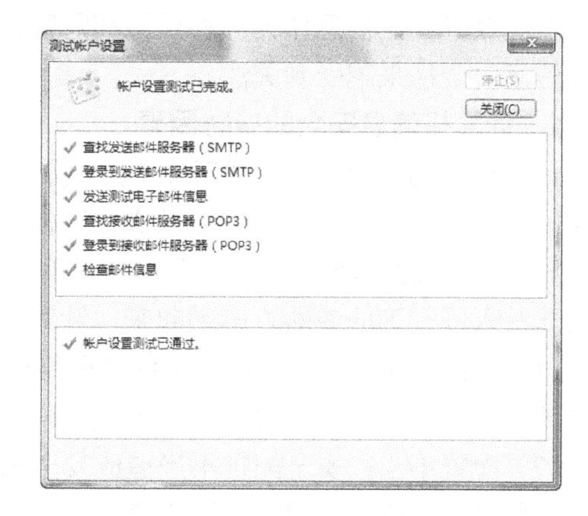

图 7-31　测试账户设置

（6）至此账户设置完成，如图 7-32 所示。单击“收取”或“发送”按钮可以直接收发电子邮件。

（7）若要修改或有多个邮箱需要添加新的账户，可以单击选项卡“邮箱”→“新建邮箱账户”，如图 7-33 所示，重复步骤（3）（4）（5）即可。

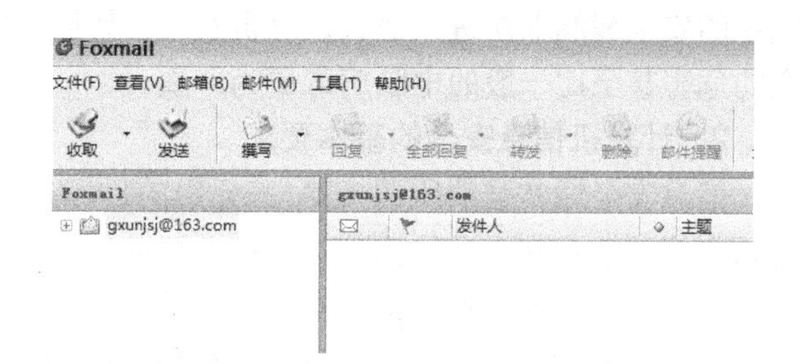

图 7-32　账户设置成功界面

图 7-33　添加新用户账户

目前，电子邮件客户端软件几乎可运行在任何硬件与软件平台上，它们提供的功能基本相同，都可以完成创建和发送电子邮件，接收、阅读和管理电子邮件，账号、邮箱和通信簿管理等操作。

7.5　计算机信息安全

计算机信息网络的应用遍及国家的政府、军事、科技、文教、金融、财税、社会公共服务等各个领域，人们的工作、生活、娱乐也越来越多地依赖于计算机网络。基于计算机网络的信息安全，保障网络系统安全和数据安全成为计算机研究与应用中的一个重要课题。

7.5.1 计算机信息安全的重要性

在当今时代，信息作为一种资源和财富，关系到社会的进步、经济的发展及国家的强盛，因此信息安全越来越受到关注。

1. 计算机信息安全的威胁因素

计算机作为主要的信息处理系统，其脆弱性主要表现在硬件、软件及数据 3 个方面。计算机的硬件对环境及各种条件的要求极为严格。计算机的软件在某些方面或多或少存在漏洞而易被人利用。在数据方面，由于信息系统具有开放性和资源共享等特点，因此很容易受到各种各样的非法入侵行为的威胁。归纳起来，针对网络信息安全的威胁主要有：

（1）软件漏洞：每一个操作系统或网络软件的出现都不可能是无缺陷和漏洞的。这就使我们的计算机处于危险的境地，一旦连接入网，将成为众矢之的。

（2）配置不当：安全配置不当造成安全漏洞，例如，防火墙软件的配置不正确，那么它根本不起作用。对特定的网络应用程序，当它启动时，就打开了一系列的安全缺口，许多与该软件捆绑在一起的应用软件也会被启动。除非用户禁止该程序或对其进行正确配置。否则，安全隐患始终存在。

（3）安全意识不强：用户密码选择不慎，或将自己的账号随意转借他人或与别人共享等都会对网络安全带来威胁。

（4）病毒：目前数据安全的头号大敌是计算机病毒，它是编制者在计算机程序中插入的破坏计算机功能或数据的程序，影响计算机软件、硬件的正常运行并且能够自我复制的一组计算机指令或程序代码。计算机病毒具有传染性、寄生性、隐蔽性、触发性、破坏性等特点。因此，提高对病毒的防范刻不容缓。

（5）黑客：对于计算机数据安全构成威胁的另一个方面是来自电脑黑客。电脑黑客利用系统中的安全漏洞非法进入他人计算机系统，其危害性非常大。从某种意义上讲，黑客对信息安全的危害甚至比一般的电脑病毒更为严重。

2. 计算机信息安全的基本要求

信息安全通常强调所谓 CIA 三元组的目标，即保密性、完整性和可用性。CIA 概念的阐述源自信息技术安全评估标准（Information Technology Security Evaluation Criteria，ITSEC），它也是信息安全的基本要素和安全建设所应遵循的基本原则。

（1）保密性（Confidentiality）：确保信息在存储、使用、传输过程中不会泄露给非授权用户或实体。

（2）完整性（Integrity）：确保信息在存储、使用、传输过程中不会被非授权用户篡改，同时还要防止授权用户对系统及信息进行不恰当的篡改，保持信息内、外部表示的一致性。

（3）可用性（Availability）：确保授权用户或实体对信息及资源的正常使用不会被异常拒绝，允许其可靠而及时地访问信息及资源。

3. 计算机信息安全的重要性

社会对计算机网络信息系统的依赖越来越大，安全可靠的网络空间已经成为支撑国民经济、关键性基础设施以及国防的支柱。随着全球安全事件的逐年增多，确保网络信息系统的安全已引起世人的关注，信息安全在各国都受到了前所未有的重视。

计算机网络作为信息系统的信息传输系统，由于网络本身的开放性，以及现有网络协议和软件系统固有的安全缺陷，信息系统不可避免地存在一定的安全隐患和风险。数据库系统是常用的信息存储系统，数据库也面临文件本身的安全、未授权用户窃取和误操作等安全威胁。

在网络化、数字化的信息时代，计算机病毒、网络黑客及网络犯罪对信息安全形成直接危害。计算机病毒对计算机系统安全的威胁日益严重，黑客非法入侵或攻击计算机网络，特别是网络犯罪——在计算机网络上实施触犯刑法的严重危害社会的行为。网络犯罪表现形式主要有：网络窃密，是指利用网络窃取科技、军事和商业情报等，这是网络犯罪最常见的一类；制作、传播网络病毒；高技术侵害，是一种旨在使整个计算机网络陷入瘫痪，以造成最大破坏性为目的的攻击行为；高技术污染，是指利用信息网络传播有害数据、发布虚假信息、滥发商业广告、侮辱诽谤他人的犯罪行为。

面对计算机信息安全遇到的严重威胁，必须加强对计算机信息安全的意识的普及教育，检讨计算机系统本身的缺陷和弱点，在立法、执法、教育、技术等方面多管齐下，制定有效的防控管理策略，不断提升安全管理应用水平，构筑计算机信息安全的防护网，促进计算机丰富信息的综合应用、安全传输，创设显著的经济效益与社会效益。

7.5.2　计算机信息安全技术

计算机信息安全技术分为计算机系统安全和计算机数据安全两个层次，针对两个不同层次，可以采取不同的安全技术。

1. 计算机系统安全技术

计算机系统安全技术是信息安全的宏观措施，在一定程度上能起到防止信息泄露、被截获或被非法篡改，防止非法侵入系统或非法调用，以及减少系统被人为或非人为破坏等作用。

系统安全技术可分成两个部分，一个是物理安全技术，另一个是网络安全技术。

（1）物理安全技术：研究影响系统保密性、完整性及可用性的外部因素和应采取的防护措施。通常采取的措施包括减少自然灾害对计算机系统的破坏；减少外界环境对计算机软/硬件系统可靠性造成不良影响；减少计算机系统电磁辐射造成信息泄露；减少非授权用户对计算机系统的访问和使用等。

（2）网络安全技术：研究保证网络中信息的保密性、完整性、可用性、可控性及可审查性应采取的技术。

使用最广泛的网络安全技术是防火墙技术。所谓防火墙指的是一个有软件和硬件设备组合而成、在内部网和外部网之间、专用网与公共网之间的界面上构造的保护屏障。

防火墙是一种保护计算机网络安全的技术性措施，它通过在网络边界上建立相应的网络通信监控系统来隔离内部和外部网络，以阻挡来自外部的网络入侵。防火墙可以按照用户事先制定的方案控制信息的流入和流出，降低受到黑客攻击的可能性，使用户可以安全地使用网络。防火墙可分为网络防火墙和计算机防火墙。网络防火墙是指在外部网络和内部网络之间设置网络防火墙。计算机防火墙是指在外部网络和用户计算机之间设置防火墙。图 7-34 所示为防火墙的示意图。

防火墙的基本功能有包过滤和代理等。包过滤就是对所传递的数据进行有选择的放行。代理就是防火墙截取内网主机与外网通信，然后由防火墙本身完成与外网主机的通信，并把结果传回给内网主机，这样隐藏了内部网络，提高了安全性。

防火墙有许多形式，有以软件形式运行在普通计算机上的，也有以固件形式设计在路由器中的。按照防火墙在网络工作的不同层次，防火墙可分为 4 类，即网络级防火墙、应用级防火墙、电路级防火墙和规则检查防火墙。目前市场上流行的防火墙大多属于规则检查防火墙。

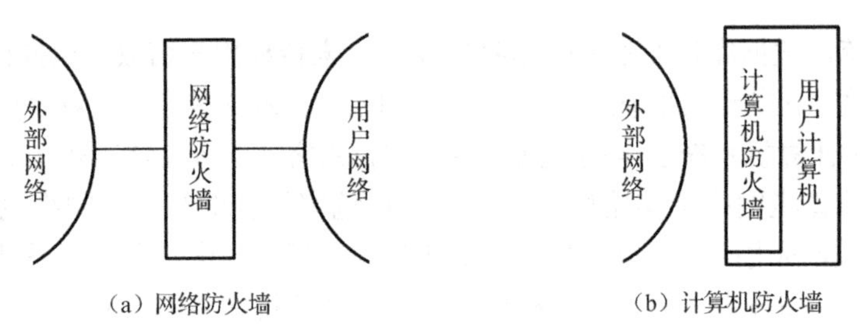

图 7-34　防火墙示意图

在 Windows 操作系统中自带了一个防火墙，用于阻止未授权用户通过 Internet 或网络访问用户计算机，从而帮助保护用户的计算机。

网络安全技术还有鉴别技术（鉴别信息的完整性和用户身份的真实性）、访问控制技术（保证网络资源不被非法或越权访问）、入侵检测技术和安全审计技术等几种。

2. 计算机数据安全技术

计算机数据安全技术主要是数据加密技术，数据加密是保证数据安全行之有效的方法。对数据进行加密后，即使被非法入侵系统者窃取到信息，也不会被窃取者读懂信息和利用系统资源，消除信息被窃取或丢失后带来的隐患。

信息在网络传输过程中会受到各种安全威胁，如被非法监听、被篡改及被伪造等。对数据信息进行加密，可以有效地提高数据传输的安全性。信息加密传输的过程如图 7-35 所示。

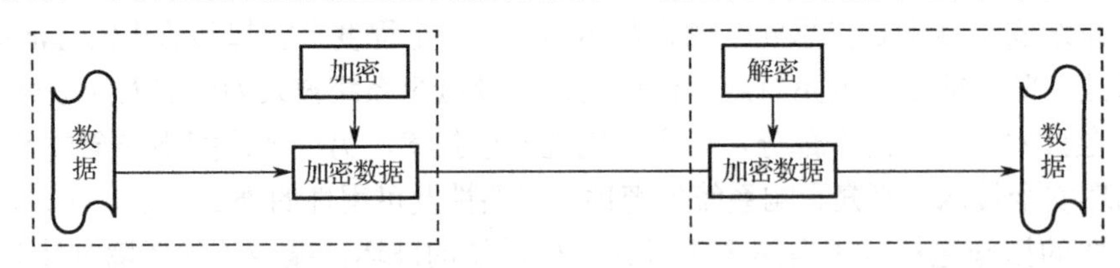

图 7-35　信息加密传输

根据加密和解密使用的密钥是否相同，可以将加密技术分为对称加密技术和非对称加密技术。

1）*对称加密技术*

采用单钥密码系统的加密方法，同一个密钥可以同时用作信息的加密和解密，这种加密方法称为对称加密。对称加密算法的优点是算法公开、计算量小、加密速度快、加密效率高。缺点是在数据传送前，发送方和接收方必须商定并保存好密钥。如果一方的密钥被泄露，那么加密信息也就不安全了。另外，每对用户每次使用对称加密算法时，都需要使用其他人不知道的唯一密钥，这会使得收、发双方所拥有的钥匙数量巨大，密钥管理成为双方的负担。

2）*非对称加密技术*

非对称加密技术采用一对密钥，即公开密钥（简称公钥）和私有密钥（简称私钥）。其中公钥是公开的，任何人都可以获取其他人的公钥，而私钥由密钥所有人保存，公钥与私钥互为加密、解密的密钥。非对称加密算法主要有 Diffie-Hellman、RSA 和 ECC 等。目前 RSA 算法被广泛用于数字签名和保密通信。

非对称加密技术的优点是通信双方不需要交换密钥，缺点是加密和解密速度慢。

7.5.3　网络黑客及防范

黑客原指热心于计算机技术、水平高超的计算机专家，尤其是程序设计人员，通常指那些寻找并利用信息系统中的漏洞进行信息窃取和攻击信息系统的人员。

1. 黑客的攻击形式

一般黑客确定了攻击目标后，会先利用相关的网络协议或实用程序进行信息收集，探测并分析目标系统的安全弱点，设法获取攻击目标系统的非法访问权，最后实施攻击，如清除入侵痕迹、窃取信息、毁坏重要数据以致破坏整个网络系统。黑客通常采用以下几种典型的攻击形式：

1）报文窃听

报文窃听指攻击者使用报文获取软件或设备，从传输的数据流中获取数据，并进行分析，以获取用户名、密码等敏感信息。在因特网数据传输过程中，存在时间上的延迟，更存在地理位置上的跨越，要避免数据不受窃听，基本不可能。在共享式的以太网环境中，所有用户都能获取其他用户所传输的报文。对付报文窃听主要采用加密技术。

2）密码窃取和破解

黑客先获取系统的密码文件，再用黑客字典进行匹配比较，由于计算机运算速度提高，匹配速度也很快，而且大多数用户的密码采用人名、常见单词或数字的组合等，所以字典攻击成功率比较高。

黑客经常设计一个与系统登录画面一样的程序，并嵌入相关网页中，以骗取他人的账号和密码。当用户在假的登录程序上输入账号和密码后，该程序会记录下所输入的信息。

3）地址欺骗

黑客常用的网络欺骗方式有：IP 地址欺骗、路由欺骗、DNS 欺骗、ARP（地址转换协议）欺骗以及 Web 网站欺骗等。IP 地址欺骗指攻击者通过改变自己的 IP 地址，伪装成内部网用户或可信任的外部网用户，发送特定的报文，扰乱正常的网络数据传输；或者伪造一些可接受的路由报文来更改路由，以窃取信息。

4）钓鱼网站

钓鱼网站通常指伪装成银行及电子商务网站，窃取用户提交的银行账号、密码等私密信息。典型的“钓鱼”网站欺骗原理是：黑客先建立一个网站副本（见图 7-36），使它具有与真网站一样的页面和链接。由于黑客控制了钓鱼网站，用户与网站之间的所有信息交换全被黑客所获取，如用户访问网站时提供的账号、密码等信息。黑客可以假冒用户给服务器发送数据，也可以假冒服务器给用户发送消息，从而监视和控制整个通信过程。

(a)

(b)

图 7-36 相似度极高的钓鱼网站（a）和真实网站（b）

5）拒绝服务（DoS）

拒绝服务（Denial of Service，DoS）攻击由来已久，自从有因特网后就有了 DoS 攻击方法。美国最新安全损失调查报告指出，DoS 攻击造成的经济损失已经跃居第一。

用户访问网站时，客户端会向网站服务器发送一条信息要求建立连接，只有当服务器确认该请求合法，并将访问许可返回给用户时，用户才可对该服务器进行访问。DoS 攻击的方法是：攻击者会向服务器发送大量连接请求，使服务器呈满负载状态，并将所有请求的返回地址进行伪造。这样，在服务器企图将认证结果返回给用户时，无法找到这些用户。服务器只好等待，有时可能会等上 1 分钟才关闭此连接。可怕的是，在服务器关闭连接后，攻击者又会发送新的一批虚假请求，重复上一过程，直到服务器因过载而拒绝提供服务。这些攻击事件并没有入侵网站，也没有篡改或破坏资料，只是利用程序在瞬间产生大量的数据包，让对方的网络及主机瘫痪，使用户无法获得网站的及时服务。

6）寻找系统漏洞

许多系统都有这样或那样的安全漏洞（Bugs），其中某些是操作系统或应用软件本身具有的，这些漏洞在补丁开发出来之前一般很难防御黑客的破坏，还有一些漏洞是由于系统管理员配置错误引起的，这会给黑客带来可乘之机。

7）端口扫描

利用端口扫描软件对目标主机进行端口扫描，查看哪些端口是开放的，再通过这些开放端口发送木马程序到目标主机上，利用木马来控制目标主机。

2. 防范黑客攻击的策略

黑客的攻击往往是利用了系统的安全漏洞、通信协议的安全漏洞或是系统的管理漏洞才得以实施的，因而对黑客的防范要从以下几个方面入手：

（1）任何系统都会有安全漏洞，面对不断被发现的各种漏洞，应该及时了解最新漏洞信息并定期给系统打补丁。此外，还应该及时更新防病毒软件，定期更改密码并提高密码的复杂程度，安装防火墙来保证系统安全，对于不使用的端口应该及时关闭。

（2）为解决通信协议的不安全问题，网络服务应尽量采用新的安全协议，如 SSL/TLS 协议等。

（3）从理论上讲，要完全防范黑客的攻击是不可能的。我们所能做到的是建立完善的安全体系结构，如采用认证、访问控制、入侵检测及安全审计等多种安全技术来尽可能地防范黑客的攻击。

7.5.4 计算机信息安全道德规范与法规

随着计算机在应用领域的深入和计算机网络的普及，给人们带来了一种新的工作与生活方式。在计算机给人们带来极大方便的同时，也不可避免地造成了一些社会问题，同时也对人们提出了一些新的道德规范和行为规范要求。我国人大常委会、国务院颁布了一系列有关的法律、条例，国家有关部委也制定并颁布了相应的规定、决定和实施办法。

1. 网络行为规范

网络文化给社会带来积极和消极两个方面的影响。为消除其消极影响，应当培养公民的网络道德，规范网络行为，发挥网络的正面效应，营造和谐的网络环境。在使用计算机时应该抱着诚实的态度和无恶意的行为，并要求自身在智力和道德意识方面取得进步。以下是一些人们普遍认可的行为规范：

（1）不能利用电子邮件做广播型的宣传，这种强加于人的做法会使别人的信箱充满无用的信息而影响正常工作。

（2）不应该使用他人的计算机资源，除非得到了准许或者做出了补偿。

（3）不应该利用计算机去伤害别人。

（4）不能私自阅读他人的通信文件（如电子邮件），不得私自复制不属于自己的软件资源。

（5）不应该窥探他人的计算机，不应该蓄意破译别人的密码。

除了依靠社会道德来引导人们的行为规范，各个国家都制定了相应的法律法规，以约束人们使用计算机及在计算机网络上的行为。例如，我国公安部发布的《计算机信息网络国际联网安全保护管理办法》中规定，任何单位和个人不得利用国际互联网制作、复制、查阅和传播下列信息：

（1）破坏宪法和法律、行政法规实施的。

（2）煽动民族仇恨、破坏民族团结的。

（3）煽动颠覆国家政权、推翻社会主义制度的。

（4）煽动分裂国家、破坏国家统一的。

（5）捏造或者歪曲事实，散布谣言，扰乱社会秩序的。

（6）宣扬封建迷信、淫秽、色情、赌博、暴力、凶杀、恐怖、教唆犯罪的。

（7）公然侮辱他人或者捏造事实诽谤他人的。

（8）损害国家机关信誉的。

（9）其他违反宪法和法律、行政法规的。

2. 有关知识产权的法规和行为规范

我国有关知识产权的重要法规有以下几个：

（1）专利法。中国专利法自 1985 年 4 月 1 日施行。依法建立的专利制度保护发明创造专利权。发明创造包括发明、实用新型和外观设计等。

（2）商标法。中国商标法自 1985 年 3 月施行。1993 年 2 月 22 日进行了修正，扩大了商标的保护范围，除商品商标外，增加了服务商标注册和管理的规定；在形式审查中增加了补正程序，在实质审查中建立了审查意见书制度。

（3）著作权法。《中华人民共和国著作权法》自 1991 年 6 月 1 日起施行。2001 年 10 月进行了修正。

（4）计算机软件保护条例。2002 年 1 月 1 日实行《计算机软件保护条例》（2013 年 1 月 30 日第 2 次修订），对计算机软件的定义、软件著作权、计算机软件的登记管理及其法律责任做了较为详细的阐述。

人们在使用计算机软件或数据时，应遵守国家有关法律规定，尊重其作品的版权，这是使用计算机的基本道德规范。建议人们养成良好的道德规范，具体是：

（1）应该使用正版软件，坚决抵制盗版，尊重软件作者的知识产权。

（2）不对软件进行非法复制。

（3）不要为了保护自己的软件资源而编制病毒保护程序。

（4）不要擅自篡改他人计算机内的系统信息资源。

3. 有关计算机信息系统安全的法规和行为规范

我国在 1994 年颁布施行的《中华人民共和国计算机信息系统安全保护条例》，以及在 1997

年出台的新《刑法》中增加了对制作和传播计算机病毒进行处罚的条款。之后，公安部又颁布施行了《计算机病毒防治管理办法》。为维护计算机系统的安全，防止病毒的入侵，应该注意以下几个方面：

（1）不要蓄意破坏他人的计算机系统设备及资源。

（2）不要制造病毒程序，不要使用带病毒的软件，更不要有意传播病毒给其他计算机系统。

（3）要采取预防措施，在计算机内安装防病毒软件，定期检查计算机系统内的文件是否有病毒，如发现病毒，应及时用杀毒软件清除。

（4）维持计算机的正常运行，保护计算机系统数据的安全。

（5）被授权者对自己享用的资源负有保护责任，密码不得泄露给外人。

7.6 计算机病毒

7.6.1 计算机病毒的特征

计算机病毒（Computer Virus）在《中华人民共和国计算机信息系统安全保护条例》中被明确定义，病毒指“编制者在计算机程序中插入的破坏计算机功能或者破坏数据，影响计算机使用并且能够自我复制的一组计算机指令或者程序代码”。

由于计算机软、硬件所固有的脆弱性，这些程序能通过某种途径潜伏在计算机存储介质或程序中，当达到某种条件时即被激活，它用修改其他正常程序的方法去传播和破坏，从而对计算机资源进行破坏。

计算机病毒存在于一定的存储介质中。如果计算机病毒只是存在于外部存储介质中，如硬盘、光盘和闪存盘，是不具有传染和破坏能力的。而当计算机病毒被加载到内存后就处于活动状态，此时病毒如果获得系统控制权就可以破坏系统或传播病毒。对于正在运行的病毒，只有通过杀毒软件或手工方法将其清除。

计算机病毒与普通的计算机程序相比，具有以下几个主要的特征：

1）繁殖性

计算机病毒可以像生物病毒一样进行繁殖，当正常程序运行时，它也进行运行自身复制，是否具有繁殖、感染的特征是判断某段程序为计算机病毒的首要条件。

2）破坏性

计算机中毒后，可能会导致正常的程序无法运行，把计算机内的文件删除或受到不同程度的损坏。破坏引导扇区及 BIOS，硬件环境破坏。

3）传染性

计算机病毒传染性是指计算机病毒通过修改别的程序将自身的复制品或其变体传染到其他无毒的对象上，这些对象可以是一个程序也可以是系统中的某一个部件。一台计算机的病毒可以在几个星期内扩散到数百台乃至数千台计算机中，传播速度极快。在计算机网络中，用户带病毒操作时，病毒传播速度更快。

4）隐蔽性

病毒总是寄生隐藏在其他合法的程序和文件中，因而不易被人察觉和发现，以达到其非法入侵系统进行破坏的目的。

5）可激活性

计算机病毒的发作要有一定的条件，只要满足了这些特定的条件，病毒就会被激活并发起攻击。这些触发条件是由病毒制作者设置的，如某个时间或日期、特定用户标识符的出现、特定文件的出现或使用、用户的安全保密等级或者一个文件使用的次数等。如果不满足触发条件，病毒会继续潜伏下来。

编制计算机病毒的人熟悉计算机系统的软/硬件结构，并具有很高的编程技术。但必须指出，有意制作和施放计算机病毒是一种犯罪行为，这种行为已成为当今计算机犯罪（Computer Crime）的重要形式之一，受到社会的普遍谴责。

7.6.2 计算机病毒的分类

计算机病毒种类繁多，按照不同的划分标准，计算机病毒大致可以分为以下几类：

1. 按破坏性分类

1）良性病毒

这种病毒只是为了表现其存在，不直接破坏计算机的软/硬件，如减少内存、显示图像、发出声音及同类影响，对系统危害较小。

2）恶性病毒

这类病毒对计算机系统的软/硬件进行恶意的攻击，使系统遭到不同程度的破坏，如破坏数据、删除文件、格式化磁盘、破坏主板、清除系统内存区和操作系统中重要的信息导致系统死机或使网络瘫痪等。多数计算机病毒为恶性病毒。

2. 按病毒存在的媒体分类

1）引导型病毒

这类病毒寄生在磁盘引导区或主引导区中。由于引导记录正确是磁盘正常使用的先决条件，因此，这类病毒在系统运行一开始（如系统启动）就能获得控制权。其传染性很强，但查杀这类病毒也较容易，多数杀毒软件都能查杀这类病毒。常见的引导型病毒有Stone Virus病毒、米开朗琪罗病毒及Girl病毒等。

2）文件型病毒

这类病毒通常寄生在以.exe和.com为扩展名的可执行文件中。一旦程序被执行，病毒也就被激活。病毒程序首先被执行，并将自身驻留在内存中，然后根据设置的触发条件进行传染。近期也有一些病毒传染以.dll、.ovl和.sys为扩展名的文件。感染了文件型病毒的文件执行速度会明显变慢，有时甚至无法执行。

3）网络型病毒

通过计算机网络传播感染网络中的可执行文件。计算机病毒一旦在网络上传播，速度快，危害性很大。

4）混合型病毒

这类病毒是结合了以上三种情况的混合型，例如，多型病毒（文件和引导型）感染文件和引导扇区两种目标，这样的病毒通常都具有复杂的算法，它们使用非常规的办法侵入系统，同时使用了加密和变形算法。

3. 几种常见的病毒

随着计算机技术的不断发展，计算机病毒也在不断更新、变化。下面介绍目前流行的几类特殊病毒。

1）宏病毒（Macro Virus）和脚本病毒

宏病毒是一种寄生在文档或模板的宏中的计算机病毒。一旦打开这样的文档，其中的宏就会被执行，于是宏病毒就会被激活，转移到计算机上，并驻留在Normal模板中。此后，所有自动保存的文档都会感染上这种宏病毒。如果其他用户打开了感染病毒的文档，宏病毒又会转移到该用户的计算机上。

凡是具有写宏能力的软件都可能存在宏病毒，如Word和Excel等软件。由于宏病毒用VBA编写，制作方便，而且隐蔽性较强，传播速度较快，难以防治，所以对用户数据和计算机系统的破坏性较大。脚本病毒是用脚本语言（如Visual Basic Script）编写的病毒，目前网络上流行的许多病毒都属于脚本病毒。

2）特洛伊木马（Trojan Horse）

"特洛伊木马"简称"木马（Wooden Horse）"，名称来源于希腊神话《木马屠城记》，如今黑客程序借用其名，有"一经潜入，后患无穷"之意。特洛伊木马没有复制能力，它的特点是伪装成一个实用工具或者一个可爱的游戏，诱使用户将其安装在PC或者服务器上，吸引用户下载并执行，从而使施种者可以任意毁坏和窃取目标用户的各种信息，甚至远程操控目标用户的计算机。木马病毒盗取网游账号、网银信息和个人身份等信息，甚至使客户机沦为"肉鸡"，变为黑客手中的工具，所以它的危害极大。

3）蠕虫病毒（Worm Virus）

与一般病毒不同，蠕虫病毒不需要将自身附着到宿主程序，是一种独立程序。它通过复制自身在计算机网络环境中进行传播，其传染对象是网络内的所有计算机。局域网中的共享文件夹、电子邮件和大量存在着漏洞的服务器等都成为蠕虫传播的良好途径。网络的发展也使得蠕虫病毒可以在几个小时内蔓延全球，而且蠕虫病毒的主动攻击性和突然爆发性会使人们手足无措。在QQ群下载的分享文件打开后会跳转到色情网站，这是流行的QQ群蠕虫病毒，不仅会感染PC，安卓手机甚至iPhone和iPad也无法幸免。

4）逻辑炸弹（Logic Bomb）

计算机中的"逻辑炸弹"是指在特定逻辑条件满足时，实施破坏的计算机程序，该程序触发后造成计算机数据丢失、计算机不能从硬盘或者软盘引导，甚至会使整个系统瘫痪，并出现物理损坏的虚假现象。最常见的激活一个逻辑炸弹是一个日期，如一个编辑程序，平时运行得很好，但当系统时间为13日又为星期五时，逻辑炸弹被激活并执行它的代码。它就会删除系统中所有的文件，这种程序就是一种逻辑炸弹。

7.6.3 计算机病毒的防治

计算机的不断普及和网络的发展，伴随而来的计算机病毒传播问题越来越引人关注。1999年的CIH病毒大爆发带来了巨大损失，2003年的"冲击波"，2008年的"灰鸽子"等病毒也在计算机用户中造成了恐慌。计算机病毒已经构成了对计算机系统和网络的严重威胁。

1. 计算机病毒的症状

病毒入侵计算机后，如果没有发作很难被发现，但病毒发作时还是可以察觉一些症状。计算机病毒发作时，通常会出现以下情况：

（1）计算机显示异常，如屏幕上出现不应有的特殊字符或图像、字符无规则变换或脱落、静止、滚动、雪花、跳动、小球亮点、莫名其妙的信息提示等。

（2）计算机启动异常，经常无法正常启动或反复重新启动。

（3）计算机性能异常，如运行速度明显下降，或者经常出现内存不足和磁盘驱动器以及其他设备无缘无故地变成无效设备等现象。

（4）计算机程序异常，经常出现出错信息，文件无故变大、失踪或被改乱、可执行文件（.exe）变得无法运行等。

（5）网络应用异常，如收到来历不明的电子邮件、自动链接到陌生的网站、自动发送电子邮件等。

当发现计算机运行异常后，不要急于下断言，在杀毒软件也不能解决的情况下，应仔细分析异常情况的特征，排除软件、硬件及人为的可能性。

2. 计算机病毒的预防

计算机病毒防护的关键是做好预防工作，即防患于未然。平时应该留意计算机的异常现象并及时做出反应，尽早发现，尽早清除，这样既可以减小病毒继续传染的可能性，还可以将病毒的危害降到最低。从用户的角度来看，要做好计算机病毒的预防工作，制订一系列的安全措施，应从以下方面着手：

（1）定期安装所用软件的补丁程序，以修补软件中的安全漏洞。

（2）安装杀毒软件、防火墙，并经常进行检测与更新。

（3）堵塞计算机病毒的传染途径，如不运行来历不明的程序，不浏览恶意网页，不使用盗版软件，下载软件先查再用，不打开未知的邮件等。

（4）备份重要文件和数据，如硬盘分区表、引导扇区等关键数据，定期备份重要数据文件，尽可能将数据和应用程序分别保存。在任何情况下，总应保留一张写保护的、无计算机病毒的、带有常用命令文件的系统启动U盘，用以清除计算机病毒和维护系统。

3. 杀毒软件介绍

经过多年与计算机病毒的较量，许多杀毒软件在功能上已趋于相同，都可有效清除绝大部分已知病毒，在病毒处理速度、病毒清除能力、病毒误报率和资源占用率等主要技术指标上都有新的突破，但各个杀毒软件又都有自己的特色。以下是几种流行的杀毒软件。

1）360杀毒软件

360杀毒软件内核采用了罗马尼亚的BitDefender病毒查杀引擎，以及360安全中心研发的云查杀引擎。360杀毒软件完全免费，无须激活码，免费升级，占用系统资源较小，误杀率也较低。360杀毒软件可以全面防御U盘病毒，阻止病毒从U盘运行，切断病毒传播链。360杀毒软件可免费快速升级，可以使用户及时获得最新病毒库及病毒防护能力。

2）瑞星杀毒软件

瑞星杀毒软件由北京瑞星科技股份有限公司研发，该公司成立于1997年，其前身是1991年成立的北京瑞星电脑科技开发部，是中国最早从事计算机病毒防治与研究的大型专业企业。瑞星杀毒软件是基于新一代虚拟机脱壳引擎，采用三层主动防御策略开发的新一代信息安全产品。它具有账号保险柜和主动防御构架，可以有效保护热门网游、股票和网上银行类软件及QQ、MSN等常用聊天软件的账号信息。同时，它采用木马强杀、病毒DNA识别、恶意行为检测等核心技术，可有效查杀各种加壳、混合型及家族式木马病毒。

3）卡巴斯基杀毒软件

卡巴斯基杀毒软件由卡巴斯基实验室研发，卡巴斯基实验室成立于1997年，总部设在俄罗斯莫斯科。但早在 1989 年，该公司的病毒研究负责人 E.Kaspersky 就已经开始领导开发卡巴斯基反病毒系列产品。卡巴斯基杀毒软件是世界上最优秀的网络杀毒软件之一，具有超强的中心管理和杀毒能力，能实现带毒杀毒功能，并提供了一个广泛的抗病毒解决方案。它不仅提供了抗病毒扫描仪、完全检验、E-mail 通路和防火墙等强大功能，还支持几乎所有的操作系统。卡巴斯基公司致力于为个人和各种规模的企业用户提供全面而有效的信息安全保护。

4）诺顿杀毒软件

诺顿杀毒软件由赛门铁克公司研发，该公司成立于 1982 年，总部位于加利福尼亚州的 Cupertino。诺顿杀毒软件具有电子邮件扫描、反网络钓鱼、在线身份信息防护、网站验证、防火墙防护、自动备份和恢复、自动更新、PC 性能优化等功能，可以帮助用户保护基础架构、信息和交互。

思考与练习

1．什么是计算机网络？它的主要功能有哪些？
2．从网络逻辑功能角度来看，计算机网络可分为哪两个部分？
3．从网络的分布范围来看，计算机网络如何分类？
4．什么是计算机网络的拓扑结构？常用的拓扑结构有哪些？
5．网络协议是什么？什么是 OSI 参考模型？
6．常用的网络硬件设备有哪些？其功能是什么？
7．IP 地址有什么作用，如何表示？
8．Internet 上使用什么网络协议？
9．在 Windows 局域网环境下如何设置共享？
10．什么是 ISP？接入 Internet 有哪些方式？
11．浏览网页时如何保存网页中的图片？
12．什么是 FTP？常用的 FTP 工具有哪些？
13．电子邮件的地址有什么规定？在电子邮件客户端需要设置哪些内容？
14．计算机信息安全技术分为哪两个层次？
15．什么是网络黑客？黑客常用的攻击方法有哪些？
16．什么是计算机病毒？它有哪些特点？
17．计算机病毒按破坏程度可分为哪几类？
18．计算机病毒的预防应从哪几方面着手？

第8章 人工智能

教学目标：

通过学习本章内容，掌握人工智能的基本概念，了解人工智能的发展历程、主要研究领域及其与其他行业的融合应用。了解图像识别和语音识别的基本原理、基本过程及其应用领域。

教学重点和难点：

- 人工智能的概念、发展历程。
- 人工智能的研究领域、融合应用。
- 图像识别的过程及原理。
- 语音识别的过程及原理。

人工智能（Artificial Intelligence，英文缩写为AI）作为一门前沿交叉学科，从诞生以来，理论和技术日益成熟，应用领域不断扩大。现在、未来，人工智能正在改变世界！

8.1 人工智能概述

8.1.1 人工智能概念的诞生

1. 图灵机与图灵测试

Alan Mathison Turing（艾伦·麦席森·图灵），计算机科学之父，人工智能之父，计算机逻辑奠基者（见图8-1)。他对计算机的重要贡献在于提出了有限状态自动机也就是图灵机的概念。对于人工智能，他提出了重要的衡量标准“图灵测试”，如果有机器能够通过图灵测试，那他就是一个完全意义上的智能机，和人没有区别了。

1936年，图灵向伦敦权威的数学杂志投一篇论文，题为“论可计算数及其在判定问题中的应用”。在这篇开创性的论文中，图灵给“可计算性”下了一个严格的数学定义，并提出著名的“图灵机”（Turing Machine）的设想。“图灵机”不是一种具体的机器，而是一种思想模型，可制造一种十分简单但运算能力极强的计算装置，用来计算所有能想象得到的可计算函数。

1950 年 10 月，图灵又发表另一篇划时代的论文，预言了创造出具有真正智能的机器的可能性，提出了著名的图灵测试：如果一台机器能够与人类展开对话而不被辨别出其机器身份，那么称这台机器具有智能，示意如图 8-2 所示。图灵测试实际上是当时人工智能用来判断一个机器是否有智能的依据：把一台机器和一个人放置在黑屋子里，测试员不知道哪个屋子是机器哪个屋子是人。然后由测试员问问题，一直问到他能判断哪个屋子里是人，哪个屋子里是机器。当测试员把所有能够想出来的问题都问完了，他还判断不出哪个是人哪个是机器，这个机器就具有智能了。为了避免听声音就能区别，要求通过键盘进行测试。

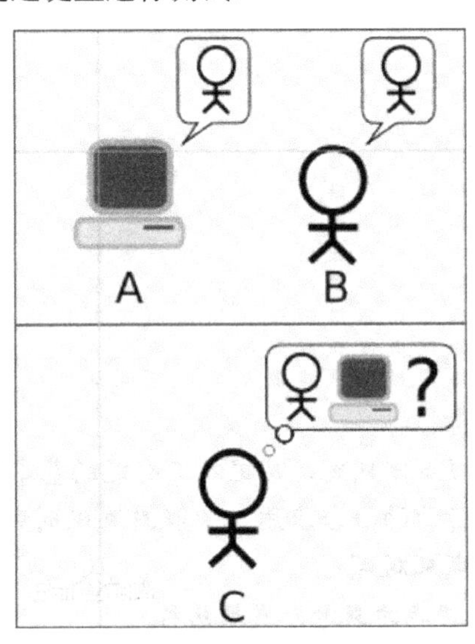

图 8-1　艾伦·麦席森·图灵

图 8-2　图灵测试

为了纪念图灵，1966 年 ACM（国际计算机学会）设立图灵奖，被视为计算机学科的诺贝尔奖。这个奖共有 60 余人获奖，每年有 1-3 名，其中也有华人获奖者。这 60 多人中有 8 位是做人工智能的，大概 1/8 左右和人工智能有关。

2. 达特茅斯会议

人工智能概念的诞生可以追溯到达特茅斯会议，会议第一次提出了“人工智能”这一术语，标志着“人工智能”学科的正式诞生。

1956 年 8 月，在美国小镇汉诺斯的达特茅斯学院中，约翰·麦卡锡（John McCarthy）、马文·闵斯基（Marvin Minsky，人工智能与认知学专家）、克劳德·香农（Claude Shannon，信息论的创始人）、艾伦·纽厄尔（Allen Newell，计算机科学家）、赫伯特·西蒙（Herbert Simon，诺贝尔经济学奖得主）等科学家，如图 8-3 所示，聚在一起，用两个月的时间，讨论着一个主题：用机器来模仿人类学习以及其他方面的智能。虽然没有达成普遍的共识，但是却为会议讨论的内容起了一个名字：人工智能。因此，1956 年也就成了人工智能元年。

3. 人工智能的概念

人工智能作为一门前沿交叉学科，其定义一直存有不同的观点：《人工智能——一种现代方法》中将已有的一些人工智能定义分为四类：像人一样思考的系统、像人一样行动的系统、理性地思考的系统、理性地行动的系统。

维基百科上定义“人工智能就是机器展现出的智能”，即只要是某种机器，具有某种或某些“智能”的特征或表现，都应该算作“人工智能”。

图 8-3 达特茅斯会议七侠

大英百科全书则限定人工智能是数字计算机或者数字计算机控制的机器人在执行智能生物体才有的一些任务上的能力。

百度百科定义人工智能是“研究、开发用于模拟、延伸和扩展人的智能的理论、方法、技术及应用系统的一门新的技术科学”，将其视为计算机科学的一个分支，指出其研究包括机器人、语言识别、图像识别、自然语言处理和专家系统等。

中国电子技术标准化研究院编写的《人工智能标准化白皮书》（以下简称本白皮书）定义，“人工智能是利用数字计算机或者数字计算机控制的机器模拟、延伸和扩展人的智能，感知环境、获取知识并使用知识获得最佳结果的理论、方法、技术及应用系统。”

人工智能的定义对人工智能学科的基本思想和内容做出了解释，即围绕智能活动而构造的人工系统。

4. 人工智能的分类

根据人工智能是否能真正实现推理、思考和解决问题，可以将人工智能分为三类。

（1）弱人工智能，是指只能实现特定功能的专用智能，但不能真正实现推理和解决问题的智能机器。这些机器表面看像是智能的，但是并不真正拥有智能，也不会有自主意识。弱人工智能目标：让计算机看起来会像人脑一样思考。

（2）强人工智能，是指类似人的思维的智能机器，并且是有知觉和自我意识的，包括学习、语言、认知、推理、创造和计划，达到人类水平的、能够自适应地应对外界环境挑战。强人工智能目标：会自己思考的计算机。

（3）超人工智能，是指通过模拟人类的智慧，人工智能开始具备自主思维意识，形成新的智能群体，能够像人类一样独自的进行思维。

目前的主流研究集中于弱人工智能，并取得了显著进步，如语音识别、图像处理和物体分割、机器翻译等，这些可以有固定流程的事情，对于计算机来说都太简单了。人类觉得容易的事情，如视觉、动态、移动、直觉，则对计算机来说非常难。正如计算机科学家 Donald Knuth 所说，“人工智能已经在几乎所有需要思考的领域超过了人类，但是在那些人类和其它动物不需要思考就能完成的事情上，还差得很远。”

5. 人工智能的三大门派

人工智能到现在为止有三大门派：

（1）逻辑主义（符号主义）。核心是符号推理与机器推理，用符号表达的方式来研究智能、研究推理。

（2）连接主义。核心是神经元网络与深度学习，仿造人的神经系统，把人的神经系统的模型用计算的方式呈现，用它来仿造智能，目前人工智能的热潮实际上是连接主义的胜利。

（3）行为主义。推崇控制、自适应与进化计算，和车联网非常密切。

8.1.2 人工智能的发展历程

人工智能学科从诞生到现在已有 60 多年的历史，60 多年来人工智能的发展经历了三个阶段，对应三次发展浪潮，如图 8-4 所示。

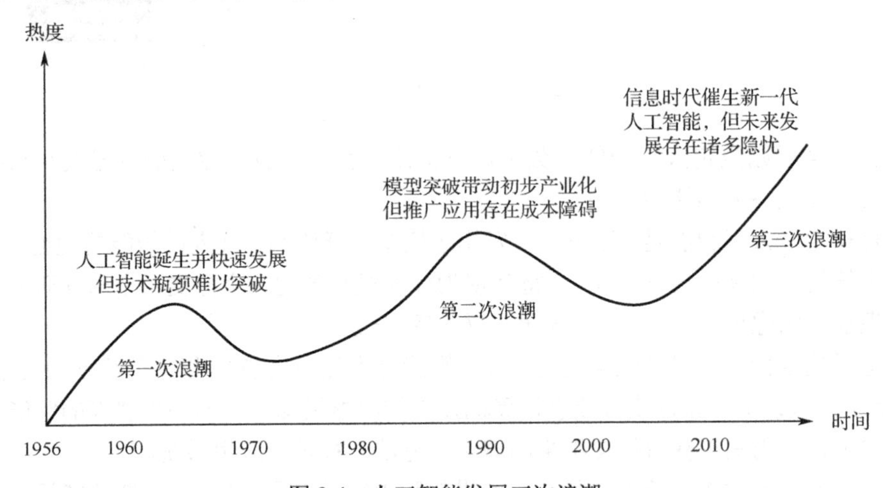

图 8-4 人工智能发展三次浪潮

1. 人工智能起步期

1956 年的达特茅斯会议之后，人工智能迎来了第一段高峰期。长达十余年的时间里，人工智能被广泛应用于数学和自然语言领域，用来解决代数、几何和英语问题。1959 年诞生了第一台工业机器人，这个用于压铸的五轴液压驱动机器人，手臂的控制由一台计算机完成，能够记忆完成 180 个工作步骤，1961 年安装在通用汽车的新泽西工厂。1964 年至 1966 年期间，美国麻省理工学院打造史上第一个聊天机器人“Eliza”，从预先编写好的答案库中选择合适的回答，曾模拟心理治疗医生和患者交谈，在首次使用的时候就骗过了很多人，是第一个尝试通过图灵测试的智能软件。

到 20 世纪 70 年代，人工智能开始遇到研究瓶颈，预期的研究成果大多数也并未完成。技术瓶颈主要是三个方面：

（1）计算机性能不足，导致早期很多程序无法在人工智能领域得到应用；

（2）问题的复杂性，早期人工智能程序主要是解决特定的问题，因为特定的问题对象少，复杂性低，可一旦问题上升维度，程序立马就不堪重负了；

（3）数据量严重缺失，在当时不可能找到足够大的数据库来支撑程序进行深度学习，这很容易导致机器无法读取足够量的数据进行智能化。

人工智能进入了长达近 10 年的低谷。

2. 机器学习时期

20 世纪 80 年代，集成电路技术逐渐缩小了计算机的大小和花费，研究者想出一条新思路：

一台专门设计的计算机以开发和运行大型的人工智能程序，由此产生了 LISP machine，一种直接以 LISP 语言的系统函数为机器指令的计算机。LISP 机主要应用领域是知识工程（例如用于超大规模集成电路设计的家系统）、物景分析、自然语言理解等。

1984 年提出建立专家系统的新概念，一个智能化的人工智能程序系统，包含了一定领域的专家的大量知识和经验，能够利用人类专家的知识和解决问题的经验来处理这个领域的高层次问题。同时，随着人工智能的发展，人工神经网络的研究也掀起了新的热潮，模糊理论等分支的研究也开始迅速展开，有些人工智能的产品已经成为商品，如美国卡耐基·梅隆大学为 DEC 公司制造出 XCON 专家系统，在决策方面能提供有价值的内容。1997 年 5 月 11 日，IBM 的人工智能系统“深蓝”战胜了国际象棋世界冠军卡斯帕罗夫。然而，由于知识获取的瓶颈，一度被非常看好的神经网络技术，过分依赖于计算力和经验数据，长期没有取得实质性的进展，人工智能又一次处于低谷。

3. 深度学习时期

2006 年，Hinton 在神经网络的深度学习领域取得突破，为人工智能的发展带来了重大影响。深度学习奠定了神经网络的全新构架，它是人工智能深度学习的核心技术，后人把 Hinton 称为深度学习之父。人工智能快速发展，产业界也开始不断涌现出新的研发成果：2011 年，IBM Waston 在综艺节目《危险边缘》中战胜了最高奖金得主和连胜纪录保持者；2012 年，谷歌大脑通过模仿人类大脑在没有人类指导的情况下，利用非监督深度学习方法从大量视频中成功学习到识别出一只猫的能力；2014 年，微软公司推出了一款实时口译系统，可以模仿说话者的声音并保留其口音；2014 年，微软公司发布全球第一款个人智能助理微软小娜；2014 年，亚马逊发布至今为止最成功的智能音箱产品 Echo 和个人助手 Alexa；2016 年，Google DeepMind 开发的人工智能围棋程序 AlphaGo 战胜围棋冠军李世石（见图 8-5），再次引发人们对人工智能技术的关注。

图 8-5 AlphaGo 战胜围棋冠军

从 2010 年开始，人工智能进入爆发式的发展阶段，其最主要的驱动力是大数据时代的到来，运算能力及机器学习算法得到提高。

8.1.3 人工智能的关键技术

中国电子技术标准化研究院编写的《人工智能标准化白皮书》中，总结了近二十年来人工智能发展的关键技术，包括机器学习、自然语言处理、知识图谱、计算机视觉、人机交互、生物特征识别、虚拟现实/增强现实等。

1. 机器学习

机器学习（Machine Learning）是一门涉及统计学、系统辨识、逼近理论、神经网络、优化理论、计算机科学、脑科学等诸多领域的交叉学科，研究计算机怎样模拟或实现人类的学习行为，以获取新的知识或技能，重新组织已有的知识结构，使之不断改善自身的性能，是人工智能技术的核心。

根据学习模式、学习方法以及算法的不同，机器学习存在不同的分类方法。

（1）根据学习模式将机器学习分类为监督学习、无监督学习和强化学习等。监督学习是利用已标记的有限训练数据集，通过学习策略建立模型，实现对新数据的标记。无监督学习是利用无标记的有限数据描述隐藏在未标记数据中的结构/规律。强化学习是智能系统从环境到行为映射的学习，靠自身的经历进行学习。

（2）根据学习方法，机器学习可分为传统机器学习和深度学习。传统机器学习从一些观测（训练）样本出发，试图发现不能通过原理分析获得的规律，实现对未来数据行为或趋势的准确预测。深度学习是建立深层结构模型，学习样本数据的内在规律和表示层次，最终目标是让机器能够像人一样具有分析学习能力，能够识别文字、图像和声音等数据。

各类机器学习的主要应用领域及学习算法如表 8-1 所示。

表 8-1　机器学习主要应用领域及学习算法

机器学习类别	主要应用领域	学 习 算 法
监督学习	自然语言处理、信息检索、文本挖掘、手写体辨识、垃圾邮件侦测	回归和分类
无监督学习	经济预测、异常检测、数据挖掘、图像处理、模式识别	单类密度估计、单类数据降维、聚类
强化学习	博弈论、自动控制、无人驾驶	策略搜索、值函数
传统机器学习	自然语言处理、语音识别、图像识别、信息检索和生物信息	逻辑回归、隐马尔科夫方法、支持向量机方法、K 近邻方法、三层人工神经网络方法、Adaboost 算法、贝叶斯方法以及决策树方法
深度学习	语音识别、图像识别	深度置信网络、卷积神经网络、受限玻尔兹曼机和循环神经网络

（3）机器学习的常见算法还包括迁移学习、主动学习和演化学习等。

迁移学习是指当在某些领域无法取得足够多的数据进行模型训练时，利用另一领域数据获得的关系进行学习。目前主要在变量有限的小规模应用中使用，如基于传感器网络的定位，文字分类和图像分类等。主动学习通过一定的算法查询最有用的未标记样本，并交由专家进行标记，然后用查询到的样本训练分类模型来提高模型的精度，最常用的策略是通过不确定性准则和差异性准则选取有效的样本。演化学习对优化问题性质要求极少，只需能够评估解的好坏即可，适用于求解复杂的优化问题，也能直接用于多目标优化。演化算法包括粒子群优化算法、多目标演化算法等。

2. 自然语言处理

自然语言处理研究能实现人与计算机之间用自然语言进行有效通信的各种理论和方法，主要包括机器翻译、机器阅读理解和问答系统等。

（1）机器翻译

机器翻译技术是指利用计算机技术实现从一种自然语言到另外一种自然语言的翻译过程。基于统计的机器翻译主要包括语料预处理、词对齐、短语抽取、短语概率计算、最大熵调序等步骤。基于神经网络的端到端翻译方法直接把源语言句子的词串送入神经网络模型，经过神经网络的运算，得到目标语言句子的翻译结果。在基于端到端的机器翻译系统中，通常采用递归神经网络或卷积神经网络对句子进行表征建模，从海量训练数据中抽取语义信息，与基于短语的统计翻译相比，其翻译结果更加流畅自然，在实际应用中取得了较好的效果。机器翻译的基本原理如图 8-6 所示。

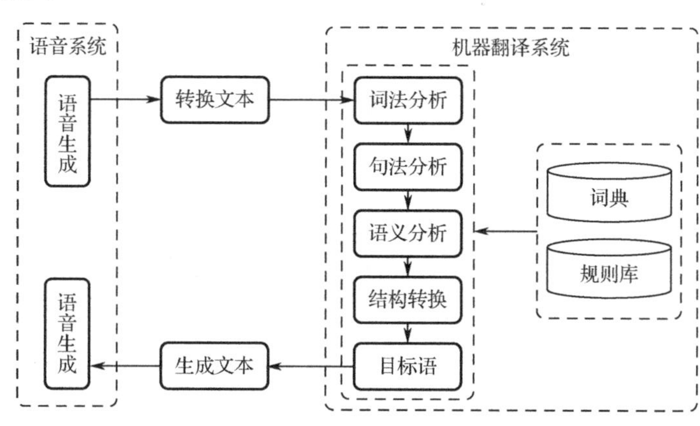

图 8-6　机器翻译基本原理

（2）语义理解

语义理解技术是指利用计算机技术实现对文本篇章的理解，并且回答与篇章相关问题的过程。语义理解更注重于对上下文的理解以及对答案精准程度的把控。语义理解通过自动构造数据方法和自动构造填空型问题的方法来有效扩充数据资源。当前主流的模型是利用神经网络技术对篇章、问题建模，对答案的开始和终止位置进行预测，抽取出篇章片段。对于进一步泛化的答案，处理难度进一步提升，目前的语义理解技术仍有较大的提升空间。

（3）问答系统

问答系统技术是指让计算机像人类一样用自然语言与人交流的技术。人们可以向问答系统提交用自然语言表达的问题，系统会返回关联性较高的答案。自然语言处理面临四大挑战：一是在词法、句法、语义、语用和语音等不同层面存在不确定性；二是新的词汇、术语、语义和语法导致未知语言现象的不可预测性；三是数据资源的不充分使其难以覆盖复杂的语言现象；四是语义知识的模糊性和错综复杂的关联性难以用简单的数学模型描述，语义计算需要参数庞大的非线性计算。

3. 其他关键技术

（1）知识图谱

知识图谱本质上是结构化的语义知识库，是一种由节点和边组成的图数据结构，以符号形式描述物理世界中的概念及其相互关系，其基本组成单位是“实体—关系—实体”三元组，以及实体及其相关“属性—值”对。不同实体之间通过关系相互联结，构成网状的知识结构。在知识图谱中，每个节点表示现实世界的“实体”，每条边为实体与实体之间的“关系”。通俗地讲，知识图谱就是把所有不同种类的信息连接在一起而得到的一个关系网络，提供了从“关系”

的角度去分析问题的能力。知识图谱可用于反欺诈、不一致性验证、组团欺诈等公共安全保障领域，需要用到异常分析、静态分析、动态分析等数据挖掘方法。特别地，知识图谱在搜索引擎、可视化展示和精准营销方面有很大的优势，已成为业界的热门工具。但是，知识图谱的发展还有很大的挑战，如数据的噪声问题，即数据本身有错误或者数据存在冗余。随着知识图谱应用的不断深入，还有一系列关键技术需要突破。

（2）人机交互

人机交互主要研究人和计算机之间的信息交换，是人工智能领域的重要的外围技术，是与认知心理学、人机工程学、多媒体技术、虚拟现实技术等密切相关的综合学科。其分类如图 8-7 所示。

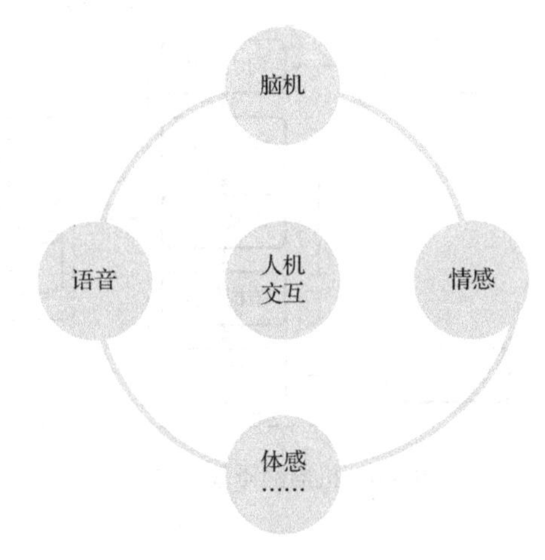

图 8-7　人机交互分类

语音交互为人机交互带来根本性变革，具有广阔的发展前景和应用前景。情感交互已经成为人工智能领域中的热点方向，旨在让人机交互变得更加自然。目前，在情感交互信息的处理方式、情感描述方式、情感数据获取和处理过程、情感表达方式等方面还有诸多技术挑战。体感交互设备向小型化、便携化、使用方便化等方面发展，大大降低了对用户的约束，使得交互过程更加自然。目前，体感交互在游戏娱乐、医疗辅助与康复、全自动三维建模、辅助购物、眼动仪等领域有了较为广泛的应用。

脑机交互不依赖于外围神经和肌肉等神经通道，直接实现大脑与外界信息传递的通路，涉及多学科的交叉研究，包括神经科学、信号检测、信号处理、机器学习，模式识别、控制理论、心理学等。按脑电信号采集方式，脑机交互一般分为侵入式和非侵入式两大类。侵入式需植入脑部皮肤，技术较难，精准度要求高，仍在人体实验阶段。而非侵入式装卸方便，已进入商用阶段，以娱乐和医疗为主要目的。诸如霍金等运动障碍患者已经开始应用相关设备实现与外界的沟通，日常生活娱乐中，脑机接口可以取代传统鼠标键盘或其他手控操作设备，增强生活的趣味性。

（3）计算机视觉

计算机视觉是使用计算机模仿人类视觉系统的科学，让计算机拥有类似人类提取、处理、理解和分析图像以及图像序列的能力。自动驾驶、机器人、智能医疗等领域均需要通过计算机视觉技术从视觉信号中提取并处理信息。近来随着深度学习的发展，预处理、特征提取与算法处理渐渐融合，形成端到端的人工智能算法技术。目前，计算机视觉技术发展迅速，已具备初步的产业规模。未来计算机视觉技术的发展主要面临以下挑战：一是如何在不同的应用领域和其他技术更好的结合；二是如何降低计算机视觉算法的开发时间和人力成本；三是随着新的成像硬件与人工智能芯片的出现，如何加快新型算法的设计开发。

（4）生物特征识别

生物特征识别技术是指通过个体生理特征或行为特征对个体身份进行识别认证的技术，通常分为注册和识别两个阶段。注册阶段通过传感器对人体的生物表征信息进行采集，如利用图像传感器对指纹和人脸等光学信息、麦克风对说话声等声学信息进行采集，利用数据预处理以及特征提取技术对采集的数据进行处理，得到相应的特征进行存储。识别过程采用与注册过程一致的信息采集方式对待识别人进行信息采集、数据预处理和特征提取，然后将提取的特征与存储的特征进行比对分析，完成识别。

生物特征识别技术涉及的内容十分广泛，包括指纹、掌纹、人脸、虹膜、指静脉、声纹、步态等多种生物特征，其识别过程涉及图像处理、计算机视觉、语音识别、机器学习等多项技术。

（5）虚拟现实/增强现实

虚拟现实（VR）/增强现实（AR）是新型视听技术，结合相关科学技术，在一定范围内生成与真实环境在视觉、听觉、触感等方面高度近似的数字化环境，如图 8-8 所示。通过显示设备、跟踪定位设备、触力觉交互设备、数据获取设备、专用芯片等实现。虚拟现实/增强现实从技术特征角度，按照不同处理阶段，可以分为获取与建模技术、分析与利用技术、交换与分发技术、展示与交互技术以及技术标准与评价体系五个方面，技术难点是三维物理世界的数字化和模型化技术、内容的语义表示和分析、建立自然和谐的人机交互环境等。目前虚拟现实/增强现实面临的挑战主要体现在智能获取、普适设备、自由交互和感知融合四个方面。

图 8-8　虚拟现实

8.1.4　人工智能的融合应用

人工智能与行业领域深度融合，广泛应用于制造、交通、家居、金融、教育、安防、医疗、物流等行业，相关智能产品的种类和形态也将越来越丰富，各种典型智能产品示例如表 8-2 所示。

1．智能制造

智能制造是基于新一代信息通信技术与先进制造技术深度融合，贯穿于设计、生产、管理、服务等制造活动的各个环节，具有自感知、自学习、自决策、自执行、自适应等功能的新型生产方式。

表 8-2　典型智能产品示例

<table>
<tr><th>分　类</th><th colspan="2">典 型 产 品</th></tr>
<tr><td rowspan="4">智能机器人</td><td>工业</td><td>焊接机器人、喷涂机器人、搬运机器人、加工机器人、装配机器人、清洁机器人</td></tr>
<tr><td>个人/家用服务</td><td>家政服务机器人、教育娱乐服务机器人、养老助残服务机器人、个人运输服务机器人、安防监控服务机器人</td></tr>
<tr><td>公共服务</td><td>酒店服务机器人、银行服务机器人、场馆服务机器人和餐饮服务机器人</td></tr>
<tr><td>特种</td><td>康复辅助机器人、农业机器人、水下机器人、军用和警用机器人、电力机器人、石油化工机器人、矿业机器人、建筑机器人、物流机器人、安防机器人、清洁机器人、医疗服务机器人</td></tr>
<tr><td>智能运载工具</td><td colspan="2">自动驾驶汽车、无人直升机、固定翼机、多旋翼飞行器、无人飞艇、无人伞翼机、无人船</td></tr>
<tr><td>智能终端</td><td colspan="2">智能手机、车载智能终端、可穿戴终端、智能手表、智能耳机、智能眼镜</td></tr>
<tr><td>自然语言处理</td><td colspan="2">机器翻译、机器阅读理解、问答系统、智能搜索</td></tr>
<tr><td>计算机视觉</td><td colspan="2">图像分析仪、视频监控系统</td></tr>
<tr><td>生物特征识别</td><td colspan="2">指纹识别系统、人脸识别系统、虹膜识别系统 指静脉识别系统、DNA、步态、掌纹、声纹等识别系统</td></tr>
<tr><td>VR/AR</td><td colspan="2">PC 端 VR、一体机 VR、移动端头显</td></tr>
<tr><td>人机交互</td><td colspan="2">语音助手、智能客服、情感交互、体感交互、脑机交互</td></tr>
</table>

2. 智能交通

智能交通系统（Intelligent Traffic System，ITS）是通信、信息和控制技术在交通系统中集成应用的产物。例如通过不停车收费系统（ETC），实现对通过 ETC 入口站的车辆身份及信息自动采集、处理、收费和放行，有效提高通行能力、简化收费管理、降低环境污染。中国的智能交通系统近几年也发展迅速，在北京、上海、广州、杭州等大城市已经建设了先进的智能交通系统；其中，北京建立了道路交通控制、公共交通指挥与调度、高速公路管理和紧急事件管理等四大 ITS 系统；广州建立了交通信息共用主平台、物流信息平台和静态交通管理系统等三大 ITS 系统。

3. 智能家居

智能家居以住宅为平台，基于物联网技术，由硬件（智能家电、智能硬件、 安防控制设备、家具等）、软件系统、云计算平台构成的家居生态圈，实现人远程控制设备、设备间互联互通、设备自我学习等功能，使家居生活安全、节能、便捷。

4. 智能金融

人工智能技术在金融业中可以用于服务客户，支持授信、各类金融交易和金融分析中的决策，并用于风险防控和监督，将大幅改变金融现有格局，金融服务将会更加地个性化与智能化。

5. 智能安防

智能安防技术是一种利用人工智能对视频、图像进行存储和分析，从中识别安全隐患并对其进行处理的技术。高清视频、智能分析等技术的发展，使得安防从传统的被动防御向主动判断和预警发展。智能安防目前涵盖众多的领域，如街道社区、道路、楼宇建筑、机动车辆的监控，移动物体监测等。今后智能安防还要解决海量视频数据分析、存储控制及传输问题，将智能视频分析技术、云计算及云存储技术结合起来，构建智慧城市下的安防体系。

6. 智能医疗

智能医疗在辅助诊疗、疾病预测、医疗影像辅助诊断、药物开发等方面发挥重要作用。如在疾病预测方面，人工智能借助大数据技术可以进行疫情监测，及时有效地预测并防止疫情的进一步扩散和发展。

7. 智能物流

物流企业在尝试使用智能搜索、推理规划、计算机视觉以及智能机器人等技术，实现货物运输过程的自动化运作和高效率优化管理，提高物流效率。例如，在货物搬运环节，加载计算机视觉、动态路径规划等技术的智能搬运机器人得到广泛应用，大大减少了订单出库时间，使物流仓库的存储密度、搬运的速度、拣选的精度均有大幅度提升。

8.1.5 人工智能技术发展趋势

人工智能技术在以下方面的发展有显著的特点，是进一步研究人工智能趋势的重点。

1. 技术平台开源化

开源的学习框架在人工智能领域的研发成绩斐然，开发者可以直接使用已经研发成功的深度学习工具，减少二次开发，提高效率，促进业界紧密合作和交流。谷歌、百度等国内外龙头企业纷纷布局开源人工智能生态，百度大脑界面如图 8-9 所示。未来将有更多的软硬件企业参与开源生态。

图 8-9 百度 AI 开放平台

2. 专用智能向通用智能发展

目前的人工智能发展主要集中在专用智能方面，具有领域局限性。通用人工智能具备执行一般智慧行为的能力，可以将人工智能与感知、知识、意识和直觉等人类的特征互相连接，减少对领域知识的依赖性、提高处理任务的普适性，这将是人工智能未来的发展方向。

3. 智能感知向智能认知方向迈进

人工智能的主要发展阶段包括：运算智能、感知智能、认知智能。早期阶段的人工智能是运算智能，机器具有快速计算和记忆存储能力。当前大数据时代的人工智能是感知智能，机器具有视觉、听觉、触觉等感知能力。随着类脑科技的发展，人工智能必然向认知智能时代迈进，即让机器能理解会思考。

4. 新一代人工智能

近年来，以人工智能、区块链、大数据、物联网和云计算为代表的新兴技术飞速发展，深刻改变人们的经济活动，人类社会正逐步进入数字新经济时代。国务院于 2017 年 7 月 8 日印发并实施《新一代人工智能发展规划》，提出了面向 2030 年我国新一代人工智能发展的指导思想、战略目标、重点任务和保障措施，部署构筑我国人工智能发展的先发优势，加快建设创新型国家和世界科技强国。

8.2 图像识别

图像识别，是指利用计算机对图像进行处理、分析和理解，以识别各种不同模式的目标和对象的技术，是深度学习算法的一种实践应用。今天所指的图像识别并不仅仅是用人类的肉眼，而是借助计算机技术进行识别的。图像的传统识别流程分为四个步骤：图像采集→图像预处理→特征提取→图像识别。图像识别是以图像的主要特征为基础的。

8.2.1 基于手工特征的图像分类

1. 计算机眼中的图像

在学习图像特征提取之前，我们先来看一下图像在计算机中是如何表示的。如图 8-10 所示，如果将一幅图像放大，我们可以看到它是由一个个的小格子组成的，每个小格子是一个色块。如果我们用不同的数字来表示不同的颜色，图像就可以表示为一个由数字组成的矩形阵列，称为矩阵，这样就可以在计算机中存储。这里的小格子我们称之为像素；而格子的行数与列数，统称为分辨率。我们常说的某幅图像的分辨率是 1280×720，指的就是这张图是由 1280 行、720 列的像素组成的。反过来，如果给出一个数字组成的矩阵，我们将矩阵中的每个数值转换为对应的颜色，并在电脑屏幕上显示出来，就可以复现这张图像。

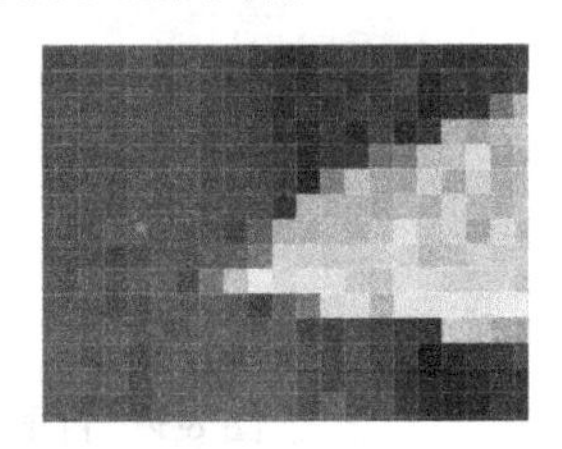

图 8-10　花和放大后的花位图

就像照片分为黑白和彩色一样，在图像里也有灰度图像和彩色图像之分。对于灰度图像，由于只有明暗的区别，因此只需要一个数字就可以表示出不同的灰度。通常用 8bit 对图像的每个像素点进行信息的存储，此时像素的颜色就可以被划分为 2^8=256 个取值，我们用 0 表示最暗的黑色，255 表示最亮的白色，介于 0 和 255 之间的整数则表示不同明暗程度的灰色（当只有 0 和 255 的时候，图像退化为二值图像）。对于彩色图像，我们用（R，G，B）三个数字来表示一个颜色，它表示用红（R）、绿（G）、蓝（B）三种基本颜色叠加后的颜色。对于每种基本颜色，我们也用 0～255 的整数表示颜色分量的明暗程度。三个数字中对应某种基本颜色的数字越大，表示该基本颜色的比例越大，例如，（255，0，0）表示纯红色，（0，255，0）表示纯绿色，（255，192，203）是粉色。

通过对图像的初步学习，我们知道一张彩色图像可以用一个由整数组成的立方体阵列来表示。我们称这样按立方体排列的数字阵列为三阶张量。这个三阶张量的长度与宽度即为图像的分辨率，高度为 3。对数字图像而言，三阶张量的高度也称为通道数，因此我们也说彩色图像有三个通道。矩阵可以看作是高度为 1 的三阶张量，因此灰度图像只有一个通道。

2. 图像的特征

在正式学习图像特征之前，我们可以先简单思考下，什么样的特征可以区分这些照片呢？例如在表 8-3 中，我们将“有没有翅膀”作为一个特征，就可以区分蝴蝶和小狗，也可以区分船和飞机。再将“有没有眼睛”作为另一个特征，我们就可以完美地区分这四类照片了。

表 8-3　区分四类照片的特征

	蝴蝶	小狗	船	飞机
特征 1：有没有翅膀	有	没有	没有	有
特征 2：有没有眼睛	有	有	没有	没有

那么怎样从图像中提取这两个特征呢？对于人类而言，这个过程非常简单，我们只要看一眼图片，大脑就可以获取这些特征。但是对于计算机而言，一幅图片就是以特定方式存储的一串数据。让计算机通过一系列计算，从这些数据中提取类似“有没有翅膀”这样的特征是一件极其困难的事情。

在深度学习出现之前，图像特征的设计一直是计算机视觉领域中一个重要的研究课题。在这个领域发展的初期，人们手工设计了各种图像特征，这些特征可以描述图像的颜色、边缘、轮廓、纹理等基本性质，结合机器学习技术，能解决物体识别和物体检测等实际问题。

既然图像在计算机中可以表示成三阶张量，那么从图像中提取特征便是对这个三阶张量进行运算的过程。其中非常重要的一种运算是卷积。

3. 利用卷积提取图像特征

卷积是一种向量和矩阵的数学运算。因为数字图像使用矩阵来表示和存储，所以卷积是数字图像处理的一种基本运算方式。卷积是两个变量在某范围内相乘后求和的结果。

卷积运算的具体描述下：

对于维数为 m 的向量 $a=(a_1,a_2,\cdots,a_n)$和维数为 n 的向量 $b=(b_1,b_2,\cdots,b_n)$，其中 $n\geqslant m$，其卷积 $a*b$ 的结果为维数为 $n-m+1$ 的一个向量 $c=(c_1,c_2,\cdots,c_{n-m+1})$，并且对任意 $i\in\{1,2,\cdots,n-m+1\}$，有卷积运算，如下所示：

$$c_i=\sum_{k=1}^{m}a_k b_{k+i-1}=a_1b_1+a_2b_2+\cdots+a_m b_{i+m-1}$$

卷积运算在图像处理以及其他许多领域有着广泛的应用。许多图像特征提取方法都会用到卷积。以灰度图为例，在计算机中一幅灰度图像被表示为一个整数的矩阵，如果我们用一个形状较小的矩阵和这个图像矩阵做卷积运算，就可以得到一个新的矩阵，这个新的矩阵可以看作是一幅新的图像。换句话说，通过卷积运算，我们可以将原图像变换为一幅新图像。这幅新图像有时候比原图像更清楚地表示了某些性质，我们就可以把它当作原图像的一个特征。这里用到的小矩阵就称为卷积核。通常，图像矩阵中的元素都是介于 0 到 255 的整数，但卷积核中的元素可能是任意实数。

通过卷积，我们可以从图像中提取出不同的边缘特征。更进一步地，研究者们设计了一些更加复杂而有效的特征。方向梯度直方图是一种经典的图像特征，在物体识别和物体检测中有较好的应用。方向梯度直方图使用边缘检测技术和一些统计学方法，可以表示出图像中物体的轮廓。由于不同的物体轮廓有所不同，因此我们可以利用方向梯度直方图特征区分图像中不同的物体。

方向梯度直方图的提取过程主要包括两个步骤。首先我们利用卷积运算从图像中提取出边缘特征，接下来，我们将图片划分成若干区域，并对边缘特征按照方向和幅度进行统计，并形成直方图。最后我们将所有区域内的直方图拼接起来，就形成了特征向量。

8.2.2 基于深度神经网络的图像分类

1. 从特征设计到特征学习

利用方向梯度直方图特征和支持向量机分类器可完成图像分类的任务，然而分类的正确率并不太令人满意。事实上，这也是当时计算机视觉领域面临的一个问题：利用人工设计的图像特征，图像分类的准确率已经达到“瓶颈”。

改变这一切的推动力来自一项计算机视觉的竞赛。ImageNet 挑战赛是计算机视觉领域的世界级竞赛，比赛的任务之一就是让计算机自动完成对 1000 类图片的分类。在 2010 年首届 Image Net 挑战赛上，冠军团队使用两种手工设计的特征，配合支持向量机，取得了 28.2%的分类错误率。在 2011 年的比赛中，得益于更好的特征设计，第一名的分类错误率降低到了 25.7%。然而对于人类而言，这样的“人工智能系统”还远远称不上“智能”。如果我们将竞赛用的数据集交给人类进行学习和识别，人类的分类错误率只有 5.1%，低出当时最先进的分类系统足足有 20 个百分点。

我们能否尝试提出更好的图像特征呢？或许可以。但这项工作往往需要领域内的兼具专业知识和创造力的科学家与工程师经过数年的摸索与尝试，甚至还需要一些运气成分才可能有所突破。特征设计的困难也极大地拖慢了计算机视觉的发展。

然而 2012 年的 ImageNet 挑战赛给人们带来了惊喜，来自多伦多大学的参赛团队首次使用深度学习，将图片分类的错误率一举降低了 10 个百分点，正确率达到 84.7%，这也使得几乎所有的人工智能研究团队开始关注深度学习。自此以后，ImageNet 挑战赛就是深度神经网络比拼的舞台。2016 年，来自微软研究院的团队提出一种新的网络结构，将错误率降低到了 4.9%，首次超过了人类的正确率。到了 2017 年，图片分类的错误率已经可以达到 2.3%。深度神经网络已经比较好地解决图片分类的问题。mageNet 挑战赛自 2018 年起不再举办。

深度神经网络可以自动从图像中学习有效的特征，因此它具有强大的图片分类能力。在计算机视觉的各个领域，深度神经网络学习的特征逐渐替代了手工设计的特征，人工智能也变得更加“智能”。

另一方面，深度神经网络的出现也降低了人工智能系统的复杂度。在传统的模式分类系统中，特征提取与分类是两个独立的步骤，而深度神经网络将二者集成在了一起。我们只需要将一张图片输入给神经网络，就可以直接得出对图片类别的预测，不再需要分步完成特征提取与分类。从这个角度来讲，深度神经网络并不是对传统模式分类系统的颠覆，而是对传统系统的改进与增强。

2. 深度神经网络的基本结构

一个深度神经网络（DNN）通常由多个顺序连接的层组成。第一层一般以图像为输入，通过特定的运算从图像中提取特征。接下来每一层以前一层提取出的特征输入，对其进行特定形式的变换，便可以得到更复杂一些的特征。这种层次化的特征提取过程可以累加，赋予神经网络强大的特征提取能力。经过很多层的变换之后，神经网络就可以将原始图像变换为高层次的抽象的特征。在 DNN 中按不同层的位置划分，DNN 内部的神经网络可以分为三类 ：输入层，隐藏层和输出层，如图 8-11 所示，一般来说第一层是输入层，最后一层是输出层，而中间的层数都是隐藏层。

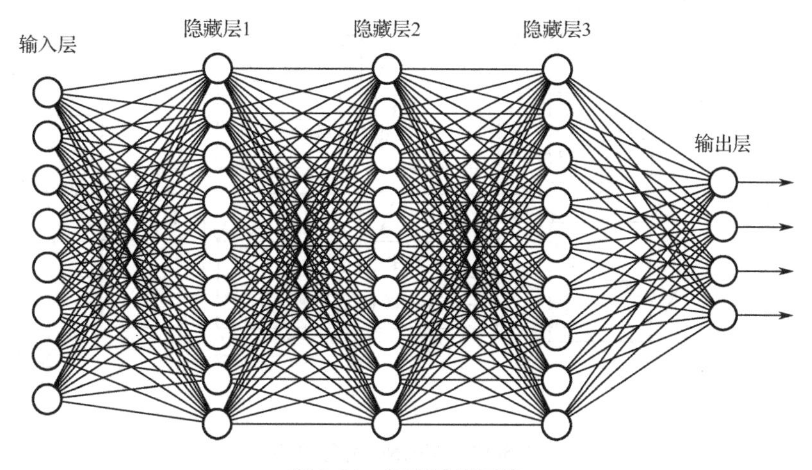

图 8-11 深度神经网络

3. 卷积神经网络

卷积神经网络（CNN）是一类包含卷积计算且具有深度结构的前馈神经网络。标准的卷积神经网络是一种特殊的、比较深的，并且包含许多隐藏层的网络模型结构。对卷积神经网络的研究始于 20 世纪 80 至 90 年代，时间延迟网络和 LeNet-5 是最早出现的卷积神经网络；在二十一世纪后，随着深度学习理论的提出和数值计算设备的改进，卷积神经网络得到了快速发展，并被应用于计算机视觉、自然语言处理等领域。

AlexNet 神经网络是一个典型的卷积神经网络。2012 年，AlexNet 横空出世，并以很□的优势赢得了 ImageNet 2012 图像识别挑战赛冠军。如图 8-12 所示，AlexNet 神经网络的主体部分由五个卷积层和三个全连接层组成。五个卷积层位于网络的最前端，依次对图像进行变换以提取特征。每个卷积层之后都有一个 ReLU 非线性激活层完成非线性变换。第一、二、五个卷积层之后连接有最大池化层，用以降低特征图的分辨率。经过五个卷积层以及相连的非线性激活层与池化层之后，特征图被转为 4096 维的特征向量，再经过两次全连接层和 ReLU 层的变换之后，成为最终的特征向量。再经过一个全连接层和一个归一化指数层之后，就得到了对图片所属类别的预测。

（1）卷积层

卷积层是深度神经网络在处理图像时十分常用的一种层。当一个深度神经网络以卷积层为主体时，我们也称之为卷积神经网络。

神经网络中的卷积层就是用卷积运算对原始图像或者上一层的特征进行变换的层。一种特定的卷积核可以对图像进行一种特定的变换，从而提取出某种特定的特征，如横向边缘或纵向边缘。在一个卷积层中，为了从图像中提取出多种形式的特征，我们通常使用多个卷积核对输入图像进行不同的卷积操作，如图 8-13 所示。一个卷积核可以得到一个通道为 1 的三阶张量，多个卷积核就可以得到多个通道为 1 的三阶张量结果。我们把这些结果作为不同的通道组合起来，就又可以得到一个新的三阶张量，这个三阶张量的通道数就等于我们使用的卷积核的个数。由于每一个通道都是从原图像中提取的一种特征，我们也将这个三阶张量称为特征图。这个特征图就是卷积层的最终输出。

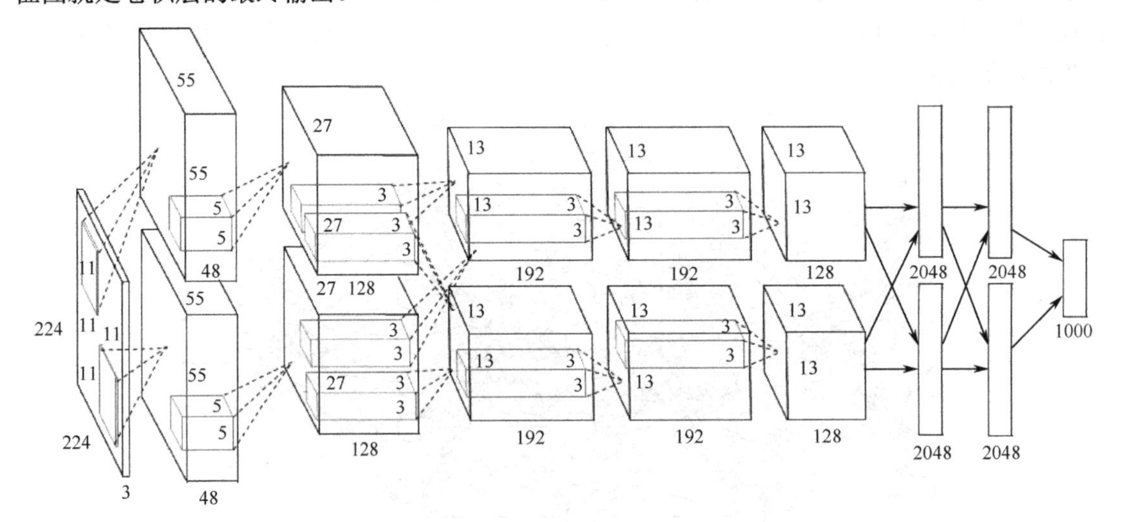

图 8-12　AlexNet 神经网络

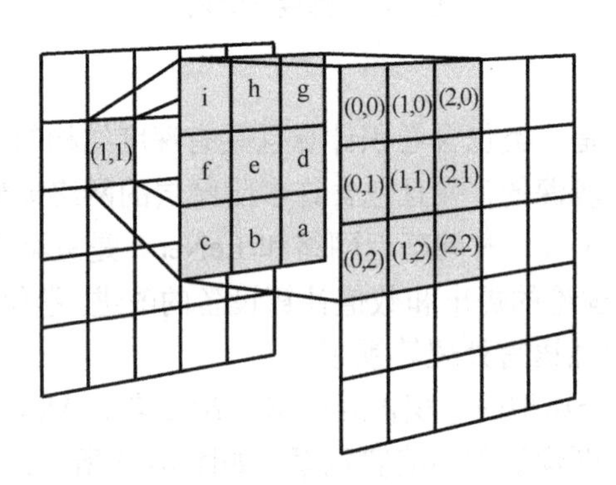

图 8-13　卷积核

特征图与彩色图像都是三阶张量，也都有若干个通道。因此卷积层不仅可以作用于图像，也可以作用于其他层输出的特征图。通常，一个深度神经网络的第一个卷积层会以图像作为输入，而之后的卷积层会以前面的层输出的特征图为输入。

（2）全连接层

在图片分类任务中，输入图片在经过若干卷积层之后，会将得到的特征图转换为特征向量。如果需要对这个特征向量进行变换，经常用到的便是全连接层。

在全连接层中，我们会使用若干维数相同的向量与输入向量做内积操作，并将所有结果拼接成一个向量作为输出。具体来说，如果一个全连接层以向量 X 作为输入，我们会用总共 K 个维数相同的参数向量 W_K 与 X_K 做内积运算，再在每个结果上加上一个标量 b_K，即完成 $y_K = X \cdot W_K + b_K$ 的运算。最后，我们将 K 个标量结果 y_K 组成向量 Y 作为这一层的输出。

（3）归一化指数层

归一化指数层的作用就是完成多类线性分类器中的归一化指数函数的计算。具体来说，对于输入向量 X=（x_1，x_2，...，x_n），计算 n 个标量值 $y_k = \frac{e^{x_k}}{e^{x_1}+\cdots+e^{x_k}}$，并将它们拼接成向量 Y=（$y_1$，$y_2$，…，$y_n$,）作为输出。归一化指数层一般是分类网络的最后一层，它以一个长度和类别个数相等的特征向量作为输入（这个特征向量通常来自一个全连接层的输出），然后输出图像属于各个类别的概率。

（4）非线性激活层

通常我们需要在每个卷积层和全连接层后面都连接一个非线性激活层。为什么呢？其实不管是卷积运算还是全连接层中的运算，它们都是关于自变量的一次函数，即所谓的线性函数。线性函数有一个性质：若干线性计算的复合仍然是线性的。换句话说，如果我们只是将卷积层和全连接层直接堆叠起来，那么它们对输入图片产生的效果就可以被一个全连接层替代。这样一来，虽然我们堆叠了很多层，但每一层的变换效果实际上被合并到了一起。而如果我们在每次线性运算后，再进行一次非线性运算，那么每次变换的效果就可以得以保留。非线性激活层的形式有许多种，它们的基本形式是先选定某种非线性函数，然后再对输入特征图或特征向量的每一个元素应用这种非线性函数，得到输出。常用的非线性函数有：

- 逻辑函数（logistic function）：

$$s(x)=\frac{1}{1+e^{-x}}$$

- 双曲正切函数（hyperbolic tangent function）：

$$\tan h(x)=\frac{e^{x}-e^{-x}}{e^{-x}+e^{-x}}$$

- 线性整流函数（rectified linear function）：

$$\mathrm{ReLU}(x)=\begin{cases}0, x<0\\ x, x\geqslant 0\end{cases}$$

以线性整流函数构成的非线性激活层（简称为 ReLU 层）为例，对于输入的特征向量或特征图，它会将其中小于零的元素变成零，而保持其余元素的值不变，就得到了输出。因为 ReLU 的计算非常简单，所以它的计算速度往往比其他非线性激活层快很多，加之其在实际应用中的效果也很好，因此在深度神经网络中被广泛地使用。

（5）池化层

在计算卷积时，我们会用卷积核滑过图像或特征图的每一个像素。如果图像或特征图的分辨率很大，那么卷积层的计算量就会很大。为了解决这个问题，我们通常在几个卷积层之后插入池化层，以降低特征图的分辨率。

池化层的池化操作步骤如下。首先，我们将特征图按通道分开，得到若干个矩阵。对于每个矩阵，我们将其切割成若干个大小相等的正方形小块。例如，我们将一个 4×4 的矩阵分割成 4 个正方形区块，每个区块的大小为 2×2。接下来，我们对每一个区块取最大值或平均值，并将结果组成一个新的矩阵。最后，我们将所有通道的结果矩阵按原顺序堆叠起来形成一个三阶张量，这个三阶张量就是池化层的输出。对每一个区块取最大值的池化层，我们称之为最大池化层，而取平均值的池化层称为平均池化层。

经过池化后，特征图的长和宽都会减小到原来的 1/2，特征图中的元素数目减小到原来的 1/4。通常我们会在卷积层之后增加池化层。这样，在经过若干卷积、池化层的组合之后，在不考虑通道数的情况下，特征图的分辨率就会远小于输入图像的分辨率，大大减小了对计算量和参数数量的需求。

8.2.3 深度神经网络的发展

尽管神经网络在20世纪40年代就被提出了，但一直到80年代末期才有了第一个实际应用，识别手写数字的LeNet。这个系统广泛地应用在支票地数字识别上。而自2010年之后，基于DNN的应用爆炸式增长。

深度学习在2010年前后得到巨大成功主要是由三个因素导致的。首先是训练网络所需的海量信息。学习一个有效的表示需要大量的训练数据。目前Facebook每天收到超过3.5亿张图片，沃尔玛每小时产生2.5Pb的用户数据，YouTube每分钟有300小时的视频被上传。因此，云服务商和许多公司有海量的数据来训练算法。其次是充足的计算资源。半导体和计算机架构的进步提供了充足的计算能力，使得在合理的时间内训练算法成为可能。最后，算法技术的进化极大地提高了准确性并拓宽了DNN的应用范围。早期的DNN应用打开了算法发展的大门。它激发了许多深度学习框架的发展（大多数都是开源的），这使得众多研究者和从业者能够很容易地使用DNN网络。

ImageNet挑战是机器学习成功的一个很好的例子。这个挑战是涉及几个不同方向的比赛。第一个方向是图像分类，其中给定图像的算法必须识别图像中的内容。训练集由120万张图像组成，每张图片标有图像所含的1000个对象类别之一。然后，该算法必须准确地识别测试集中图像。

2012年，多伦多大学的一个团队使用GPU的高计算能力和深层神经网络方法，即AlexNet，将错误率降低了约10%。他们的成就导致了深度学习风格算法的流行，并不断的改进。

ImageNet挑战中使用深度学习方法的队伍，和使用GPU计算的参与者数量都在相应增加。2012年时，只有四位参赛队使用了GPU，而到了2014年，几乎所有参赛者都使用了GPU。这反映了从传统的计算机视觉方法到深度学习的研究方式的完全转变。

在2015年，ImageNet获奖作品ResNet超过人类水平准确率（top-5错误率低于5%），将错误率降到3%以下。目前，DNN的重点没有过多地放在准确率的提升上，而是放在其他一些更具挑战性的方向上，如对象检测和定位。这些成功显然是DNN应用范围广泛的一个原因。

自从DNN在语音识别和图像识别任务中展现出突破性的成果，使用DNN的应用数量呈爆炸式增加。目前DNN已经广泛应用到图像和视频、语音和语言、医药、游戏、机器人、嵌入式与云等各个领域。其中，视频可能是大数据时代中最多的资源，它占据了当今互联网70%的流量。例如，世界范围内每天都会产生80亿小时的监控视频。计算机视觉需要从视频中抽取有意义的信息。DNN极大地提高了许多计算机视觉任务地准确性，例如图像分类，物体定位和检测，图像分割，和动作识别。在许多领域中，DNN目前的准确性已经超过人类。与早期的专家手动提取特征或制定规则不同，DNN的优越性能来自于在大量数据上使用统计学习方法，从原始数据中提取高级特征的能力，从而对输入空间进行有效的表示。

然而，DNN超高的准确性是以超高的计算复杂度为代价的。通常意义下的计算引擎，尤其是GPU，是DNN的基础。因此，能够在不牺牲准确性和增加硬件成本的前提下，提高深度神经网络的能量效率和吞吐量的方法，对于DNN在AI系统中更广泛的应用是至关重要的。以深度神经网络中的“先驱者”——AlexNet为例，为了完成Image Net分类模型的训练，使用一颗 16 核 CPU 需要一个多月才能完成，而使用一块新型的 GPU 则只需要两三天，大大提高了训练效率，研究人员目前已经更多的将关注点放在针对 DNN 计算开发专用的加速方法。

深度学习的“深”其实表征着神经网络的层数之多，更进一步代表着模型参数之多。一个参数更多的模型，其可学习和调整的空间就更大，表达能力就更强。甚至曾经有人说过：“只要测试错误率还在下降，就可以持续不断地增加深度神经网络的层数来改进结果。”

深度神经网络模型表现的飞快提升，和网络结构不断复杂、网络层数不断增加是分不开的。2012 年超越传统方法 10 个百分点的 AlexNet，共有 5 个卷积层；而到了 2016 年的 PolyNet，则有足足 500 多个卷积层。最初的神经网络通常只有几层的网络。而深度网络通常有更多的层数，今天的网络一般在五层以上，甚至达到一千多层。虽然现代网络设计并不是简单的层数的纵向堆叠，卷积层的数量并不等于网络的深度，但大体上遵循层数越多网络越深的规律。如今在计算机视觉领域，更深的网络也屡见不鲜。这些“深”而复杂的网络，不断刷新着以往相关领域任务中的最好成绩。给我们带来一次又一次的震撼。

如果仅仅通过不断加深网络，我们就能得到性能更好的模型，那么深度学习领域的一切研究是不是就变得十分容易、只要通过不断加深网络便可解决所有问题？然而真实情况并不是如我们所想的这样简单。事实上，更深的神经网络除了会带来更加巨大、令人难以负担的资源消耗外，其在对应任务上的表现有时却会不升反降。过多的层数带来过多的参数，很容易导致机器学习中一个常见的通病：过拟合。训练模型的过程是在训练集上完成的，而我们对一个模型表现的评测会在测试集上完成。有的模型在训练集上是一等一的“优等生”，但是在测试集上的表现却不尽如人意，有时的表现都不能达到及格水平。我们将这种复杂模型过多地“迎合”训练数据、导致其在大量新数据上表现很差的现象称为过拟合。而欠拟合的模型则是在训练数据和新数据上的表现都不能让人满意，简而言之就是能力有限。这种由于模型本身过于简单能力较弱，而导致的在训练过程中准确率很低并且难以提升、在新数据上表现同样很差的现象称为欠拟合。

8.2.4 图像识别在日常生活中的应用

随着更多数据的开放、更多基础工具的开源、产业链的更新迭代，以及高性能的 AI 计算芯片、深度摄像头和优秀的深度学习算法等的进步，图像识别技术又发展到一个新高度。如今，图像识别技术在日常生活中有着广泛的应用，

（1）人脸识别

人脸识别，是基于人的脸部特征信息进行身份识别的一种生物识别技术。用摄像机或摄像头采集含有人脸的图像或视频流，并自动在图像中检测和跟踪人脸，进而对检测到的人脸进行脸部识别的一系列相关技术，通常也叫做人像识别、面部识别。

人脸识别是从一张数字图像或一帧视频中，由“找到人脸”到“认出人脸”的过程，其中“认出人脸”就是一个图像分类的任务。具体地，整个识别过程一般包括以下几个步骤：人脸检测、特征提取、人脸比对和数据保存与分析。人脸检测即对包含用户脸部的图像进行检测，找到人脸所在的位置、人脸角度等信息，也就是完成“看得到”的过程。特征提取则是要让机器“看得懂”：通过对人脸检测步骤中检测出的人脸部分进行分析，得到人脸相应的特征，如五官特点、是否微笑、是否戴眼镜等特征信息。这两步得到的信息，将被用于与人脸数据库中

已经记录的人像（如身份证照片）以一定的方法相比对，也就是解决“跟谁像”的问题。最后，这些分析结果将根据具体的情况被使用，服务于最终的实际应用场景。

2014 年，香港中文大学团队的工作使得机器在人脸识别任务上的表现第一次超越了人类。从这一里程碑式的事件开始，“人脸识别”也成为深度学习算法着力研究的任务之一，并在不断的发展和演进中变成了最先实现落地和改变我们生活的深度学习应用之一。

在深度神经网络被应用于“人脸识别”任务之前，传统的机器学习算法也曾试图解决这一问题。但是由于传统算法在进行识别的过程中，无法同时确保准确率与识别效率，这一情况使得传统人脸识别算法很难达到应用规模。而当前的在亿万级别人脸数据上训练得到的深度模型，在使用时则可以同时满足大规模和高精度的要求，真正应用于生活的方方面面。

目前，人脸识别是人工智能视觉与图像领域中最热门的应用之一，《麻省理工科技评论》发布 2017 全球十大突破性技术榜单，来自中国的技术刷脸支付位列其中。这是该榜单创建 16 年来首个来自中国的技术突破。如表 8-4 所示，人脸识别技术目前已经广泛应用于金融、司法、军队、公安、边检、政府、航天、电力、工厂、教育、医疗等行业。

表 8-4　人脸识别的主要应用场景

应用场景	说　明
人脸支付	将人脸与用户的支付渠道绑定，人脸支付技术的最大特征是能避免个人信息泄露，并采用非接触的方式进行识别。可以快捷、精准、卫生地进行身份认定，具有不可复制性。
人脸开卡	客户在银行等部门开卡时，可通过身份证和人脸识别进行身份校验，以防止借用身份证开卡。
人脸考勤	利用高精度的人脸识别，比对能力，提升考勤效率，保证了考勤记录的真实公正。
安防监控	在大量人群流动的交通枢纽，对结构化的人、车、物等视频内容信息进行快速检索、查询。该技术被广泛应用于人群分析、防控预警等。
人脸闸机	在机场、铁路、海关等场合利用人脸识别确定乘客身份。
相册分类	通过人脸检测，自动识别照片库中的人物角色，并进行分类管理，提升产品的用户体验。
人脸美颜	基于人脸检测和关键点识别，实现人脸的特效美颜，特效相机、贴片等互动娱乐功能。

（2）图片识别分析

这里所说的图片识别是指人脸识别之外的静态图片识别，目前应用比较多的是以图搜图、物体/场景识别、车型识别、人物属性、服装、时尚分析、鉴黄，货架扫描识别、农作物病虫害识别等。其中以图搜图应用主要通过图片来代替文字进行搜索，以帮助用户搜索无法用简单文字描述的需求。以图搜图应用在电商平台得到大量的运用。

（3）自动驾驶/驾驶辅助

自动驾驶汽车是一种通过计算机实现无人驾驶的智能汽车，它依靠人工智能、机器视觉、雷达、监控装置和全球定位系统协同合作，让计算机可以在没有任何人类主动操作的情况下，自动安全地操作机动车辆。机器视觉的快速发展促进了自动驾驶技术的成熟，使无人驾驶在未来成为可能。

（4）医疗影像诊断

医疗数据中有超过 90%的数据来自医疗影像。医疗影像领域拥有孕育深度学习的海量数据，医疗影像诊断可以辅助医生，提升医生的诊断的效率。目前，医疗影像诊断主要应用于肿瘤探测、肿瘤发展追踪、血液量化与可视化、病理解读等方面。

（5）文字识别

计算机文字识别，俗称光学字符识别，它是利用光学技术和计算机技术把印在或写在纸上的文字读取出来，并转换成一种计算机能够接受、人又可以理解的格式。这是实现文字高速录入的一项关键技术。这项技术可用于卡证类识别、票据类识别、出版类识别、实体识别等。

（6）工业视觉检测

机器视觉可以快速获取大量信息，并进行自动处理。在自动化生产过程中，人们将机器视觉系统广泛地用于工况监视、成品检验和质量控制等领域。机器视觉系统的特点是提高生产的柔性和自动化程度。运用在一些危险工作环境或人工视觉难以满足要求的场合；此外，在大批量工业生产过程中，机器视觉检测可以大大提高生产效率和生产的自动化程度。

8.3 语音识别

语音识别，也被称为自动语音识别 Automatic Speech Recognition（ASR），其目标是将人类的语音中的词汇内容转换为计算机可读的输入，例如按键、二进制编码或者字符序列。

语音识别是一门交叉学科，所涉及的领域包括：信号处理、模式识别、概率论和信息论、发声机理和听觉机理、人工智能等等。近二十年来，语音识别技术取得显著进步，在工业、家电、通信、汽车电子、医疗、家庭服务、消费电子产品等各个领域都有所应用。

8.3.1 发展历史

1. 国外发展概述

对于自动语音识别的探索，早期的声码器可以看作是语音合成和识别技术的雏形，20 世纪 20 年代出现的“Radio Rex”玩具狗也许是人类历史上最早的语音识别机。现代自动语音识别技术可以追溯到 20 世纪 50 年代贝尔实验室的研究员使用模拟元器件，提取分析元音的共振峰信息，实现了十个英文孤立数字的识别功能。到了 50 年代末，统计语法的概念被伦敦大学学院的研究者首次加入语音识别中（Fry，1959），具有识别辅音和元音音素功能的识别器问世。在同一时期，用于特定环境中面向非特定人 10 个元音的音素识别器也在麻省理工学院的林肯实验室被研制出来。概率在不确定性数据管理中扮演重要角色，但多重概率的出现也极大地加大了数据处理的繁杂度。

从开始研究语音识别技术至今，语音识别技术的发展已经有半个多世纪的历史。语音识别技术研究的开端，是 Davis 等人研究的 Audry 系统，它是当时第一个可以获取几个英文字母的系统。到了 20 世纪 60 年代，伴随计算机技术的发展，语音识别技术也得以进步，动态规划和线性预测分析技术解决了语音识别中最为重要的问题——语音信号产生的模型问题；70 年代，语音识别技术有了重大突破，动态时间规整技术（DTW）基本成熟，使语音变得可以等长，另外，矢量量化（VQ）和隐马尔科夫模型理论（HMM）也不断完善，为之后语音识别的发展做了铺垫；80 年代对语音识别的研究更为彻底，各种语音识别算法被提出，其中的突出成就包括 HMM 模型人工神经网络（ANN）；进入 90 年代后，语音识别技术开始应用于全球市场，许多著名科技互联网公司，如 IBM，Apple 等，都为语音识别技术的开发和研究投入巨资；到了 21 世纪，语音识别技术研究重点转变为即兴口语和自然对话以及多种语种的同声翻译。

2. 国内发展概述

国内关于语音识别技术的研究与探索从20世纪80年代开始，虽然起步较晚，但发展速度很快，逐渐从实验室向生产、生活推广。中国在这方面的研究已经基本上赶上了国外水平，并且根据汉语语音的特点，还有自己的特点与优势，已经跻身国际先进行列。

清华大学电子工程系语音技术与专用芯片设计课题组，研发的非特定人汉语数码串连续语音识别系统的识别精度已经达到94.8%（不定长数字串）和96.8%（定长数字串）。尽管还存在5%的拒识率，但系统识别率还是达到了96.9%（不定长数字串）和98.7%（定长数字串），这是目前国际上最好的识别结果之一，几乎达到了实用水平。Pattek是2002年6月底由中科院自动化所推出的语音识别产品，它的出现打破了中文语音识别产品自1998年以来一直由国外公司垄断的历史。这一系列产品识别率高，对环境噪声和口音都有很强的适应能力。

8.3.2 识别过程

1. 语音识别过程

语音的识别过程一般包括从一段连续声波中采样，将每个采样值量化，得到声波的压缩数字化表示。采样值位于重叠的帧中，对于每一帧，抽取出一个描述频谱内容的特征向量。然后，根据语音信号的特征识别语音所代表的单词，语音识别过程主要分为四步，语音信号采集→语音信号预处理→语音信号的特征参数提取→语音识别。

（1）语音信号采集

计算机没有耳朵，那它怎么感知声音呢？这时候就需要把声波转换为便于计算机存储和处理的音频文件了（如MP3格式）。语音信号采集是语音信号处理的前提。语音通常通过话筒输入计算机。话筒将声波转换为电压信号，然后通过A/D装置（如声卡）进行采样，从而将连续的电压信号转换为计算机能够处理的数字信号，如图8-14所示，首先我们通过话筒中的传感器把声波转化为电信号（如电压），这就好比耳蜗中的听觉感受器把声波传导到听神经。但是计算机是无法存储连续信号的，因此我们需要通过采样使得电信号在时间上变得离散，再通过量化使得它在幅度上变得离散。声音变成了离散的数据点，计算机就可以通过不同的编码方式将它存储为不同的文件格式，我们听音乐时常用的MP3就是其中一种。计算机里面的音频文件描述的实际上是一系列按时间先后顺序排列的数据点，所以也被称为时间序列（time series），把它可视化出来就是我们常见的波形（waveform），其横坐标代表时间，纵坐标没有直接的物理意义，它反映了传感器在传导声音时的振动位移。因为振动位移随时间在0附近反复振荡，因而波形也是随时间在0附近不断振荡的。当采样频率比较高时，波形看起来是近似连续的。

（2）语音信号预处理

语音信号在采集后首先要进行滤波、A/D变换、预加重（Preemphasis）、分帧和端点检测等预处理，然后才能进入识别、合成、增强等实际应用。

滤波的目的有两个：一是抑制输入信号中频率超出fs/2的所有分量（fs：为采样频率），以防止混叠干扰；二是抑制50Hz的电源工频干扰。因此，滤波器应该是一个带通滤波器。

A/D变换是将语音模拟信号转换为数字信号。A/D变换中要对信号进行量化，量化后的信号值与原信号值之间的差值为量化误差，又称为量化噪声。

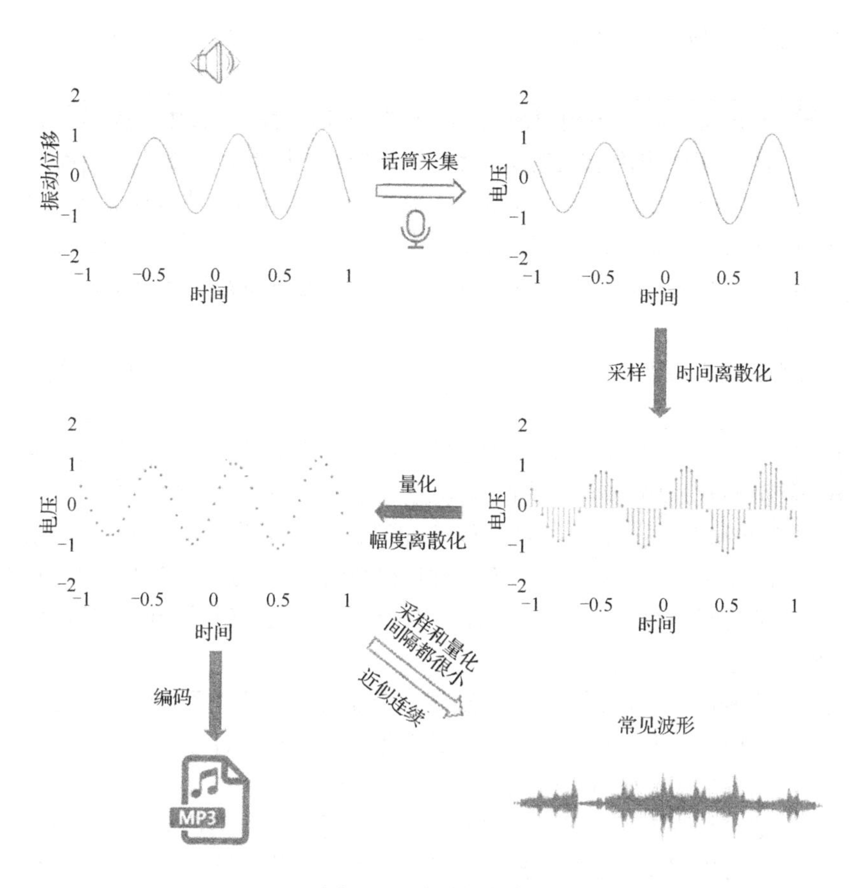

图 8-14 声音的数字化

预加重处理的目的是提升高频部分，使信号的频谱变得平坦，保持在低频到高频的整个频带中，能用同样的信噪比求频谱，便于频谱分析。

分帧是为了进行“短时分析”，因为贯穿于语音分析全过程的是“短时分析技术”。语音信号具有时变特性，但是在一个短时间范围内（一般认为在 10～30ms 的短时间内），其特性基本保持不变即相对稳定，因而可以将其看作是一个准稳态过程，即语音信号具有短时平稳性。所以任何语音信号的分析和处理必须建立在“短时”的基础上，即进行“短时分析”，将语音信号分段来分析其特征参数，其中每一段称为一“帧”，帧长一般取为 10～30ms。这样，对于整体的语音信号来讲，分析出的是由每一帧特征参数组成的特征参数时间序列。

端点检测是从包含语音的一段信号中确定出语音的起点和终点。有效的端点检测不仅能减少处理时间，而且能排除无声段的噪声干扰。目前主要有两类方法：时域特征方法和频域特征方法。时域特征方法是利用语音音量和过零率进行端点检测，计算量小，但对气音会造成误判，不同的音量计算也会造成检测结果不同。频域特征方法是用声音的频谱的变异和熵的检测进行语音检测，计算量较大。

（3）语音信号的特征参数提取

人说话的频率在 10kHz 以下。根据香农采样定理，为了使语音信号的采样数据中包含所需单词的信息，计算机的采样频率应是需要记录的语音信号中包含的最高语音频率的两倍以上。一般将信号分割成若干块，信号的每个块称为帧，为了保证可能落在帧边缘的重要信息不会丢失，应该使帧有重叠。例如，当使用 20kH 的采样频率时，标准的一帧为 10ms，包含 200 个采样值。

话筒等语音输入设备可以采集到声波波形，如图 8-14 所示。虽然这些声音的波形包含了所需单词的信息，但用肉眼观察这些波形却得不到多少信息因此，需要从采样数据中抽取那些能够帮助辨别单词的特征信息。在语音识别中，常用线性预测编码技术抽取语音特征。

线性预测编码的基本思想是：语音信号采样点之间存在相关性，可用过去的若干采样点的线性组合预测当前和将来的采样点值。线性预测系数以通过使预测信号和实际信号之间的均方误差最小来唯一确定。

语音线性预测系数作为语音信号的一种特征参数，已经广泛应用于语音处理各个领域。

（4）语音识别

当提取声音特征集合以后，就可以识别这些特征所代表的单词。识别系统的输入是从语音信号中提取出的特征参数，如 LPC 预测编码参数。语音识别所采用的方法主要分为三大类，第一类是基于语音学和声学；第二类是模板匹配法，包括矢量量化（VQ）、动态时间规整（DTW）、隐马尔可夫模型（HMM）等；第三类是神经网络法，是目前的一个研究热点。目前用于语音识别研究的神经网络有 BP 神经网络、Kohcmen 特征映射神经网络等，特别是深度学习用于语音识别取得了长足的进步。

以上就是语音识别的一般过程。语音识别是一个非常复杂的任务，想要达到实用的水准并不容易。我们也可以把语音识别理解成一个分类任务，即把人说的每一个音都找到一个文字对应。然而这个分类任务却比音乐风格分类复杂得多。音乐风格分类只需要对一整段音频做一次分类，而且其类型数目较少；语音识别需要对每一个音都进行分类，文字的数量成千上万，可能的类别数也很多。可以想象，这样的分类任务是非常困难的。但是语音识别也有它简单的一面，人类的语言是很有规律的，我们在做语音识别的时候应该要考虑这些规律。第一，每种语言在声音上都有一定的特点，以汉语为例，我们都学过拼音，不认识的字我们通过拼音就能知道它的发音了。拼音的声母和韵母的数量比汉字的数量少很多，我们可以用汉语的声学特性提高语音识别的准确率。第二，汉语的语言表达也有一定的规律，比如我们根据声音的特性识别出来一个词“hao chi”，那么这个词更有可能是“好吃”而不是“郝吃”，因为前者在汉语的表达中具有一定的意义而且会经常出现。

图 8-15 为语音识别流程图。首先把一段语音分成若干小段，这个过程称为分帧。然后把每一帧识别为一个状态，再把状态组合成音素，音素一般就是我们熟知的声母和韵母，而状态则是比音素更加细节的语音单位，一个音素通常会包含三个状态。把一系列语音帧转换为若干音素的过程利用了语言的声学特性，因而这一部分被称为声学模型（acoustic model）。从音素到文字的过程需要用到语言表达的特点，这样才能从同音字中挑选出正确的文字，组成意义明确的语句，这部分被称为语言模型（language model）。

语音识别系统框图如图 8-16 所示。

2. 基于神经网络的语音识别过程

（1）将声音转换成“位（Bit）”

语音识别的第一步是很显而易见的——我们需要将声波输入到计算机中。

在上一节中，我们学习了如何把图像视为一个数字序列，以便直接将其输入神经网络进行图像识别，如图 8-17 所示，图像只是图片中每个像素深度的数字编码序列。

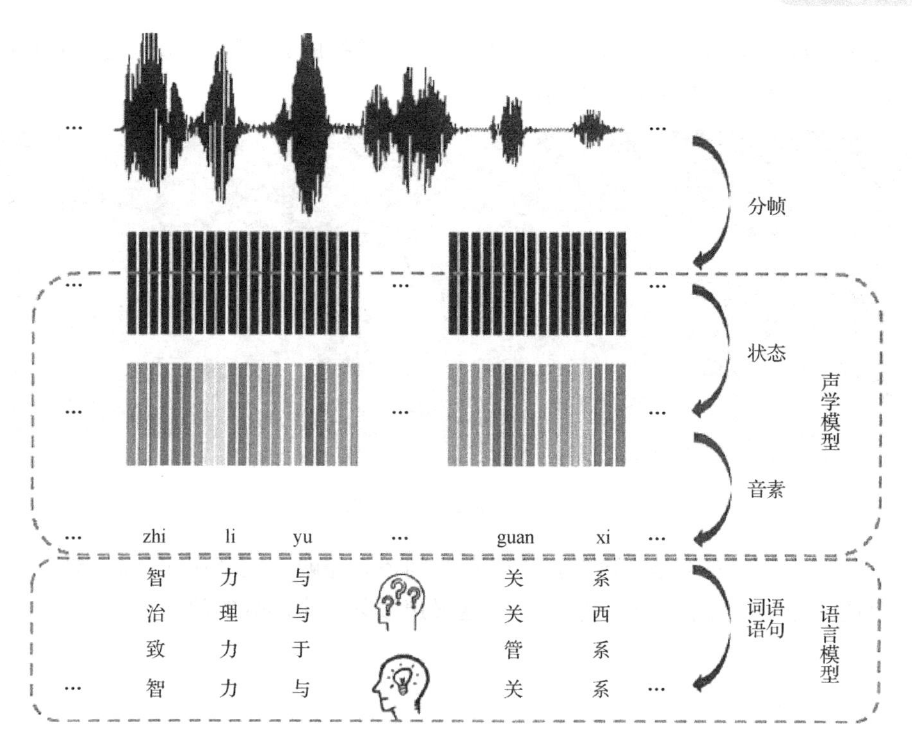

图 8-15 语音识别流程

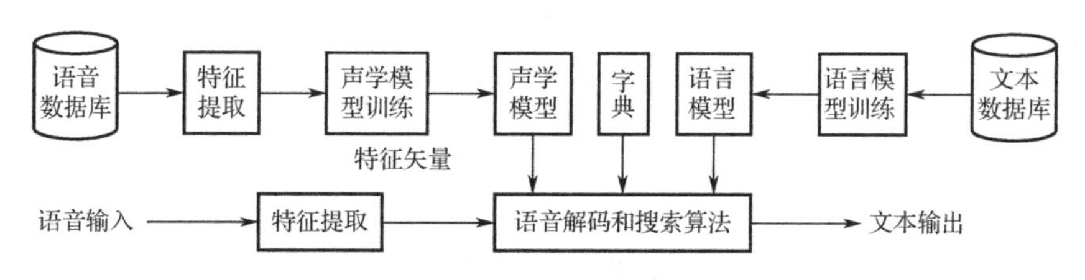

图 8-16 语音识别框图

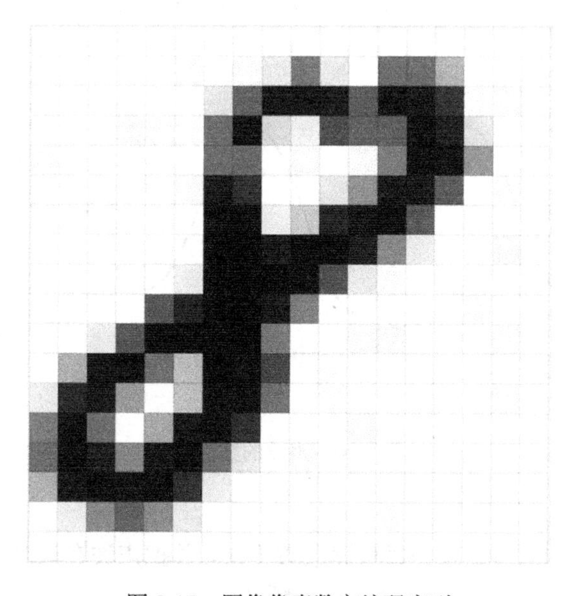

图 8-17 图像像素数字编码序列

但声音是以波(waves)的形式传播的。如何将声波转换成数字呢?让我们使用我说的“Hello”这个声音片段作为例子，如图 8-18 所示。

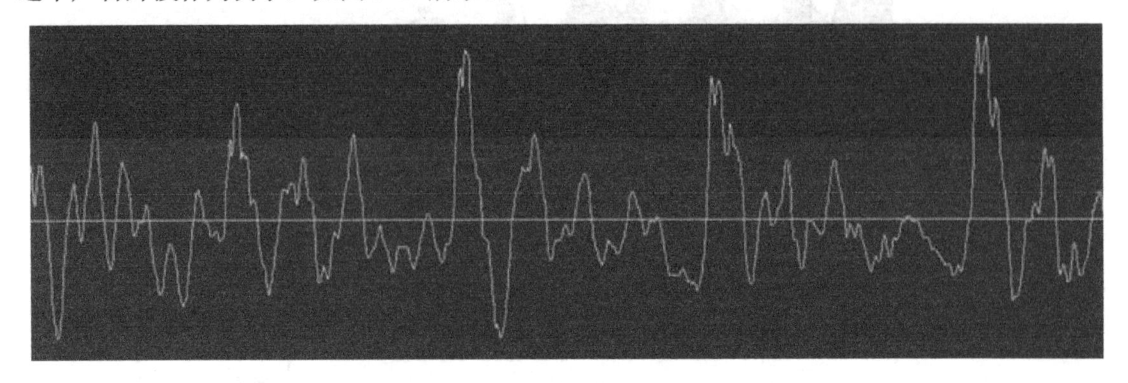

图 8-18 “hello”的声波波形

声波是一维的（事实上是二维的，不仅有时间还有振幅），在每个时刻，基于波的高度，它们有一个值（振幅）。图 8-19 是将图 8-18 这段声波某一小部分的放大。

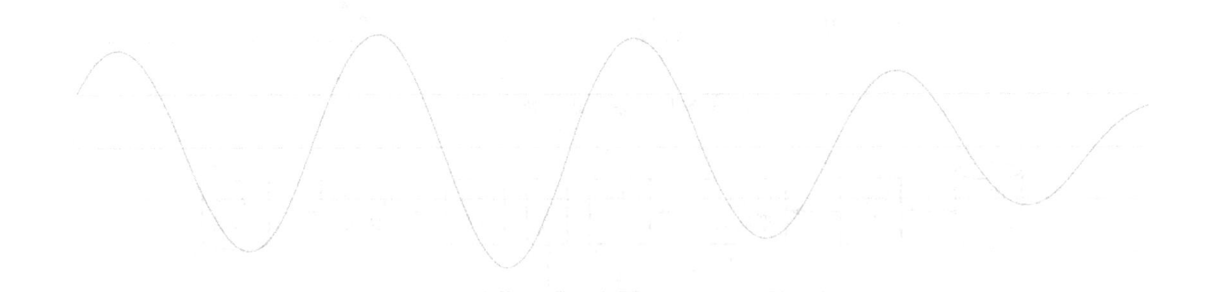

图 8-19 声波放大

为了将这个声波转换成数字，我们只记录声波在等距点的高度，如图 8-20 所示。

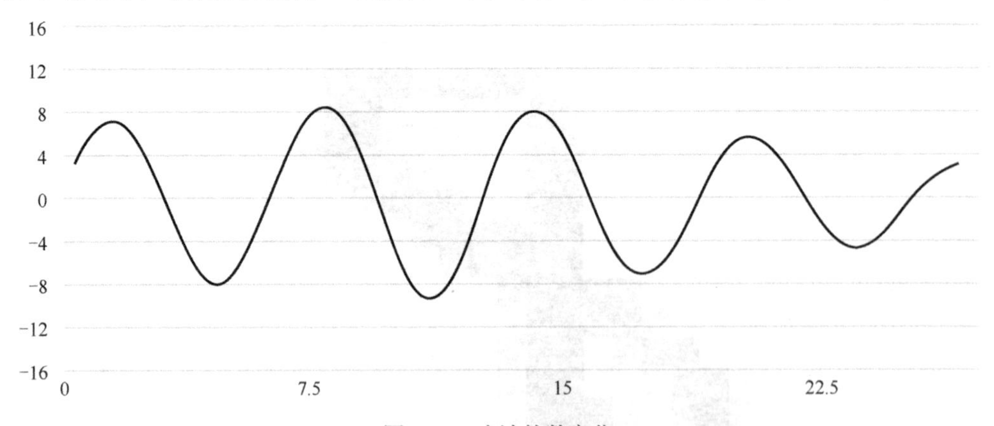

图 8-20 声波的数字化

（2）给声波采样

语音识别的第二步是采样。我们每秒读取数千次，并把声波在该时间点的高度用一个数字记录下来。这基本上就是一个未压缩的.wav 音频文件。

“CD 音质”的音频是以 44.1kHz（每秒 44100 个读数）进行采样的。但对于语音识别，16kHz（每秒 16000 个采样）的采样率足以覆盖人类语音的频率范围。让我们把“Hello”的声波每秒采样 16000 次。图 8-21 给出了前 100 个采样点。

```
[-1274, -1252, -1160, -986, -792, -692, -614, -429, -286, -134, -57, -41, -169, -456, -450, -541, -761, -1067, -1231, -1047, -952, -645, -489, -448
, -397, -212, 193, 114, -17, -110, 128, 261, 198, 390, 461, 772, 948, 1451, 1974, 2624, 3793, 4968, 5939, 6057, 6581, 7302, 7640, 7223, 6119, 5461,
 4820, 4353, 3611, 2740, 2004, 1349, 1178, 1085, 901, 301, -262, -499, -488, -707, -1406, -1997, -2377, -2494, -2605, -2675, -2627, -2500, -2148, -
1648, -970, -364, 13, 260, 494, 788, 1011, 938, 717, 507, 323, 324, 325, 350, 103, -113, 64, 176, 93, -249, -461, -606, -909, -1159, -1307, -1544]
```

图 8-21　前 100 个采样点

你可能认为采样只是对原始声波进行粗略估计，因为它只是间歇性地读取。我们的读数之间有间距，所以会丢失数据，对吗？采样后的数据如图 8-22 所示，大家可以讨论一下。

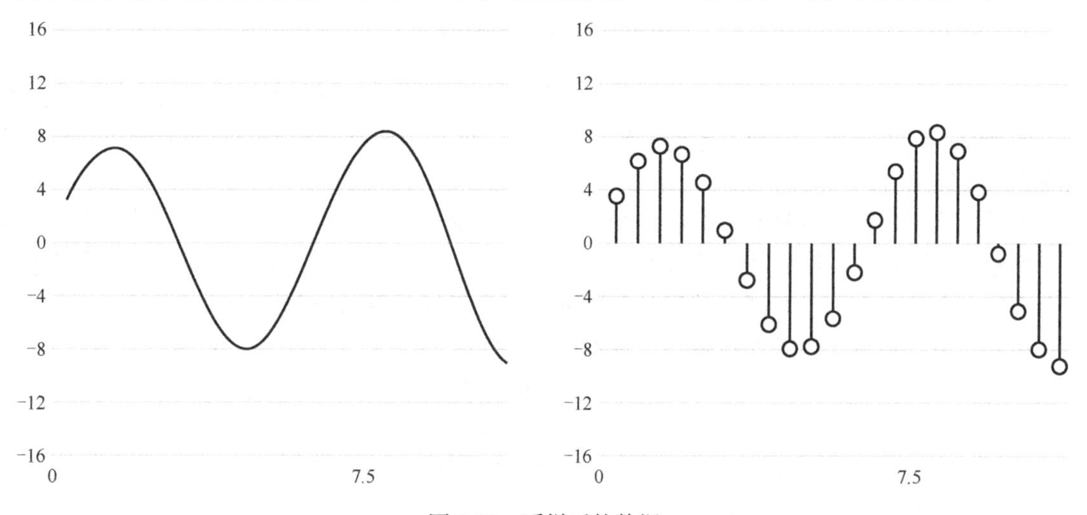

图 8-22　采样后的数据

值得一提的是，由于奈奎斯特采样定理（Nyquist Shannon）的存在，从间隔的采样中完美重建原始模拟声波是完全可行的——只要以我们希望得到的最高频率的 2 倍来采样就可以。

（3）预处理采样声音数据

第三步则是对声音信号进行预处理。我们现在有一个数列，其中每个数字代表 16000 分之一秒的声波振幅。

如果直接把这些数字输入到神经网络中，试图直接分析这些采样来进行语音识别仍旧是困难的。相反，我们可以通过对音频数据进行一些预处理来使问题变得更容易。

首先将采样音频分组为 20ms 长的块。图 8-23 是第一个 20ms 的音频（即前 320 个采样）。

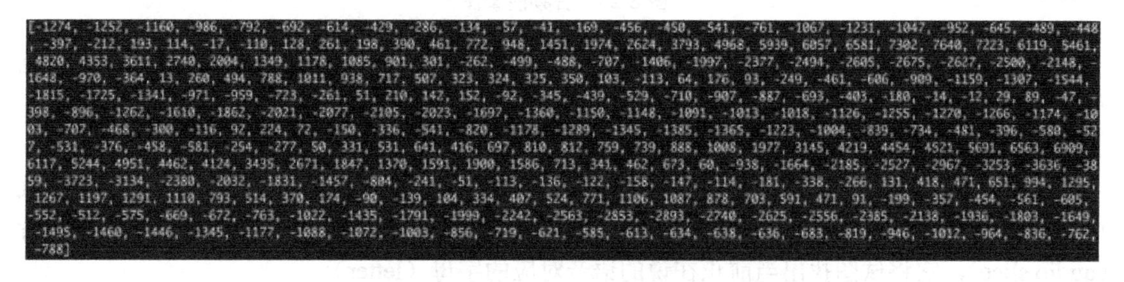

```
[-1274, -1252, -1160, -986, -792, -692, -614, -429, -286, -134, -57, -41, -169, -456, -450, -541, -761, -1067, -1231, -1047, -952, -645, -489, -448
, -397, -212, 193, 114, -17, -110, 128, 261, 198, 390, 461, 772, 948, 1451, 1974, 2624, 3793, 4968, 5939, 6057, 6581, 7302, 7640, 7223, 6119, 5461,
 4820, 4353, 3611, 2740, 2004, 1349, 1178, 1085, 901, 301, -262, -499, -488, -707, -1406, -1997, -2377, -2494, -2605, -2675, -2627, -2500, -2148, -
1648, -970, -364, 13, 260, 494, 788, 1011, 938, 717, 507, 323, 324, 325, 350, 103, -113, 64, 176, 93, -249, -461, -606, -909, -1159, -1307, -1544,
-1815, -1725, -1341, -971, -959, -723, -261, 51, 210, 142, 152, -92, -345, -439, -529, -710, -907, -887, -693, -403, -180, -14, -12, 29, 89, -47, -
398, -896, -1262, -1610, -1862, -2021, -2077, -2105, -2023, -1697, -1360, -1150, -1148, -1091, -1013, -1018, -1126, -1255, -1270, -1266, -1174, -10
03, -707, -468, -300, -116, 92, 224, 72, -150, -336, -541, -820, -1178, -1289, -1345, -1385, -1365, -1223, -1004, -839, -734, -481, -396, -580, -52
7, -531, -376, -458, -581, -254, -277, 50, 331, 531, 641, 416, 697, 810, 812, 759, 739, 888, 1008, 1977, 3145, 4219, 4454, 4521, 5691, 6563, 6909,
6117, 5244, 4951, 4462, 4124, 3435, 2671, 1847, 1370, 1591, 1900, 1586, 713, 341, 462, 673, 60, -938, -1664, -2185, -2527, -2967, -3253, -3636, -38
59, -3723, -3134, -2380, -2032, -1831, -1457, -804, -241, -51, -113, -136, -122, -158, -147, -114, -181, -338, -266, 131, 418, 471, 651, 994, 1295,
 1267, 1197, 1291, 1110, 793, 514, 370, 174, -90, -139, 104, 334, 407, 524, 771, 1106, 1087, 878, 703, 591, 471, 91, -199, -357, -454, -561, -605,
-552, -512, -575, -669, -672, -763, -1022, -1435, -1791, -1999, -2242, -2563, -2853, -2893, -2740, -2625, -2556, -2385, -2138, -1936, -1803, -1649,
 -1495, -1460, -1446, -1345, -1177, -1088, -1072, -1003, -856, -719, -621, -585, -613, -634, -638, -636, -683, -819, -946, -1012, -964, -836, -762,
 -788]
```

图 8-23　前 320 个采样点

将这些数字绘制为简单折线图，如图 8-24，图中给出了 20 毫秒时间内原始声波的粗略估计。

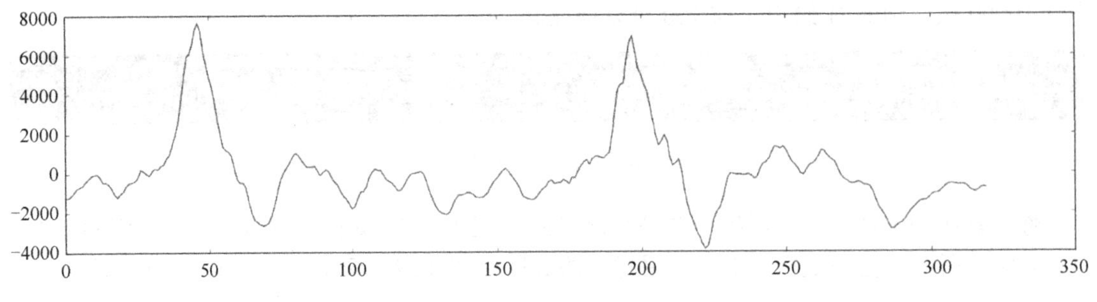

图 8-24　声波的粗略估计

虽然这段录音只有 50 分之一秒的长度，但这样短暂时长却是由不同频率的声音复杂地组合在一起的。一些低音、中音，甚至高音混在一起。就是这些不同频率的声音混合在一起，才组成了人类的语音。

为了使这个数据更容易被神经网络处理，我们将这个复杂的声波分解成一个个组件部分。一步步分离低音部分，然后是最低音部分，以此类推。然后通过将（从低到高）每个频带中的能量相加，为各个类别（音调）的音频片段创建一个指纹（fingerprint）。

想象一下，你有一段某人在钢琴上演奏 C 大调和弦的录音。这个声音是的三个音符 C、E 和 G 组合而成的，它们混合在一起组成一个复杂的声音。我们想把这个复杂的声音分解成单独的音符，以此来发现它们是 C、E 和 G。这和我们语音识别的想法一样，与图像类似，声音数字化后的取值范围也是有限的.常见的音频一般有两个声道（对应左耳、右耳），而图像通常有三个通道（对应红、绿、蓝）。

我们使用被称为傅立叶变换（Fourier transform）的数学运算来做到这一点。它将复杂的声波分解为简单的声波。一旦有了这些单独的声波，我们就能将每一个包含的能量加在一起。

由图 8-25 可以看到，在我们的 20ms 声音片段中有很多低频能量，然而在更高频率中并没有太多的能量。这是典型的男性的声音。

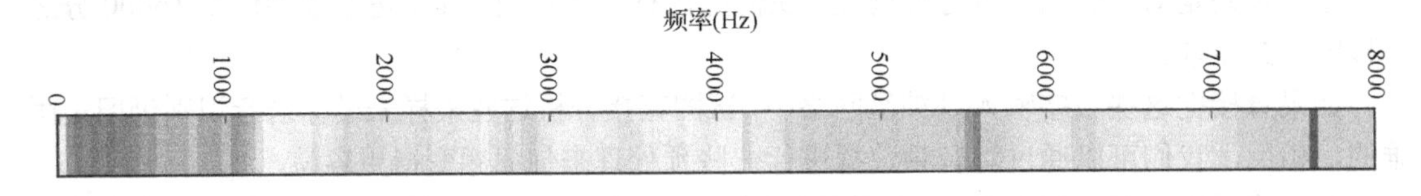

图 8-25　音频能量图

如果对每 20 毫秒的音频块重复这个过程，我们最终会得到图 8-26 所示的频谱图（每一列从左到右都是一个 20ms 的块）。

（4）从短声音识别字符

最后一步，是对这段语音进行短字符识别。现在我们有了一个易于处理的格式的音频，我们将把它输入深度神经网络中。神经网络的输入是 20ms 的音频块。对于每个小的音频切片（audio slice），它将试图找出当前正在说的语音对应的字母（letter）。

如图 8-27 所示，我们将使用一个循环神经网络（Recurrent Neural Network），即一个拥有记忆以影响未来预测的神经网络，来对语音进行识别。这是因为它预测的每个字母都应该能够影响下一个字母的预测可能性。例如，如果我们到目前为止已经说了 HEL"，那么很有可能接下来会说“LO”来完成“Hello”。我们不太可能会说“XYZ”之类根本读不出来的语音。因此，具有先前预测的记忆有助于神经网络对未来进行更准确的预测。

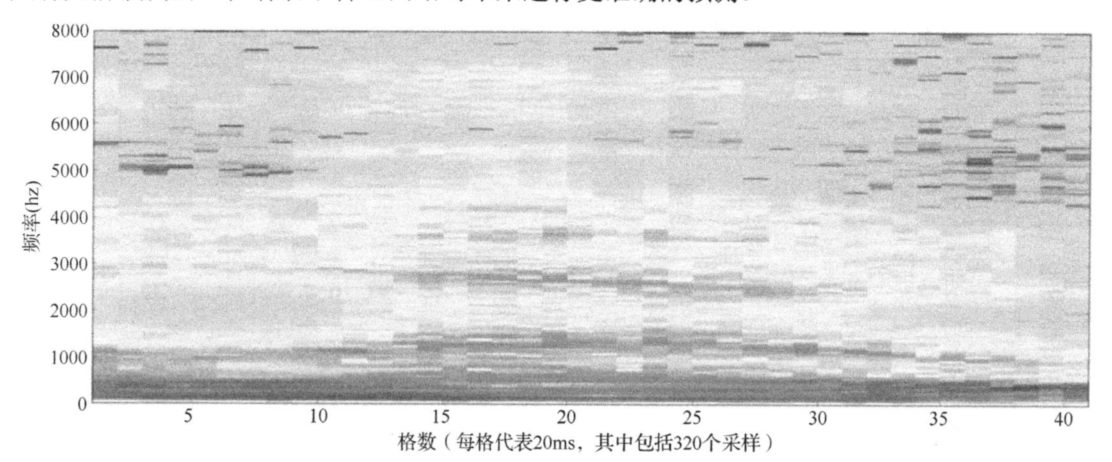

图 8-26 “hello”声音剪辑的完整谱图

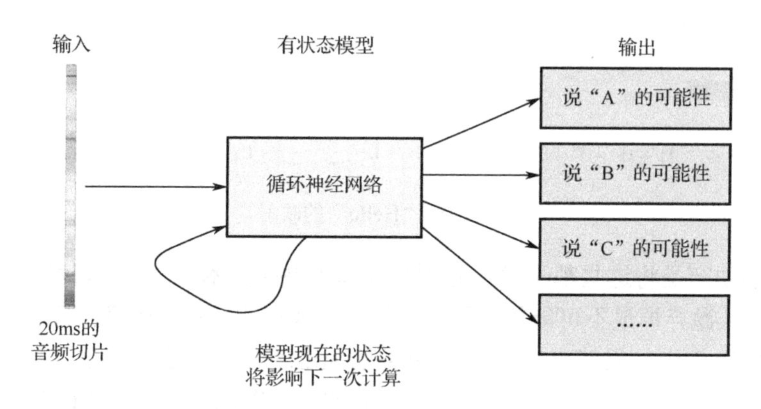

图 8-27 语音识别流程

当通过神经网络运行整个音频剪组（一次一块）之后，我们将最终得到每个音频块和其最可能被说出的那个字母的一个映射（mapping）。这是一个看起来说“Hello”的映射（见图 8-28）。

我们的神经网络正在预测我说的那个词很有可能是“HHHEE_LL_LLLOOO”。但它同时认为我说的也可能是“HHHUU_LL_LLLOOO”，或者甚至是“AAAUU_LL_LLLOOO”。

我们遵循一些步骤来整理这个输出。首先，我们将用单个字符替换任何重复的字符：

HHHEE_LL_LLLOOO 变为 HE_L_LO

HHHUU_LL_LLLOOO 变为 HU_L_LO

AAAUU_LL_LLLOOO 变为 AU_L_LO

然后，我们将删除所有空白处：

HE_L_LO 变为 HELLO

HU_L_LO 变为 HULLO

AU_L_LO 变为 AULLO

这让我们得到三种可能的转录——“Hello”，“Hullo”和“Aullo”。如果你大声说出这些词，所有这些声音都类似于“Hello”。因为它每次只预测一个字符，神经网络会得出一些试探性的转录。例如，如果你说“He would not go”，它可能会给一个可能“He wud net go”的转录。

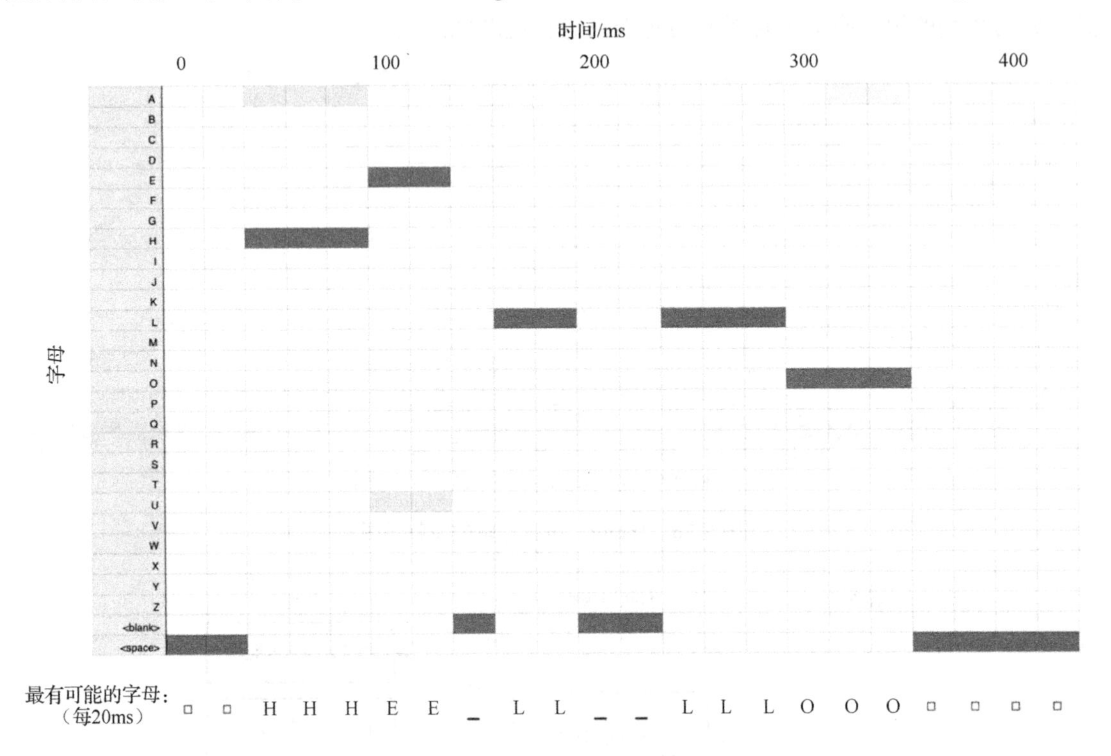

图 8-28 “Hello”的映射

解决问题的诀窍是将这些基于发音的预测与基于书面文本（书籍，新闻文章等）大数据库的可能性相结合。抛弃掉最不可能的转录，保留住最现实的转录。在我们可能的转录“Hello”，“Hullo”和“Aullo”中，显然“Hello”将更频繁地出现在文本数据库中（更不用说在我们原始的基于音频的训练数据中），因此它可能是正确的。所以我们会选择“Hello”而不是其他作为我们的最后的转录。

以上就是基于神经网络的语音识别的大致思路和原理，是不是很有趣呢？

8.3.3 识别方法

语音识别的方法可以分为以下三种。

1. 基于语音学和声学

该方法起步较早，在刚开始提出语音识别技术时，就已经有了这方面的研究，但由于其复杂的模型和语音知识，无法实现实用化推广。

通常将语言理解为由有限个不同的语音基元组成的整体，可以利用其语音信号的频域或时域特性，通过两步来区分。

第一步，分段和标号。首先，把语音信号以时间为基准分成离散的段，不同段具有不同语音基元的声学特性。然后，根据相应声学特性将每个分段进行相近的语音标号。

第二步，得到词序列。将所得的语音标号序列转化成一个语音基元网格，从词典查询有效的词序列，或结合句子的文法和语义同时进行。

2. 模板匹配

模板匹配的方法发展比较成熟，目前，相较于基于语音学和声学的方法，模板匹配已经进入实用阶段。模板匹配方法会经历四个主要步骤：特征提取→模板训练→模板分类→判决。

常用的技术有三种。

A．动态时间规整（DTW）。动态时间规整技术具有一定的历史，一开始是为了衡量两个长度不同的时间序列是否相似，广泛应用在模板匹配中。在实际应用中，由于不同人的语速不同，需要进行对比的两段时间序列可能并不等长，所以语音信号具有相当大的随机性。语音信号端点检测是特征训练和识别的基础，就是定位语音信号中的各种段落始点和终点的位置，并从语音信号中排除无声段。在早期的研究中，主要根据能量、振幅和过零率来进行端点检测，但效果往往差强人意。后来出现了动态时间规整算法，可以把未知量均匀地延长或缩短至与参考模式致的长度，对未知量进行相对优化，实现与模型特征对正的目的。

B．隐马尔可夫法（HMM）。隐马尔科夫模型是马尔可夫链的一种，是一种能通过观测向量序列观察到的统计分析模型。20 世纪 70 年代，引入语音识别理论的隐马尔可夫法使得自然语音识别系统取得了实质性的突破。语音识别技术中应用的隐马尔可夫模型通常是自左向右单向、带自环、带跨越的拓扑结构，大多数大词汇量、连续语音的非特定人语音识别系统都是以隐马尔可夫模型为基础展开的。一个音素就是 3～5 个状态的 HMM，一个词就是由多个音素组成的，对语音信号的时间序列结构建立统计模型，将其看作一个数学上的双重随机过程。

C．矢量量化。矢量量化（Vector Quantization，VQ）是一种重要的信号压缩方法。矢量量化主要适用于小词汇量、孤立词的语音识别。其过程是：将语音信号波形的 k 个样点的每一帧，或有 k 个参数的每一参数帧，构成 k 维空间中的一个矢量，然后对矢量进行量化。量化时，将 k 维无限空间划分为 M 个区域边界，然后将输入矢量与这些边界进行比较，并被量化为“距离”最小的区域边界的中心矢量值。

3. 神经网络

神经网络语音识别方法，是目前的一个研究热点。目前用于语音识别研究的神经网络有 BP 神经网络、Kohcmen 特征映射神经网络等，特别是深度学习用于语音识别取得了长足的进步。

（1）人工神经网络（ANN/BP）

利用人工神经网络的方法是 80 年代末期提出的一种新的语音识别方法。人工神经网络（ANN）本质上是一个自适应非线性动力学系统，模拟了人类神经活动的原理，具有自适应性、并行性、鲁棒性、容错性和学习特性。ANN 的独特优点及其强大的分类能力和输入输出映射能力促成在许多领域被广泛应用，特别在语音识别、图像处理、指纹识别、计算机智能控制及专家系统等领域。但从当前语音识别系统来看，由于 ANN 对语音信号的时间动态特性描述不够充分，大部分采用 ANN 与传统识别算法相结合的系统。

（2）深度神经网络/深信度网络-隐马尔科夫（DNN/DBN-HMM）

当前诸如 ANN，BP 等多数分类的学习方法都是浅层结构算法，与深层算法相比存在局限。尤其当样本数据有限时，它们表征复杂函数的能力明显不足。深度学习可通过学习深层非线性网络结构，实现复杂函数逼近，表征输入数据分布式，并展现从少数样本集中学习本质特征的强大能力。在深度结构非凸目标代价函数中普遍存在的局部最小问题是训练效果不理想的主要根源。为了解决以上问题，提出基于深度神经网络（DNN）的非监督贪心逐层训练算法，它利用空间相对关系减少参数数目以提高神经网络的训练性能。相比传统的基于 GMM-HMM 的语音识别系统，其最大的改变是采用深度神经网络替换 GMM 模型对语音的观察概率进行建模。最初主流的深度神经网络是最简单的前馈型深度神经网络（Feedforward Deep Neural Network，FDNN）。DNN 相比 GMM 的优势在于：①使用 DNN 估计 HMM 的状态的后验概率分布不需要对语音数据分布进行假设；②DNN 的输入特征可以是多种特征的融合，包括离散或者连续的；③DNN 可以利用相邻的语音帧所包含的结构信息。基于 DNN-HMM 识别系统的模型如图 8-29 所示。

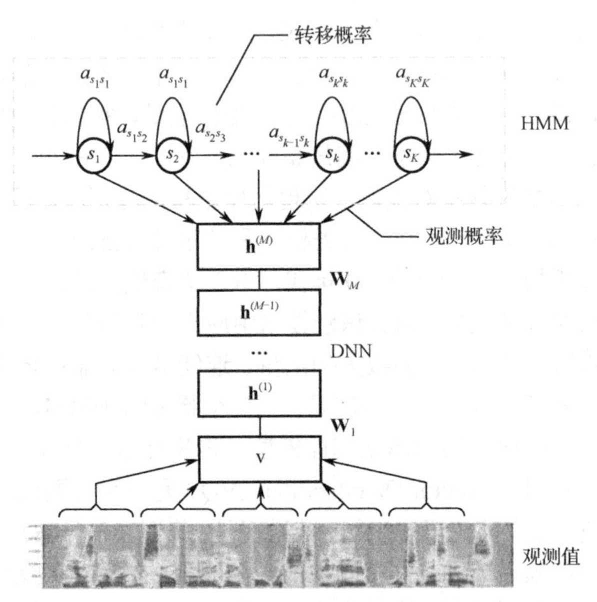

图 8-29　基于深度神经网络的语音识别系统

（3）循环神经网络（RNN）

语音识别需要对波形进行加窗、分帧、提取特征等预处理。训练 GMM 时候，输入特征一般只能是单帧的信号，而对于 DNN 可以采用拼接帧作为输入，这些是 DNN 相比 GMM 可以获得很大性能提升的关键因素。然而，语音是一种各帧之间具有很强相关性的复杂时变信号，这种相关性主要体现在说话时的协同发音现象上，往往前后好几个字对我们正要说的字都有影响，也就是语音的各帧之间具有长时相关性。采用拼接帧的方式可以学到一定程度的上下文信息。但是由于 DNN 输入的窗长是固定的，学习到的是固定输入到输入的映射关系，从而导致 DNN 对于时序信息的长时相关性的建模是较弱的。

考虑到语音信号的长时相关性，一个自然而然的想法是选用具有更强长时建模能力的神经网络模型。于是，循环神经网络（Recurrent Neural Network，RNN）近年来逐渐替代传统的 DNN 成为主流的语音识别建模方案。如图 8-30，相比前馈型神经网络 DNN，循环神经网络在隐层上增加了一个反馈连接，也就是说，RNN 隐层当前时刻的输入有一部分是前一时刻的隐层输出，这使得 RNN 可以通过循环反馈连接看到前面所有时刻的信息，这赋予了 RNN 记忆功能。这些特点使得 RNN 非常适合用于对时序信号的建模。

（4）卷积神经网络（CNN）

CNN 早在 2012 年就被用于语音识别系统，并且一直以来都有很多研究人员积极投身于基于 CNN 的语音识别系统的研究，但始终没有大的突破。最主要的原因是他们没有突破传统前馈神经网络采用固定长度的帧拼接作为输入的思维定式，从而无法看到足够长的语音上下文信息。另外一个缺陷是他们只是将 CNN 视作一种特征提取器，因此所用的卷积层数很少，一般只有一到二层，这样的卷积网络表达能力十分有限。针对这些问题，提出了一种名为深度全序列卷积神经网络（Deep Fully Convolutional Neural Network，DFCNN）的语音识别框架，使用大量的卷积层直接对整句语音信号进行建模，更好地表达了语音的长时相关性。

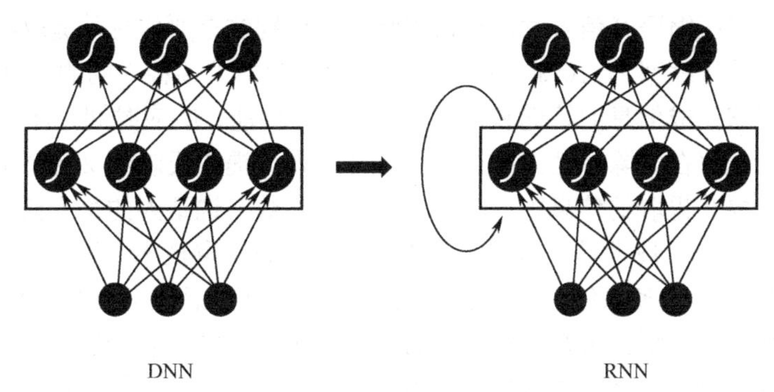

图 8-30 DNN 和 RNN 示意图

DFCNN 的结构如图 8-31 所示，它直接将一句语音转化成一张图像作为输入，即先对每帧语音进行傅立叶变换，再将时间和频率作为图像的两个维度，然后通过非常多的卷积层和池化（pooling）层的组合，对整句语音进行建模，输出单元直接与最终的识别结果比如音节或者汉字相对应。

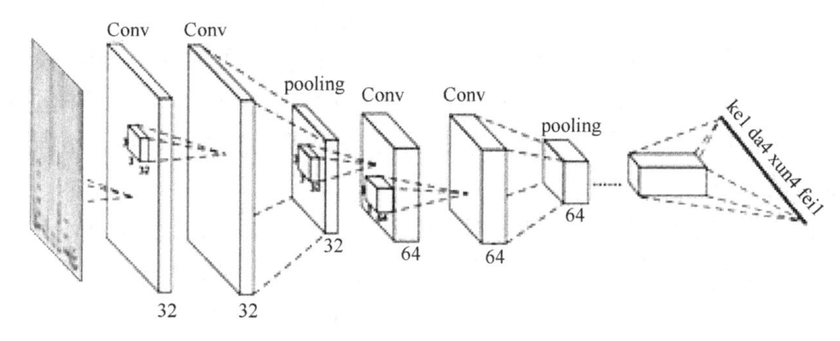

图 8-31 DFCNN 示意图

8.3.4 系统结构

一个完整的基于统计的语音识别系统大致分为三部分：语音信号预处理与特征提取；声学模型与模式匹配；语言模型与语言处理。

（1）语音信号预处理与特征提取。语音识别研究的第一步是对单元的选择识别。语音识别单元分为单词（句）、音节和音素三种，针对不同的研究任务，我们需要选择不同的语音识别单元。

单词（句）单元的模型库很庞大，训练模型任务也很重，所以这种单元更适合中小词汇语音识别系统，并不适合大词汇系统。

音节单元广泛应用于汉语语音识别系统，汉语是单音节结构的语言，在不考虑声调的情况下，汉语大概只有 408 个无调音节。所以，以音节为识别单元更适合中、大词汇量汉语语音识别系统。

英语语音识别系统的研究多以音素为单元，越来越多的中、大词汇量汉语语音识别系统也在采用音素单元。音素单元受到协同发音的影响而不稳定。在未来的研究中，这个问题还有待解决。

如何合理地选用特征是语音识别的一个根本性问题。分析处理语音信号、去掉与语音识别无关的冗余信息，在压缩语音信号时，获得影响语音识别的重要信息是提取特征参数的关键。实际上，语音信号的压缩率为 10%～100%。语音信号囊括了各种不同的信息，在考虑多方面要素的基础上才能够完成信息的筛选和提取，如成本、性能、响应时间、计算量等。非特定人语音识别系统希望能够在去除说话人的个人信息的条件下提取反映语义的特征参数；而特定人语音识别系统则想要在提取的信息中反映语义的特征参数和说话人的个人信息。

线性预测（LP）分析技术是目前广泛应用的特征参数提取技术，以 LP 技术为基础提取的倒谱参数已成功应用于许多系统。线性预测的缺点是没有考虑人类听觉系统对语音的处理特点，它只是一个纯数学模型。语音识别系统的性能在 Mel 参数和基于感知线性预测（PLP）分析提取的感知线性预测倒谱两种技术的帮助下有一定提高。目前，考虑了人类发声与接收声音的特性，梅尔刻度式倒频谱参数具有更好的鲁棒性（Robustnes），原本常用的线性预测编码导出的倒频谱参数也已经逐渐被它所取代。有研究人员希望在特征提取的应用中尝试小波分析技术，但具体的应用性能还有待后续的研究。

（2）声学模型与模式匹配。声学模型是将获取的语音特征通过训练算法进行训练后产生的。将输入的语音特征同声学模型（模式）进行匹配与比较，以得到最佳的识别结果。

声学模型是识别系统的底层模型，也是语音识别系统中至关重要的一环。声学模型可以提供一种有效的方法计算语音的特征矢量序列和每个发音模板之间的距离。声学模型的设计与语言发音特点之间有着紧密的联系。声学模型单元大小（字发音模型、半音节模型或音素模型）影响着语音训练数据量大小、系统识别率及灵活性。识别单元的大小取决于不同语言的特点和识别系统词汇量的大小。

基于统计的语音识别模型常用的就是 HMM 模型 $\lambda(N,M,n,A,B)$，涉及 HMM 模型的相关理论包括模型的结构选取、模型的初始化、模型参数的重估及相应的识别算法等。

（3）语言模型与语言处理。语言模型包括由识别语音命令构成的语法网络，或由统计方法构成的语言模型，可以对语言进行语法、语义分析。

语言模型可以根据语言学模型、语法结构、语义学来判断和纠正分类发生错误时产生的问题，尤其是必须通过上下文结构才能确定词义的同音字。语言学理论包括语义结构、语法规则、语言的数学描述模型等有关方面。目前，比较成功的语言模型通常是采用统计语法的语言模型与基于规则语法结构命令的语言模型。语法结构可以通过对不同词之间的相互连接关系进行限定，以此减少识别系统的搜索空间，从而提高系统的识别性能。

8.3.5 核心技术

隐马尔科夫模型（Hidden Markov Model）的应用是语音识别技术领域的重大突破。首先由 Baum 提出相关数学推理，然后 Labiner 等人进行了不断的深入研究，最后卡内基梅隆大学的李开复实现了 Sphinx，这是第一个基于隐马尔科夫模型的非特定人大词汇量连续语音识别系统。

目前，主流的大词汇量语音识别系统多采用统计模式识别技术。典型的基于统计模式识别方法的语音识别系统由以下 5 个基本模块构成。

（1）信号处理及特征提取模块。

模块从输入信号中提取可供声学模型处理的特征，利用一些信号处理技术降低环境噪声、信道、说话人等因素的影响。

（2）统计声学模型。典型系统多采用基于一阶隐马尔科夫模型进行建模。

（3）发音词典。发音词典包含系统所能处理的词汇集及其发音。发音词典实际提供了声学模型建模单元与语言模型建模单元间的映射。

（4）语言模型。语言模型对系统所针对的语言进行建模，目前各种系统普遍采用的还是基于统计的 N 元文法及其变体。

（5）解码器。解码器模块主要完成的工作是，给定输入特征序列的情况下，在由声学模型、发音词典和语言模型等知识源组成的搜索空间（Search Space）中，通过一定的搜索算法，寻找使概率最大的词序列。

它的核心公式：

$$P = \underset{w_1^N \in W}{\arg\max}\ p(X|w_1^N) * p(w_1^N)$$

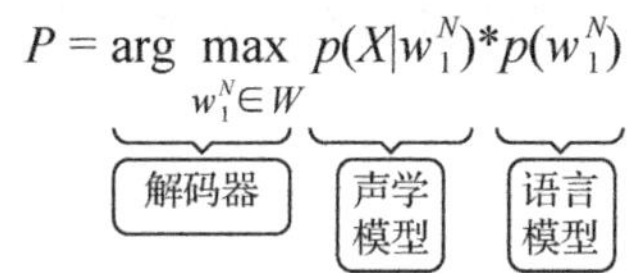

在解码过程中，各种解码器的具体实现可以是不同的。按搜索空间的构成方式来分，有动态编译和静态编译两种方式。根据应用场景不同，可以分为在线解码器（在服务器端解码）、离线解码器（在设备端解码）、二遍解码器、唤醒解码器、固定句式解码器。根据技术分类，可以分为基于 lexicon tree 的解码器、基于 WFST 的解码器、基于 lattice rescore 的解码器等。

8.3.6 语音识别的应用

语音识别（speech recognition）的目的是把人说的话转化为文字或者机器可以理解的指令，从而实现人与机器的语音交流。语音识别技术已经在现实生活中得到了广泛的应用，它正在“入侵”我们的生活，它内置在我们的手机，游戏主机和智能手表里。比如我们写日记，可以不使用日记本了，直接用语音输入法将他一天的精彩生活口述录入到手机里，十分方便。利用语音识别技术，机器成为一位合格的笔录员。除此以外，机器还能理解人讲的话，现在很多智能手机都提供了语音助手。比如给爸爸发微信，可以直接对语音助手说“给爸爸发条微信”，然后说出发送的内容，一条微信就发了过去。发短信，打电话，叫出租车，这些日常的事情都可以通过对话的方式轻松实现。可以想象，在未来几年后，我们将拥有一个家政机器人，它不仅可以听懂语音指令完成家务，还能参与家庭会议为全家旅行出谋划策；医生朋友也会有一个智能的机器人助理，它可以听口述记录病例，根据语音指令调取检查结果，甚至加入治疗方案的讨论。语音识别技术将在更大程度上为人类提供便利（见图 8-32）。

近年来，语音识别的应用场景还有：

1．语音搜索：搜索内容直接以语音的方式输入，让搜索更加高效。

2．语音输入法：摆脱生僻字和拼音障碍，将所输入文字，直接用语音的方式输入，让输入法更加便捷。

3．机器人语音交互：提供麦克阵列前端算法，解决人机交互中，距离较远带来的识别率较低的问题，让人机对话更加方便。

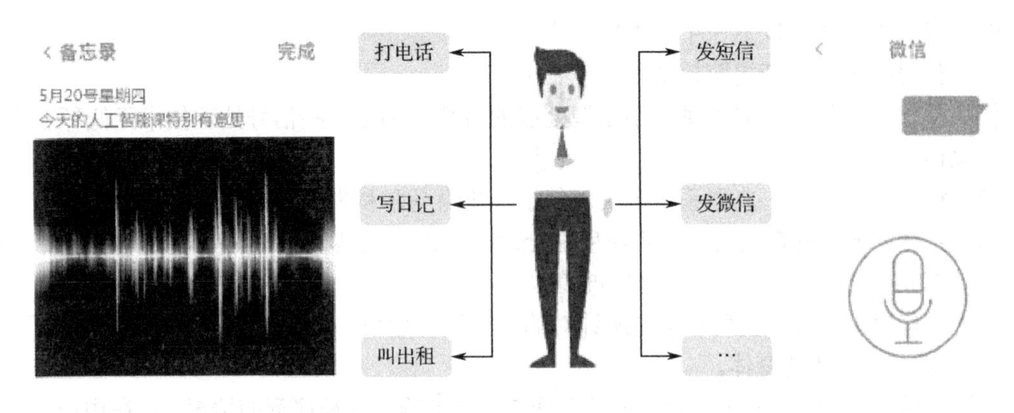

图 8-32　语音识别的应用

4．智能家居：通过远场语音识别技术，可以让用户，即使在三至五米的距离，也可对智能家居进行语音操作。

5．实时字幕：将直播、视频、现场演讲等音频进行实时的字幕转换，降低理解成本，提升用户体验。

思考与练习

1．什么是人工智能？
2．人工智能有哪些研究学派？各自的特点是什么？
3．简述人工智能的发展简史。
4．人工智能的关键技术有哪些？
5．人工智能主要应用于哪些方面？
6．未来人工智能的发展方向是什么？
7．图像的传统识别流程是什么？
8．什么是卷积神经网络？
9．图形识别在日常生活中有哪些应用？
10．语音识别的目的是什么？
11．语音识别的过程是什么？
12．语音识别在日常生活中有哪些应用场景？

ASCII代码表

表 A.1　7 位 ASCII 代码表

$d_6d_5d_4$ / $d_3d_2d_1d_0$	000	001	010	011	100	101	110	111
0000	NUL	DLE	SP	0	@	P	`	p
0001	SOH	DC1	!	1	A	Q	a	q
0010	STX	DC2	"	2	B	R	b	r
0011	EXT	DC3	#	3	C	S	c	s
0100	EOT	DC4	$	4	D	T	d	t
0101	ENQ	NAK	%	5	E	U	e	u
0110	ACK	SYN	&	6	F	V	f	v
0111	BEL	ETB	'	7	G	W	g	w
1000	BS	CAN	(	8	H	X	h	x
1001	HT	EM	)	9	I	Y	i	y
1010	LF	SUB	*	:	J	Z	j	z
1011	VT	ESC	+	;	K	[	k	{
1100	FF	FS	,	<	L	\	l	|
1101	CR	GS	-	=	M	]	m	}
1110	SO	RS	.	>	N	^	n	~
1111	SI	US	/	?	O	_	o	DEL

常用控制字符的作用如下：

BS（backspace）：退格　　HT（horizontal table）：水平制表

LF（line feed）：换行　　VT（vertical table）：垂直制表

FF（form feed）：换页　　CR（carriage return）：回车

CAN（cancel）：作废　　ESC（escape）：换码

SP（space）：空格　　DEL（delete）：删除

参 考 文 献

[1] 教育部考试中心. 计算机基础及 MS Office 应用（2021 年版）. 北京：高等教育出版社，2020.

[2] 姚怡，劳眷，石娟，杨剑冰. 大学计算机基础（慕课版）. 北京：中国铁道出版社，2020.

[3] 郭骏，陈优广. 大学人工智能基础. 上海：华东师范大学出版社，2021.

[4] 王东云，刘新玉. 人工智能基础. 北京：电子工业出版社，2020.

[5] 宋永端. 人工智能基础及应用. 清华大学出版社，2021.

[6] 教传艳. 从零开始——Windows 10+Office 2016 综合应用基础教程. 北京：人民邮电出版社，2021.

[7] 陈丽娜，刘万辉. Office 2016 办公软件高级应用任务式教程（微课版）. 北京：人民邮电出版社，2021.

[8] 林永兴. 大学计算机基础--Office 2016. 北京：电子工业出版社，2020.

[9] 曾辉，熊燕. 大学计算机基础实践教程（Windows 10+Office 2016）（微课版）. 北京：人民邮电出版社，2020.